U0158264

高等学校教学改革系列教材

线性代数及其应用

主　编　李庶民　戴　琳
副主编　代云仙　叶凤英
参　编　贺天兰　何维刚　石剑平　孙　辉

机械工业出版社

本书根据教育部高等学校大学数学课程教学指导委员会制定的《大学数学课程教学基本要求（2014年版）》编写而成，在内容深度和广度上满足理工类和经管类本科专业的教学需求，可作为这两类专业的教学用书.

本书从线性代数内容的特点和历史发展线索出发，围绕线性方程组这一代数学的中心任务，引出矩阵的概念和理论；以初等变换方法为工具，融合矩阵与向量间的联系，重点探讨求解线性方程组的方法，并借助特征值理论解决了一些代数和几何应用问题；适当弱化对行列式计算技巧的介绍；将较难掌握的线性空间与线性变换分散并融入线性方程组解的结构的讨论中；适当介绍了一些有代表性的应用实例；尝试对一些抽象的概念、性质适当引入几何意义，为读者构建代数学的几何直观，引导读者加深对线性代数的理解.

图书在版编目（CIP）数据

线性代数及其应用／李庶民，戴琳主编．—北京：机械工业出版社，2023.5（2025.1重印）
高等学校教学改革系列教材
ISBN 978-7-111-72665-4

Ⅰ.①线…　Ⅱ.①李…②戴…　Ⅲ.①线性代数-高等学校-教材　Ⅳ.①O151.2

中国国家版本馆CIP数据核字（2023）第029258号

机械工业出版社（北京市百万庄大街22号　邮政编码100037）
策划编辑：韩效杰　　责任编辑：韩效杰　李　乐
责任校对：张亚楠　梁　静　　封面设计：王　旭
责任印制：单爱军
北京虎彩文化传播有限公司印刷
2025年1月第1版第3次印刷
184mm×260mm・14.25印张・334千字
标准书号：ISBN 978-7-111-72665-4
定价：45.00元

电话服务
客服电话：010-88361066
010-88379833
010-68326294

网络服务
机　工　官　网：www.cmpbook.com
机　工　官　博：weibo.com/cmp1952
金　　书　　网：www.golden-book.com
机工教育服务网：www.cmpedu.com

封底无防伪标均为盗版

序

以离散型问题为研究对象、以矩阵和线性方程组为核心内容的线性代数课程，是理学、工程、农林、经济、管理类专业的重要基础课程，肩负着向本科学生传授各自专业所必需的数学基础知识，培养逻辑思维能力，提高数学素养，并运用这些数学基础知识，为各专业学科的后续专业课程学习提供服务，解决将来工作中的实际问题，为将来的工作需要打下坚实的数学基础的使命. 正因如此，对线性代数课程的教学研究和课程体系的不同探索，一直是众多高校从教教师孜孜不倦追求的一大目标.

由李庶民、戴琳老师主编的《线性代数及其应用》一书，根据教育部高等学校大学数学课程教学指导委员会制定的《大学数学课程教学基本要求（2014 年版）》，并结合自身多年来教学积累的丰富经验和切身感受，在长期构想和反复探讨的基础上编写而成. 泛读了本书书稿后，有以下几点感受：

非数学类专业的读者在学习线性代数时，常常因其抽象而枯燥的理论而让人望而却步，容易失去学习的兴趣和动力. 如果能以源问题（求解线性方程组）为驱动，以抓计算为纲，将各类计算中频繁使用的初等变换方法贯穿全书，在求解源问题的基础上，慢慢理解相关理论中的概念、性质（有几何解释更佳），逐步深化对线性代数的认识，进而通过一些应用实例启发读者的应用意识，符合认知规律. 编者意图以初等变换为主线达成上述目的，出发点合理，逻辑关系也较清晰. 目前已有一些教材以线性方程组为出发点编写，但其中一部分教材似乎并未明确以初等变换为主线的思想，更乏一些在工程、经济、管理等方面的应用实例.

在线性代数课程中尝试引入（即使是少量的）几何解释，使一些抽象难懂的概念变得浅显易懂，在本书的少数内容中进行了探索性介绍，也算是特色之一，目前似鲜有教材涉及.

个人认为，在“互联网+”时代的背景下，一本单一的教材已难以形成完善的教学体系，有完善的配套资源才是当今教学用书的基本配置. 本书配有慕课资源、教学视频、课件等，顺应了这一需求.

教学内容和课程体系的改革是教学改革的重点和难点. 鼓励不同层次、不同类别、不同模式、不同侧重的各种课程教学改革，是当前高等教育发展的必经阶段. 有感于编者们教学探索的艰辛和执着，愿借本书付梓之际，欣然作序.

相信这本有自身鲜明特色教材的出版，能为更多更具特色的教材问世提供启发.

李继彬

前　　言

与微积分成熟规范的教学体系不同，现已面世的线性代数教材的编写结构体系可谓是百花齐放. 虽然都是围绕矩阵和线性方程组这一核心体系，但各位方家名师在宏观体系结构设计、知识点间的先后关系、理论上的逻辑关系、教学侧重、课外训练、引申内容等细节的考量上，都劳心费血、尽展风采、各具特色. 要想能够随心所欲、游刃有余地自如安排好相关学习内容，展现出一定特色，对编者团队来说确是一件难事. 对非数学专业的读者来说，或许最基本的编写要求与目的就是以掌握基本概念、基本方法（顺带了解一些基本理论），通过用这些方法完成基本层面的概念题、计算题、少量证明题而达到教育部高等学校大学数学课程教学指导委员会制定的《大学数学课程教学基本要求（2014 年版）》（以下简称《基本要求》），以保障本科层次人才培养的需要. 尤其是计算题，由于在学习内容中占比较大，成为学习过程中的重中之重，而线性代数的典型计算题几乎都可以用初等变换来求解，所以突出初等变换的地位和作用、强化初等变换的训练有着十分重要的意义. 本书欲以初等变换这条主线为抓手，贯穿教材始终，沿途可以顺便再欣赏线性代数的其他奇葩美景、奇珍异宝，或许会有不一样的体验和收获，这是编者对线性代数教学的直观感悟，也是编写本书的主要初衷.

本书根据《基本要求》，结合编者多年来的教学体会，在长期构想和反复探讨的基础上，针对普通高等学校各相关专业学生学习线性代数课程的需要编写而成. 编者主要基于以下几点考量：

1. 编写内容符合《基本要求》中对理工类和经管类专业的基本要求，并有少量深化或延伸的内容，确保可满足本科层面有不同要求的各类专业的读者使用全部或大部分内容，因《基本要求》中线性代数课程对理工类和经管类专业本科基本相同，教材定位为这两类本科专业适用（必要时可作细微区分）.

2. 站在学习者的立场，编者试图通过突出初等变换的地位作用，先相对容易地掌握基本概念和计算方法，以计算和求解问题为驱动，再反哺和深化对基本概念和基本理论的认识，即以计算促推理论，符合由浅入深、先易后难的学习认知过程. 这就需要对现行线性代数课程作一定的探索和思考.

3. 历史上，在抽象代数诞生前，求解各类方程（组）一直是代数学的中心任务之一，求解线性方程组直接导致了矩阵理论的产生. 追寻历史发展轨迹，本书一开始就以线性方程组为切入点，通过求解方程组，自然而然地总结、提升和凝练出矩阵的基本概念和理论，最终通过向量理论捋清线性方程组的通解结构，完美解决问题，使读者感受到数学的力与美. 这与突出矩阵的地位作用密不可分，读者也能尽快上手.

4. 根据目前大部分本科学校的教学实际，本着“适度、够用”的原则，在保持线性代数内容的系统性和完整性的前提下，本书适当降低了某些理论的难度，略去了部分较长或有一定难度的定理证明，部分已列入书中的长难证明，教师可以适当取舍. 但对于《基本要求》中提及的基本概念、基本理论和基本方法部分则作较详尽的阐述，力求深入浅出地引入概念，完整仔细地介绍方法，引导学生将学习重点集中到掌握基本概念和基本方法上，而不刻意追求难度与技巧.

5. 历史上，代数学与几何学有着密切的联系，所以线性代数中的很多概念、性质都有着程度不同的几何背景，这在已面世的线性代数教材中鲜有提及. 本书尝试性地引入少量的几何背景和含义，供教师和学习者参考，即便不讲也可供阅读. 无论如何，抽象的概念、性质能有直观的几何（图示）解释，对理解抽象枯燥的线性代数总是福音，所以几何解释算是本书的一个特色. 但本书中只是尝试性地引入几例，一方面是有的几何解释本身也较复杂或占篇幅，另一原因则是囿于教学学时数，不允许过多地讲解这类内容.

6. 着力引导本科学生的"应用"意识. 现有的绝大部分线性代数教材几乎都不提及实际应用问题，全书从概念性质来，再到新的概念性质去，读者往往觉得线性代数很抽象，甚至会产生一种线性代数无用的误解. 在数学建模日益普及的今天，适当讨论一下线性代数的应用，会使读者觉得线性代数不仅仅只是理论数学，更是应用数学，起码是有用的，才能激其发学习兴趣. 所以我们不吝篇幅，在每一章中都给出了一些应用实例，以期使读者开阔视野，树立线性代数的应用意识，我们的目的就已达到（即使是作为自学或拓展内容来学习）. 至于是否选作教学内容，还要取决于学时数的多寡.

7. 为适应信息技术发展对大学数学教学的要求，本书尝试对部分内容提供相应的讲解视频，并附二维码，读者只需用手机扫描书中所附的二维码，就可在手机上播放视频演示内容，期待能对读者学习起到较好的辅助作用.

8. MATLAB 是"矩阵实验室"的英文缩写，本就是为矩阵理论而生的数学软件，而今更是成为覆盖几乎所有学科的大型综合性应用软件. 在线性代数中引入 MATLAB，可谓实至名归，能起到较好的辅助学习效果，可供有条件的学校作简单的教学实践.

编者力图使教材内容编排合理，逻辑关系安排得当，语言通俗易懂，理论适当降低难度，保留了部分具有长难证明过程的定理的证明，组织教学时可根据教学要求和专业特色灵活侧重和取舍，或供读者深入阅读参考. 对共性内容的不同教学要求则可通过教学侧重、深浅把握、课后习题差异性布置等作适度区分.

本书是云南省线下一流本科课程建设项目"线性代数"和昆明理工大学"线性代数"慕课建设项目的一个重要组成部分. 本书第 1 章由李庶民编写，第 2 章由叶凤英编写，第 3 章由贺天兰编写，第 4 章由代云仙编写. 全书的 MATLAB 实验由石剑平编写，插图绘图由何维刚完成，各章中的部分习题答案由孙辉编写. 全书由李庶民、戴琳统稿及定稿. 视频制作由李庶民、石剑平、叶凤英等人共同完成.

感谢李继彬教授百忙中欣然为本书作序.

感谢昆明理工大学理学院和昆明理工大学津桥学院鼎力支持本书的编写工作.

感谢机械工业出版社为本书顺利出版而做出的大量工作，使本书得以顺利付梓.

编写教材是对一个教师专业素养、严谨性和逻辑性、教学内容熟悉程度、教学组织能力、与读者沟通的能力，乃至既精准又深入浅出的语言组织和表达能力等的综合考量. 对线性代数这样一门可以从不同角度切入都能演绎出较完善的教学体系的数学分支，想要形成自身完备独特的结构体系无疑是有挑战性的，特别是在知识点的前后逻辑关系和衔接上容易产生因果倒置、前后不一、挂一漏万等诸多问题. 尽管编者作了不懈努力，力求减少错误，但限于编者的水平与能力，这些不妥与错误还会存在. 编者愿借本书出版之机抛砖引玉，求教方家和读者，希望各位不吝斧正，以便我们能不断改进，使本书得以日臻完善.

编 者

目 录

第 1 章 线性方程组和矩阵

1949 年，哈佛大学教授里昂惕夫（Leontief）为全面分析美国宏观经济运行状况，利用当时最大的计算机 Mark Ⅱ，将 500 多个部门的经济数据简化归结为 42 个未知量、42 个方程（部门）的线性方程组（因为 Mark Ⅱ 还不能处理 500 多个变量的方程组），经过 56h 的冗长计算，终于得出了最后的量化分析结果，里昂惕夫利用此结果对国民经济做出了量化宏观分析，开创了投入产出分析方法，为国民经济运行及宏观分析提供了量化依据和结论，打开了研究数学模型新时代的大门，里昂惕夫因此获得了 1973 年诺贝尔经济学奖.

这些模型涉及的数据量庞大，且通常是线性的，即它们可以用线性方程组描述.

随着计算机科学与技术的飞速发展，线性代数在应用中的重要性迅速增加，因而计算机科学就通过并行处理和大规模计算的爆炸性增长与线性代数密切联系在一起. 今天，线性代数对许多科学技术和工商领域中的应用重要性超过了大学其他课程. 仅举几例：

——石油勘测. 勘探船寻找海底石油储藏时，计算机每天要解数千个线性方程组，方程组的地震数据从气喷枪爆炸引起的水下冲击波获得.

——线性规划. 许多重要的经济管理决策是在线性规划模型的基础上做出的，这些模型可包含多达数百个变量. 例如，航运业使用线性规划调度航班、监视飞机位置、制订维修计划和管理机场运作.

——电路. 工程师使用仿真软件来设计电路和微芯片，这样的软件技术依赖于线性代数与线性方程组的方法.

线性方程组是线性代数的核心内容之一，由此可引出线性代数的许多重要概念，矩阵就是其中最重要的概念之一. 矩阵的重要作用首先在于它能把头绪纷繁的事物按一定规则清晰地展现出来，使我们不至于被一些看似杂乱无章的表象弄得晕头转向；其次在于它能恰当地刻画事物之间的内在联系，并通过矩阵的运算或变换加以揭示；最后还在于它还是我们求解数学问题的一种特殊的“数形结合”的途径. 深入理解这些概念、运算和方法，将有助于我们感受线性代数的力与美.

1.1 线性方程组

1.1.1 线性方程组的概念与实例

定义 1.1.1 包含 n 个未知量 x_1，x_2，…，x_n 的一个线性方程是形如

$$a_1x_1+a_2x_2+\cdots+a_nx_n=b \tag{1.1.1}$$

的方程，其中系数 a_1，a_2，…，a_n，b 为已知的实数或复数，n 为任意正整数. m 个线性方程构成的方程组

$$\begin{cases} a_{11}x_1+a_{12}x_2+\cdots+a_{1n}x_n=b_1, \\ a_{21}x_1+a_{22}x_2+\cdots+a_{2n}x_n=b_2, \\ \qquad\vdots \\ a_{m1}x_1+a_{m2}x_2+\cdots+a_{mn}x_n=b_m \end{cases} \tag{1.1.2}$$

称为一个线性方程组. 其中，a_{ij}表示第 i 个方程中第 j 个变量 x_j 的系数，b_i 为第 i 个方程的常数项，$i=1$，2，…，m；$j=1$，2，…，n.

定义 1.1.2 若线性方程组（1.1.2）中的常数项 b_1，b_2，…，b_m 全为零，即

$$\begin{cases} a_{11}x_1+a_{12}x_2+\cdots+a_{1n}x_n=0, \\ a_{21}x_1+a_{22}x_2+\cdots+a_{2n}x_n=0, \\ \qquad\vdots \\ a_{m1}x_1+a_{m2}x_2+\cdots+a_{mn}x_n=0, \end{cases} \tag{1.1.3}$$

则称方程组（1.1.3）为方程组（1.1.2）对应的齐次线性方程组. 相应地，若方程组（1.1.2）中的常数项 b_1，b_2，…，b_m 不全为零，称为非齐次线性方程组.

由定义 1.1.2 可见，所谓“线性”一词从形式上来说就是方程（组）中各变量的方幂数均为一次幂，来源于几何学，如平面上的直线方程为

$$ax+by=c,$$

空间中的直线方程为

$$\begin{cases}A_1x+B_1y+C_1z+D_1=0,\\A_2x+B_2y+C_2z+D_2=0.\end{cases}$$

上述直线方程中的变量方幂数均为一次幂，故而可直观地认为线性方程（组）就是一次方程（组）.

定义 1.1.3　如果存在一组常数 s_1，s_2，…，s_n，用它们分别替代线性方程组（1.1.2）中的 x_1，x_2，…，x_n 时，线性方程组的每个方程均为恒等式，则称 s_1，s_2，…，s_n 是线性方程组的一个解. 当线性方程组有解时，也称方程组是相容的，否则称方程组是不相容的. 一个线性方程组的所有解构成的集合，称为这个方程组的解集，如果两个线性方程组有相同的解集，则称这两个方程组为等价方程组或同解方程组.

求解线性方程组的方法，是在保证方程组解不变的前提下，对方程组作变换（也称为同解变换），将原方程组化为相对较简单的同解方程组，逐步简化，以得出线性方程组的解. 中学已学过的同解变换方法有代入消元法和加减消元法，其中代入消元法当变量个数较多时的代入过程十分烦琐，故在线性代数中一般都用加减消元法求解线性方程组.

例 1.1.1　求解非齐次线性方程组

$$\begin{cases}x_1-2x_2+x_3=0,\\2x_2-8x_3=8,\\-4x_1+5x_2+9x_3=-9.\end{cases}$$

解　利用代入消元法或加减消元法易得其解 $x_1=29$，$x_2=16$，$x_3=3$.

这个唯一解有明确的几何意义，即：每个方程确定空间中的一个平面，求解这个方程组即是求同时过这三个平面的点（即求三平面的交点）. 即点（29,16,3）同时落在这三个平面上.

对给定的线性方程组，它的解只可能会有下列三种情形：有唯一解、有无穷多解以及无解. 对于三个未知量、三个方程的情形，每个方程表示一个平面，当方程组有唯一解时，表示这三个平面有唯一交点（如例 1.1.1）；当方程组有无穷多解时，表示这三个平面重合或交于一条直线；当方程组无解时，表示这三个平面没有共同的交点.

1.1.2 高斯消元法和初等变换

求解线性方程组的基本思路是把方程组用一个更容易求解的同解方程组代替. 照此思路，我们介绍所谓的高斯（Gauss）消元法.

粗略地说，可以将高斯消元法理解为一种特殊的加减消元法，即：用方程组第一个方程中含 x_1 的项消去其他方程中含 x_1 的项，然后用第二个方程中含 x_2 的项消去其他方程中含 x_2 的项，以此类推，最后可得到一个很简单的等价方程组. 用来简化线性方程组的基本变换方式有以下三种：

（1）交换两个方程；

（2）某一方程两边同时乘以一个（非零）常数；

（3）某一方程两边同时乘以一个（非零的）数后加到另一个方程上.

这三种基本变换称为线性方程组的初等变换.

下面举例说明这一方法.

例 1.1.2 利用高斯消元法求解例 1.1.1.

解 为便于比较，我们把每个方程中的所有常数（包括每个未知量的系数和等式右端的常数）作为一行，三个方程共有三行，这些行中的常数构成一个常数表，在消去未知数的同时，用方程组和方程组常数表并列的形式做对比.

$$\begin{cases} x_1-2x_2+x_3=0, \\ 2x_2-8x_3=8, \\ -4x_1+5x_2+9x_3=-9, \end{cases} \qquad \begin{matrix} 1 & -2 & 1 & 0 \\ 0 & 2 & -8 & 8 \\ -4 & 5 & 9 & -9 \end{matrix}$$

保留第一个方程中含 x_1 的项，消除其他方程中含 x_1 的项，为此，用第一个方程乘以 4，加到第三个方程上（第三个方程变成了一个新方程），并将第二个方程乘以$\frac{1}{2}$，得

$$\begin{cases} x_1-2x_2+x_3=0, \\ x_2-4x_3=4, \\ -3x_2+13x_3=-9. \end{cases} \qquad \begin{matrix} 1 & -2 & 1 & 0 \\ 0 & 1 & -4 & 4 \\ 0 & -3 & 13 & -9 \end{matrix}$$

利用第二个方程中含 x_2 的项，消去另两个方程中含 x_2 的项，为此，先用第二个方程乘以 2，加到第一个方程上，再用第二个方程乘以 3，加到第三个方程上，得

$$\begin{cases} x_1-7x_3=8, \\ x_2-4x_3=4, \\ x_3=3. \end{cases} \qquad \begin{matrix} 1 & 0 & -7 & 8 \\ 0 & 1 & -4 & 4 \\ 0 & 0 & 1 & 3 \end{matrix}$$

最后用第三个方程乘以 7 加到第一个方程上，第三个方程乘以 4 加到第二个方程上，得

$$\begin{cases}x_1 \qquad\qquad =29,\\ \qquad x_2 \qquad =16,\\ \qquad\qquad x_3=3.\end{cases}\qquad \begin{matrix}1 & 0 & 0 & 29\\ 0 & 1 & 0 & 16\\ 0 & 0 & 1 & 3\end{matrix}$$

由此即可求得方程组的唯一解 $x_1=29$，$x_2=16$，$x_3=3$.

从求解过程中可见，这种高斯消元法其实就是多个未知量线性方程组的加减消元法，这一方法具有普遍适用性.

显然，这三种对方程组的变换都不会改变方程的解，从而对原方程组反复实施初等变换后得到的较简单的方程组与原方程组同解. 利用线性方程组的初等变换求出解的方法称为**高斯消元法**.

如果一个线性方程组的解不唯一，仍然可以用高斯消元法求出其解.

例 1.1.3

用高斯消元法求方程组 $\begin{cases}x_1+\ x_2+4x_3=\ 4,\\ -x_1+4x_2+\ x_3=\ 16,\\ x_1-\ x_2+2x_3=-4\end{cases}$ 的解.

解　与例 1.1.2 类似，我们仍将方程组与系数表并列对比.

保留第一个方程中的 x_1 项，消去另两个方程中的 x_1 项，为此第一个方程（乘以 1 后）加到第二个方程，第一个方程再乘以−1 后加到第三个方程，得

$$\begin{cases}x_1+x_2+4x_3=4,\\ \quad 5x_2+5x_3=20,\\ \quad -2x_2-2x_3=-8.\end{cases}\qquad \begin{matrix}1 & 1 & 4 & 4\\ 0 & 5 & 5 & 20\\ 0 & -2 & -2 & -8\end{matrix}$$

第二个方程乘以$\frac{1}{5}$，第三个方程乘以$-\frac{1}{2}$，得

$$\begin{cases}x_1+x_2+4x_3=4,\\ \quad x_2+\ x_3=4,\\ \quad x_2+\ x_3=4.\end{cases}\qquad \begin{matrix}1 & 1 & 4 & 4\\ 0 & 1 & 1 & 4\\ 0 & 1 & 1 & 4\end{matrix}$$

第二个方程乘以−1 后分别加到第一个方程和第三个方程上，得

$$\begin{cases}x_1 \quad +3x_3=0,\\ \quad x_2+\ x_3=4.\\ \end{cases}\qquad \begin{matrix}1 & 0 & 3 & 0\\ 0 & 1 & 1 & 4\\ 0 & 0 & 0 & 0\end{matrix}$$

将 x_3 移到等式右端，得

$$\begin{cases}x_1=-3x_3,\\ x_2=4-x_3.\end{cases}$$

对上述简化方程组，任意赋予变量 x_3 一个值，即可得到 x_1，x_2 的一个值. 例如，取 $x_3=1$，则 $x_1=-3$，$x_2=3$，即得方程组的一个解. 一般地，取 $x_3=k$，则 $x_1=-3k$，$x_2=4-k$，即为方程组的任意一个解（k 可取任意实数值），因此这一方程组有无穷多解，$x_1=-3k$，$x_2=4-k$，$x_3=k$ 给出了方程组的全部解，称为通解. 上述求解过程中，暂被视为已知量的未知数 x_3 称为自由未知量.

非齐次线性方程组可能会出现无解的情形，例如，

$$\begin{cases} x_1-2x_2=3, \\ -2x_1+4x_2=3 \end{cases}$$

就无解，这也可类似地用上述高斯消元法判断出来.

对于齐次线性方程组（1.1.3），由于 $x_1=x_2=\cdots=x_n=0$ 始终满足方程组（1.1.3），所以齐次线性方程组永远有解，各变量均等于 0 的解称为零解或平凡解. 如果方程组（1.1.3）有非零解，则它必有无穷多解，同样可利用高斯消元法对齐次线性方程组求解.

例 1.1.4

求解方程组
$$\begin{cases} x_1+2x_2-2x_3=0, \\ 3x_1+7x_2-6x_3=0, \\ 4x_1+8x_2-8x_3=0. \end{cases}$$

解　仍将方程组与系数表并列对比，所不同的是，由于对齐次线性方程组作三种初等变换后，方程右端始终为零，所以我们只列出方程左端未知量的系数表，即

$$\begin{cases} x_1+2x_2-2x_3=0, \\ 3x_1+7x_2-6x_3=0, \\ 4x_1+8x_2-8x_3=0. \end{cases} \qquad \begin{matrix} 1 & 2 & -2 \\ 3 & 7 & -6 \\ 4 & 8 & -8 \end{matrix}$$

为消去后两个方程中的 x_1 项，第一个方程乘以 -3 加到第二个方程，第一个方程乘以 -4 加到第三个方程，得

$$\begin{cases} x_1+2x_2-2x_3=0, \\ \quad\ \ x_2 \qquad\ \ =0. \\ \end{cases} \qquad \begin{matrix} 1 & 2 & -2 \\ 0 & 1 & 0 \\ 0 & 0 & 0 \end{matrix}$$

第二个方程乘以 -2 加到第一个方程，得

$$\begin{cases} x_1 \qquad -2x_3=0, \\ \quad\ \ x_2 \qquad\ \ =0. \\ \end{cases} \qquad \begin{matrix} 1 & 0 & -2 \\ 0 & 1 & 0 \\ 0 & 0 & 0 \end{matrix}$$

取 x_3 为自由未知量，令 $x_3=k$，则 $x_1=2k$，$x_2=0$，$x_3=k$ 是方程组的通解（k 为任意实数）.

1.2 矩阵与向量

1.2.1 矩阵与向量的概念和实例

在上一节中，线性方程组左右两端的所有系数与常数项构成了一个数表，在利用高斯消元法求解线性方程组时，其实只有方程左端各未知量的系数和方程右端的常数项参与了运算，求解过程中列出的数表是将方程组中去掉各自变量 x_i、“+” 和 “=” 号后，保持相对位置不变而得到的一个矩形数组，表示为

$$\begin{matrix} a_{11} & a_{12} & \cdots & a_{1n} & b_1 \\ a_{21} & a_{22} & \cdots & a_{2n} & b_2 \\ \vdots & \vdots & & \vdots & \vdots \\ a_{m1} & a_{m2} & \cdots & a_{mn} & b_m \end{matrix},$$

这个数组携带了线性方程组的全部信息，与对应的线性方程组相互唯一确定.

定义 1.2.1　由 $m\times n$ 个数 a_{ij}（$i=1,2,\cdots,m;j=1,2,\cdots,n$）排成的 m 行 n 列数表

$$\begin{pmatrix} a_{11} & a_{12} & \cdots & a_{1n} \\ a_{21} & a_{22} & \cdots & a_{2n} \\ \vdots & \vdots & & \vdots \\ a_{m1} & a_{m2} & \cdots & a_{mn} \end{pmatrix} \tag{1.2.1}$$

称为一个 m 行 n 列矩阵，简称 $m\times n$ 矩阵，这 $m\times n$ 个数称为矩阵的元素，元素 a_{ij}的下标 i 和 j 分别表示元素 a_{ij}所在的行和列，分别称为行标和列标. 元素为 a_{ij} 的矩阵可记为 $\boldsymbol{A}_{m\times n}$ 或 $\boldsymbol{A}=(a_{ij})_{m\times n}$，有时也简记为 $\boldsymbol{A}=(a_{ij})$.

元素是实数的矩阵称为实矩阵，元素是复数的矩阵称为复矩阵. 记 $\overline{a}_{ij}$为 a_{ij}的共轭复数，称矩阵 $\overline{\boldsymbol{A}}=(\overline{a}_{ij})_{m\times n}$为矩阵 $\boldsymbol{A}$ 的共轭矩阵. 本书中若无特殊说明，都指实矩阵.

定义 1.2.2　若矩阵 $\boldsymbol{A}_{m\times n}$满足 $m=n$（即行数与列数相等），则称 $\boldsymbol{A}$ 为 n 阶矩阵或 n 阶方阵，n 阶方阵记为 $\boldsymbol{A}_n$，在 n 阶方阵 $\boldsymbol{A}=(a_{ij})$中，称元素 a_{11}，a_{22}，$\cdots$，a_{nn}所在的斜线为主对角线，a_{1n}，$a_{2,n-1}$，$\cdots$，a_{n1}所在的对角线为次对角线或副对角线.

只有一行的矩阵

$$A=(a_1 \quad a_2 \quad \cdots \quad a_n)$$

称为行矩阵. 为避免元素间混淆，行矩阵也记作

$$A=(a_1,a_2,\cdots,a_n),$$

含有 n 个元素的行矩阵 A 也记为 $A_{1\times n}$，也称为 n 维行向量，a_j（$j=1,2,\cdots,n$）称为其第 j 个分量. 同理，只有一列的矩阵

$$B=\begin{pmatrix} b_1 \\ b_2 \\ \vdots \\ b_m \end{pmatrix}$$

称为列矩阵或列向量，含有 m 个元素的列矩阵 B 也记为 $B_{m\times 1}$，也称为 m 维列向量，$b_i(i=1,2,\cdots,m)$ 称为其第 i 个分量.

定义 1.2.3　两个矩阵 A，B 如果有相同的行数和列数，则称它们是同型矩阵，如果同型矩阵 $A=(a_{ij})_{m\times n}$，$B=(b_{ij})_{m\times n}$ 中对应相同位置上的元素都相等，即 $a_{ij}=b_{ij}(i=1,2,\cdots,m;j=1,2,\cdots,n)$，则称矩阵 A 与 B 相等，记为 $A=B$.

例 1.2.1　对于非齐次线性方程组

$$\begin{cases} a_{11}x_1+a_{12}x_2+\cdots+a_{1n}x_n=b_1, \\ a_{21}x_1+a_{22}x_2+\cdots+a_{2n}x_n=b_2, \\ \quad\vdots \\ a_{m1}x_1+a_{m2}x_2+\cdots+a_{mn}x_n=b_m, \end{cases}$$

有如下几个要用到的矩阵：

$$A=\begin{pmatrix} a_{11} & a_{12} & \cdots & a_{1n} \\ a_{21} & a_{22} & \cdots & a_{2n} \\ \vdots & \vdots & & \vdots \\ a_{m1} & a_{m2} & \cdots & a_{mn} \end{pmatrix},\ x=\begin{pmatrix} x_1 \\ x_2 \\ \vdots \\ x_n \end{pmatrix},\ b=\begin{pmatrix} b_1 \\ b_2 \\ \vdots \\ b_m \end{pmatrix},\ B=\begin{pmatrix} a_{11} & a_{12} & \cdots & a_{1n} & b_1 \\ a_{21} & a_{22} & \cdots & a_{2n} & b_2 \\ \vdots & \vdots & & \vdots & \vdots \\ a_{m1} & a_{m2} & \cdots & a_{mn} & b_m \end{pmatrix},$$

其中 A 称为系数矩阵，x 称为未知量矩阵，b 称为常数项矩阵，B 称为增广矩阵.

矩阵有着非常广泛的应用，仅举几例说明.

例 1.2.2　（成本矩阵和产量矩阵）某厂生产三件产品 A，B，C，每件产品的成本包括原材料成本、劳动力成本、管理成本和设

备使用成本四部分. 每件产品的成本数据由表 1.2.1 给出，该厂 1 月~4 月的产量统计由表 1.2.2 给出.

表 1.2.1 各种产品成本数据表

成本	产品		
	A	B	C
原材料	0.15	0.25	0.20
劳动力	0.20	0.25	0.25
管理	0.10	0.05	0.10
设备使用	0.10	0.10	0.05

表 1.2.2 产量统计表

产品	月份			
	1 月	2 月	3 月	4 月
A	4500	4200	4800	4000
B	2500	2200	2800	2400
C	5000	5500	6000	5800

表 1.2.1 和表 1.2.2 中的数据分别可用矩阵

$$\boldsymbol{M}=\begin{pmatrix}0.15 & 0.25 & 0.20\\ 0.20 & 0.25 & 0.25\\ 0.10 & 0.05 & 0.10\\ 0.10 & 0.10 & 0.05\end{pmatrix},\ \boldsymbol{P}=\begin{pmatrix}4500 & 4200 & 4800 & 4000\\ 2500 & 2200 & 2800 & 2400\\ 5000 & 5500 & 6000 & 5800\end{pmatrix}$$

表示，$\boldsymbol{M}$ 称为成本矩阵，$\boldsymbol{P}$ 称为产量矩阵.

例 1.2.3 （有向图的邻接矩阵）设有四座城市 V_1，V_2，V_3，V_4，其间的道路通向如图 1-2-1 所示，记

$$a_{ij}=\begin{cases}k, & \text{若城市 } V_i \text{ 到城市 } V_j \text{ 有 } k \text{ 条直达通路},\\ 0, & \text{若城市 } V_i \text{ 到城市 } V_j \text{ 无直达通路}.\end{cases}$$

则图 1-2-1 所示的通路信息可由矩阵 $\boldsymbol{A}$ 表示（注意道路指向是有方向的），即

$$\boldsymbol{A}=\begin{pmatrix}0 & 2 & 1 & 0\\ 0 & 0 & 1 & 0\\ 0 & 0 & 0 & 1\\ 0 & 0 & 1 & 0\end{pmatrix}.$$

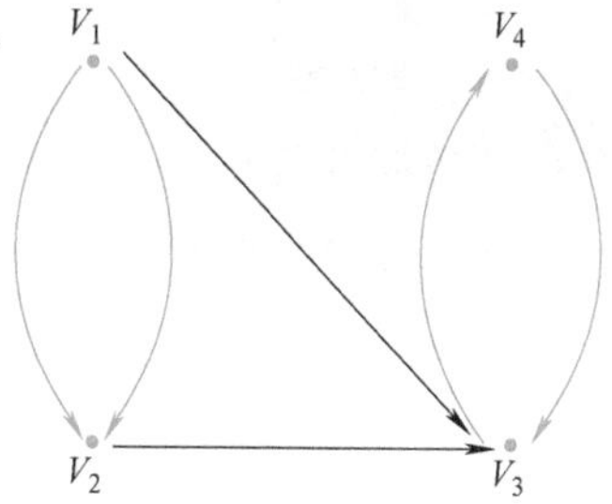

图 1-2-1

接下来介绍一些常见的矩阵.

元素全为零的 $m\times n$ 矩阵

$$O_{m\times n}=\begin{pmatrix} 0 & 0 & \cdots & 0 \\ 0 & 0 & \cdots & 0 \\ \vdots & \vdots & & \vdots \\ 0 & 0 & \cdots & 0 \end{pmatrix}$$

称为零矩阵. 常用英文字母 $\boldsymbol{O}$ 表示，只有一行（列）的零矩阵有时也用黑体数字 **0** 表示.

注意：不同型的零矩阵互不相等.

形如

$$\begin{pmatrix} a_{11} & a_{12} & \cdots & a_{1n} \\ 0 & a_{22} & \cdots & a_{2n} \\ \vdots & \vdots & & \vdots \\ 0 & 0 & \cdots & a_{nn} \end{pmatrix} \text{和} \begin{pmatrix} a_{11} & 0 & 0 & \cdots & 0 \\ a_{21} & a_{22} & 0 & \cdots & 0 \\ \vdots & \vdots & \vdots & & \vdots \\ a_{n1} & a_{n2} & a_{n3} & \cdots & a_{nn} \end{pmatrix}$$

的矩阵分别称为上三角矩阵和下三角矩阵. 上（下）三角矩阵的主对角下方（上方）的元素全为 0.

特别地，既是上三角矩阵，又是下三角矩阵（即主对角线以外的元素均为 0）的矩阵

$$D_n=\begin{pmatrix} \lambda_1 & 0 & \cdots & 0 \\ 0 & \lambda_2 & \cdots & 0 \\ \vdots & \vdots & & \vdots \\ 0 & 0 & \cdots & \lambda_n \end{pmatrix}$$

称为 n 阶对角矩阵，若 $\lambda_1=\lambda_2=\cdots=\lambda_n=1$，称

$$E_n=\begin{pmatrix} 1 & 0 & \cdots & 0 \\ 0 & 1 & \cdots & 0 \\ \vdots & \vdots & & \vdots \\ 0 & 0 & \cdots & 1 \end{pmatrix}$$

为 n 阶单位矩阵.

1.2.2 矩阵的初等变换

矩阵初等变换和线性方程组的解

注意到线性方程组的初等变换其实只涉及各自变量的系数及右端的常数项，而增广矩阵中的每一行对应其中一个方程，所以线性方程组的初等变换可以移植到（增广）矩阵上进行，从而得到矩阵初等变换的概念.

定义 1.2.4 以下三种变换称为矩阵 $\boldsymbol{A}$ 的初等行变换：

(1) 交换两行（交换 i，j 两行），记为 $r_i \leftrightarrow r_j$；

(2) 以非零常数乘以某行中的所有元素（第 i 行乘以数 k），记为 kr_i；

（3）以非零常数乘以某行中的所有元素后再加到另一行对应的元素上（第 i 行的 k 倍加到第 j 行上），记为 r_j+kr_i.

将上述定义中的“行”换成“列”，将“行”记号 r 换成“列”记号 c，即可得到初等列变换的定义.

矩阵的初等行变换和矩阵的初等列变换，统称为矩阵的初等变换. 对矩阵实施初等变换的过程用“~”表示.

显然，3 种初等行（列）变换过程都是可逆的（通俗地说，就是变换可还原），其逆变换也是同一类型的初等行（列）变换，即：变换 $r_i \leftrightarrow r_j$ 的逆变换就是其本身：变换 kr_i 的逆变换是 $\frac{1}{k}r_i$：变换 r_j+kr_i 的逆变换是 r_j-kr_i.

解线性方程组的高斯消元法对应于（增广）矩阵的初等行变换（注意解线性方程组时不能作初等列变换）. 所以，对线性方程组的增广矩阵进行初等行变换，相当于对线性方程组进行加减消元，因而不会改变线性方程组的解.

换言之，假设矩阵 $\boldsymbol{A}$ 经过初等行变换后得到矩阵 $\boldsymbol{B}$，则以 $\boldsymbol{A}$ 为增广矩阵的线性方程组与以 $\boldsymbol{B}$ 为增广矩阵的线性方程组是同解（或等价）的方程组，它们有相同的解. 显然，增广矩阵 $\boldsymbol{B}$ 的形式越简单，求解越容易.

定义 1.2.5　设 $\boldsymbol{A}$，$\boldsymbol{B}$ 是两个 $m\times n$ 矩阵，

（1）如果矩阵 $\boldsymbol{A}$ 经过有限次初等行变换后化为矩阵 $\boldsymbol{B}$，则称矩阵 A 与矩阵 B 行等价，记为 $\boldsymbol{A}\overset{r}{\sim}\boldsymbol{B}$；

（2）如果矩阵 $\boldsymbol{A}$ 经过有限次初等列变换后化为矩阵 $\boldsymbol{B}$，则称矩阵 A 与矩阵 B 列等价，记为 $\boldsymbol{A}\overset{c}{\sim}\boldsymbol{B}$；

（3）如果矩阵 $\boldsymbol{A}$ 经过有限次初等变换后化为矩阵 $\boldsymbol{B}$，则称矩阵 A 与矩阵 B 等价，记为 $\boldsymbol{A}\sim\boldsymbol{B}$.

显然，矩阵间的等价关系满足：

（1）自反性　$\boldsymbol{A}\sim\boldsymbol{A}$；

（2）对称性　若 $\boldsymbol{A}\sim\boldsymbol{B}$，则 $\boldsymbol{B}\sim\boldsymbol{A}$；

（3）传递性　若 $\boldsymbol{A}\sim\boldsymbol{B}$，$\boldsymbol{B}\sim\boldsymbol{C}$，则 $\boldsymbol{A}\sim\boldsymbol{C}$.

可以把求线性方程组的高斯消元法用矩阵初等行变换的形式表示出来.

例 1.2.4　用矩阵的初等行变换求解例 1.1.3 中的线性方程组

$$\begin{cases} x_1+x_2+4x_3=4, \\ -x_1+4x_2+x_3=16, \\ x_1-x_2+2x_3=-4. \end{cases}$$

解 对增广矩阵 $\boldsymbol{B}$ 作初等行变换，得

$$\boldsymbol{B}=\begin{pmatrix} 1 & 1 & 4 & 4 \\ -1 & 4 & 1 & 16 \\ 1 & -1 & 2 & -4 \end{pmatrix} \overset{\substack{r_2+r_1 \\ r_3-r_1}}{\sim} \begin{pmatrix} 1 & 1 & 4 & 4 \\ 0 & 5 & 5 & 20 \\ 0 & -2 & -2 & -8 \end{pmatrix} \overset{\frac{1}{5}r_2}{\sim}$$

$$\begin{pmatrix} 1 & 1 & 4 & 4 \\ 0 & 1 & 1 & 4 \\ 0 & -2 & -2 & -8 \end{pmatrix} \overset{\substack{r_1-r_2 \\ r_3+2r_2}}{\sim} \begin{pmatrix} 1 & 0 & 3 & 0 \\ 0 & 1 & 1 & 4 \\ 0 & 0 & 0 & 0 \end{pmatrix}=\boldsymbol{B}_1,$$

以 $\boldsymbol{B}_1$ 为增广矩阵的方程组为

$$\begin{cases} x_1+3x_3=0, \\ x_2+x_3=4. \end{cases}$$

取 x_3 为自由未知量，并令 $x_3=k$，即得

$$\boldsymbol{x}=\begin{pmatrix} x_1 \\ x_2 \\ x_3 \end{pmatrix}=\begin{pmatrix} -3k_3 \\ -k_3+4 \\ k_3 \end{pmatrix},$$

其中 k 为任意常数.

例 1.2.4 中的增广矩阵 $\boldsymbol{B}_1$ 的特点是：可画出一条从第一行某元素左方的竖线开始到最后一列某元素下方的横线结束的阶梯线，阶梯线的下方元素全为 0；每段竖线（阶梯）的高度为 1，或每个台阶只有一行，竖线右边第一个元素为非零元素（竖线左边的元素均为 0），台阶数就是非零行的行数，具有这样特点的矩阵称为**行阶梯形矩阵**，即：

定义 1.2.6 （1）若非零矩阵 $\boldsymbol{A}$ 满足：①非零行在零行的上方；②非零行的第一个非零元所在列位于上一行（如果存在的话）的第一个非零元所在列的右边，则称此矩阵为**行阶梯形矩阵**.

（2）进一步，若 $\boldsymbol{A}$ 是行阶梯形矩阵，且满足：①非零行的第一个非零元为 1；②第一个非零元所在列的其他元素均为 0，则称 $\boldsymbol{A}$ 为**行最简形矩阵**.

例 1.2.5 试用矩阵的初等行变换将矩阵

$$A=\begin{pmatrix}2&-3&1&-1&2\\2&-1&-1&1&2\\1&1&-2&1&4\\-1&4&-3&2&2\end{pmatrix}$$

化为行阶梯形矩阵和行最简形矩阵.

解 $$A=\begin{pmatrix}2&-3&1&-1&2\\2&-1&-1&1&2\\1&1&-2&1&4\\-1&4&-3&2&2\end{pmatrix}\xrightarrow{r_1\leftrightarrow r_3}\begin{pmatrix}1&1&-2&1&4\\2&-1&-1&1&2\\2&-3&1&-1&2\\-1&4&-3&2&2\end{pmatrix}\xrightarrow[r_4+r_1]{\substack{r_2+(-1)r_3\\r_3+(-2)r_1}}$$

$$\begin{pmatrix}1&1&-2&1&4\\0&2&-2&2&0\\0&-5&5&-3&-6\\0&5&-5&3&6\end{pmatrix}\xrightarrow[r_4+r_3]{\frac{1}{2}r_2}\begin{pmatrix}1&1&-2&1&4\\0&1&-1&1&0\\0&-5&5&-3&-6\\0&0&0&0&0\end{pmatrix}\xrightarrow{r_3+5r_2}$$

$$\begin{pmatrix}1&1&-2&1&4\\0&1&-1&1&0\\0&0&0&2&-6\\0&0&0&0&0\end{pmatrix}\triangleq B\qquad \text{(行阶梯形矩阵)}$$

$$\xrightarrow{\frac{1}{2}r_3}\begin{pmatrix}1&1&-2&1&4\\0&1&-1&1&0\\0&0&0&1&-3\\0&0&0&0&0\end{pmatrix}\xrightarrow[r_2+(-1)r_3]{r_1+(-1)r_3}\begin{pmatrix}1&1&-2&0&7\\0&1&-1&0&3\\0&0&0&1&-3\\0&0&0&0&0\end{pmatrix}$$

$$\xrightarrow{r_1-r_2}\begin{pmatrix}1&0&-1&0&4\\0&1&-1&0&3\\0&0&0&1&-3\\0&0&0&0&0\end{pmatrix}\triangleq C.\qquad \text{(行最简形矩阵)}$$

上例中，如果对行最简形矩阵 C 再实施初等列变换，可变成一种形状更简单的矩阵.

$$C=\begin{pmatrix}1&0&-1&0&4\\0&1&-1&0&3\\0&0&0&1&-3\\0&0&0&0&0\end{pmatrix}\xrightarrow[c_3+c_2]{c_3+c_1}\begin{pmatrix}1&0&0&0&4\\0&1&0&0&3\\0&0&0&1&-3\\0&0&0&0&0\end{pmatrix}\xrightarrow[c_5+3c_4]{\substack{c_5+(-4)c_1\\c_5+(-3)c_1}}$$

$$\begin{pmatrix}1&0&0&0&0\\0&1&0&0&0\\0&0&0&1&0\\0&0&0&0&0\end{pmatrix}\xrightarrow{c_3\leftrightarrow c_4}\begin{pmatrix}1&0&0&0&0\\0&1&0&0&0\\0&0&1&0&0\\0&0&0&0&0\end{pmatrix}\triangleq D.$$

最后一个矩阵 D 称为矩阵 A 的标准形，其特点是：D 的左上角是一个单位矩阵，其余元素全为 0.

对于一般的矩阵，有以下结论：

定理 1.2.1 （1）任意一个 $m\times n$ 矩阵 $\boldsymbol{A}$ 总可经若干次初等行变换化为行阶梯形矩阵；

（2）任意一个 $m\times n$ 矩阵 $\boldsymbol{A}$ 总可经若干次初等行变换化为行最简形矩阵；

（3）任意一个 $m\times n$ 矩阵 $\boldsymbol{A}$ 总可经若干次初等变换（行变换和列变换）化为某标准形矩阵.

例 1.2.6 求解齐次线性方程组

$$\begin{cases} x_1+2x_2+2x_3+\ x_4=0, \\ 2x_1+\ x_2-2x_3-2x_4=0, \\ x_1-\ x_2-4x_3-3x_4=0. \end{cases}$$

解 注意到齐次线性方程组的增广矩阵中最右边一列元素恒为 0，作任何初等行变换后该列仍然恒为 0，所以只需用系数矩阵来作初等行变换即可.

$$\boldsymbol{A}=\begin{pmatrix} 1 & 2 & 2 & 1 \\ 2 & 1 & -2 & -2 \\ 1 & -1 & -4 & -3 \end{pmatrix} \xrightarrow[r_3+(-)r_1]{r_2+(-2)r_1} \begin{pmatrix} 1 & 2 & 2 & 1 \\ 0 & -3 & -6 & -4 \\ 0 & -3 & -6 & -4 \end{pmatrix} \xrightarrow{r_3-r_2}$$

$$\begin{pmatrix} 1 & 2 & 2 & 1 \\ 0 & -3 & -6 & -4 \\ 0 & 0 & 0 & 0 \end{pmatrix} \xrightarrow{-\frac{1}{3}r_2} \begin{pmatrix} 1 & 2 & 2 & 1 \\ 0 & 1 & 2 & \frac{4}{3} \\ 0 & 0 & 0 & 0 \end{pmatrix} \xrightarrow{r_1-2r_2} \begin{pmatrix} 1 & 0 & -2 & -\frac{5}{3} \\ 0 & 1 & 2 & \frac{4}{3} \\ 0 & 0 & 0 & 0 \end{pmatrix},$$

行最简形矩阵对应的方程组为

$$\begin{cases} x_1=\ \ 2x_3+\frac{5}{3}x_4, \\ x_2=-2x_3-\frac{4}{3}x_4 \end{cases} \quad (x_3,x_4\text{ 可任意取值}).$$

令 $x_3=k_1$，$x_4=k_2$（k_1，k_2 为任意常数），将其改写为通常的参数形式

$$\begin{cases} x_1=\ \ 2k_1+\frac{5}{3}k_2, \\ x_2=-2k_1-\frac{4}{3}k_2, \\ x_3=\ \ \ k_1, \\ x_4=\ \ \ \ \ \ \ \ k_2 \end{cases} \quad (k_1,k_2\text{ 为任意实数}),$$

或向量形式

$$\begin{pmatrix} x_1 \\ x_2 \\ x_3 \\ x_4 \end{pmatrix} = \begin{pmatrix} 2k_1+\frac{5}{3}k_2 \\ -2k_1-\frac{4}{3}k_2 \\ k_1 \\ k_2 \end{pmatrix}.$$

例 1.2.7　λ 取何值时，方程组

$$\begin{cases} -2x_1+x_2+x_3=-2, \\ x_1-2x_2+x_3=\lambda, \\ x_1+x_2-2x_3=\lambda^2 \end{cases}$$

有唯一解？无穷多解？无解？并在有解时求出其解.

解　对增广矩阵 $\boldsymbol{A}$ 作初等行变换化为最简形矩阵，得

$$\boldsymbol{A}=\begin{pmatrix} -2 & 1 & 1 & -2 \\ 1 & -2 & 1 & \lambda \\ 1 & 1 & -2 & \lambda^2 \end{pmatrix} \xrightarrow{r_1 \leftrightarrow r_2} \begin{pmatrix} 1 & -2 & 1 & \lambda \\ -2 & 1 & 1 & -2 \\ 1 & 1 & -2 & \lambda^2 \end{pmatrix} \xrightarrow[r_3+(-1)r_1]{r_2+2r_1}$$

$$\begin{pmatrix} 1 & -2 & 1 & \lambda \\ 0 & -3 & 3 & 2\lambda-2 \\ 0 & 3 & -3 & \lambda^2-\lambda \end{pmatrix} \xrightarrow{r_3+r_2} \begin{pmatrix} 1 & -2 & 1 & \lambda \\ 0 & -3 & 3 & 2\lambda-2 \\ 0 & 0 & 0 & \lambda^2+\lambda-2 \end{pmatrix},$$

第三行对应的方程为

$$0=\lambda^2+\lambda-2.$$

当 $\lambda^2+\lambda-2\neq 0$ 时，该方程为矛盾方程，这时方程组无解；
当 $\lambda^2+\lambda-2=0$，即 $\lambda=1$ 或 $\lambda=-2$ 时，方程组有解.

其中，当 $\lambda=1$ 时，

$$\boldsymbol{A}\sim\begin{pmatrix} 1 & -2 & 1 & 1 \\ 0 & -3 & 3 & 0 \\ 0 & 0 & 0 & 0 \end{pmatrix} \xrightarrow{-\frac{1}{3}r_2} \begin{pmatrix} 1 & -2 & 1 & 1 \\ 0 & 1 & -1 & 0 \\ 0 & 0 & 0 & 0 \end{pmatrix} \xrightarrow{r_1+2r_2} \begin{pmatrix} 1 & 0 & -1 & 1 \\ 0 & 1 & -1 & 0 \\ 0 & 0 & 0 & 0 \end{pmatrix},$$

对应的方程组为

$$\begin{cases} x_1-x_3=1, \\ x_2-x_3=0 \end{cases} \quad 或 \quad \begin{cases} x_1=x_3+1, \\ x_2=x_3, \end{cases}$$

记 $x_3=k$（k 为任意常数），可得到解

$$\begin{pmatrix} x_1 \\ x_2 \\ x_3 \end{pmatrix} = \begin{pmatrix} k+1 \\ k \\ k \end{pmatrix}.$$

当 $\lambda=-2$ 时,

$$A\sim\begin{pmatrix}1&-2&1&-2\\0&-3&3&-6\\0&0&0&0\end{pmatrix}\overset{\frac{1}{3}r_2}{\sim}\begin{pmatrix}1&-2&1&-2\\0&1&-1&2\\0&0&0&0\end{pmatrix}\overset{r_1+2r_2}{\sim}\begin{pmatrix}1&0&-1&2\\0&1&-1&2\\0&0&0&0\end{pmatrix},$$

对应的方程组为

$$\begin{cases}x_1-x_3=2,\\x_2-x_3=2\end{cases}\quad 或 \quad\begin{cases}x_1=x_3+2,\\x_2=x_3+2,\end{cases}$$

记 $x_3=k$ （k 为任意常数），可得到解

$$\begin{pmatrix}x_1\\x_2\\x_3\end{pmatrix}=\begin{pmatrix}k+2\\k+2\\k\end{pmatrix}.$$

从以上两例的求解过程可见，系数矩阵（对应齐次线性方程组）或增广矩阵（对应非齐次线性方程组）化为阶梯形矩阵时，阶梯形矩阵中非零行的行数 r 是一个重要的指标. 当 $r<n$ 时，方程组中存在 $n-r$ 个自由未知量，从而当线性方程组有解时，它一定有无穷多解，指标 r 称为矩阵的**秩**.

定义 1.2.7　一个 $m\times n$ 矩阵 A 的行阶梯形矩阵中所含非零行的行数称为矩阵 A 的秩. 记为 $R(A)$ 或 Rank$A$.

线性方程组解的情形可用矩阵的秩描述如下.

定理 1.2.2　设齐次线性方程组（1.1.3）的系数矩阵为 $A_{m\times n}$，则该线性方程组有非零解的充分必要条件是

$$R(A)=r<n.$$

特别地，当 $m<n$ 时，方程组一定有非零解.

证　设 $R(A)=r$，对矩阵 A 作初等行变换，化 A 为行阶梯形矩阵，不妨设行阶梯形矩阵中各行的首个非零元素分别在第 1，2，…，r 列，即

$$A\sim\begin{pmatrix}c_{11}&c_{12}&\cdots&c_{1r}&c_{1,r+1}&\cdots&c_{1n}\\0&c_{22}&\cdots&c_{2r}&c_{2,r+1}&\cdots&c_{2n}\\\vdots&\vdots&&\vdots&\vdots&&\vdots\\0&0&\cdots&c_{rr}&c_{r,r+1}&\cdots&c_{rn}\\0&0&\cdots&0&0&\cdots&0\\\vdots&\vdots&&\vdots&\vdots&&\vdots\\0&0&\cdots&0&0&\cdots&0\end{pmatrix}=B.$$

其中 c_{11}，c_{22}，…，c_{rr} 均不为 0，矩阵 B 对应的方程组为

$$\begin{cases} c_{11}x_1+c_{12}x_2+\cdots+c_{1r}x_r+c_{1,r+1}x_{r+1}+\cdots+c_{1n}x_n=0, \\ c_{22}x_2+\cdots+c_{2r}x_r+c_{2,r+1}x_{r+1}+\cdots+c_{2n}x_n=0, \\ \vdots \\ c_{rr}x_r+c_{r,r+1}x_{r+1}+\cdots+c_{rn}x_n=0, \end{cases}$$

当 $r<n$ 时，将 x_{r+1}，x_{r+2}，$\cdots$，x_n 取为自由未知量，自由未知量每取一组值，就可得出 x_1，x_2，$\cdots$，x_r 的唯一一组值，合起来即得方程组的一个解. 当 x_{r+1}，x_{r+2}，$\cdots$，x_n 不全为 0 时，就得到方程组的非零解.

特别地，当 $R(\boldsymbol{A})=r=n$ 时，上述方程组的最后一个方程为

$$c_{nn}x_n=0,$$

由 $c_{nn}\neq 0$ 可依次解出 $x_n=0$，$x_{n-1}=0$，$\cdots$，$x_1=0$. 故这时方程组只有零解.

定理 1.2.3　设 $\boldsymbol{A}$ 为非齐次线性方程组（1.1.2）的系数矩阵，$\boldsymbol{B}$ 表示其增广矩阵，则该非齐次线性方程组有解的充分必要条件是

$$R(\boldsymbol{A})=R(\boldsymbol{B}),$$

且当 $R(\boldsymbol{A})=R(\boldsymbol{B})=n$ 时，方程组有唯一解；$R(\boldsymbol{A})=R(\boldsymbol{B})<n$ 时，方程组有无穷多解.

证　设矩阵 $\boldsymbol{A}$ 的秩为 r，利用矩阵的初等行变换将矩阵 $\boldsymbol{B}$ 化为行阶梯形矩阵，不妨设行阶梯形矩阵中各行的首个非零元素分别在第 1，2，$\cdots$，r 列，即

$$\boldsymbol{B}\sim\begin{pmatrix} c_{11} & c_{12} & \cdots & c_{1r} & c_{1,r+1} & \cdots & c_{1n} & d_1 \\ 0 & c_{22} & \cdots & c_{2r} & c_{2,r+1} & \cdots & c_{2n} & d_2 \\ \vdots & \vdots & & \vdots & \vdots & & \vdots & \vdots \\ 0 & 0 & \cdots & c_{rr} & c_{r,r+1} & \cdots & c_{rn} & d_r \\ 0 & 0 & \cdots & 0 & 0 & \cdots & 0 & d_{r+1} \\ \vdots & \vdots & & \vdots & \vdots & & \vdots & \vdots \\ 0 & 0 & \cdots & 0 & 0 & \cdots & 0 & 0 \end{pmatrix},$$

显然，$R(\boldsymbol{A})=R(\boldsymbol{B})$ 当且仅当 $d_{r+1}=0$.

增广矩阵 $\boldsymbol{B}$ 对应的方程组为

$$\begin{cases} c_{11}x_1+c_{12}x_2+\cdots+c_{1r}x_r+c_{1,r+1}x_{r+1}+\cdots+c_{1n}x_n=d_1, \\ \qquad c_{22}x_2+\cdots+c_{2r}x_r+c_{2,r+1}x_{r+1}+\cdots+c_{2n}x_n=d_2, \\ \qquad\qquad \vdots \\ \qquad\qquad c_{rr}x_r+c_{r,r+1}x_{r+1}+\cdots+c_{rn}x_n=d_r, \\ \qquad\qquad\qquad 0=d_{r+1}. \end{cases}$$

当 $d_{r+1}\neq 0$ 时，最后一个方程为矛盾方程，所以方程组无解.

当 $d_{r+1}=0$ 时，$R(\boldsymbol{A})=R(\boldsymbol{B})=r$. 若 $r<n$，取 x_{r+1}，x_{r+2}，…，x_n 为自由未知量，自由未知量每取一组值，就可解出 x_1，x_2，…，x_r 的唯一一组值，合起来即得方程组的一个解，自由未知量有无穷多种取法，故方程组有无穷多个解；若 $r=n$，由于 c_{11}，c_{22}，…，c_{rr} 均不为 0，由 $c_{nn}x_n=d_n$ 解出 x_n，然后逐一回代即可解出唯一一组 x_{n-1}，x_{n-2}，…，x_1 值，从而得到唯一一个解.

1.3 矩阵与向量的基本运算

1.3.1 矩阵与向量的线性运算

定义 1.3.1 设 $\boldsymbol{A}=(a_{ij})_{m\times n}$ 与 $\boldsymbol{B}=(b_{ij})_{m\times n}$ 是两个同型矩阵，定义矩阵 $\boldsymbol{A}$ 与 $\boldsymbol{B}$ 的和 $\boldsymbol{A}+\boldsymbol{B}$ 为矩阵 $\boldsymbol{C}=(c_{ij})_{m\times n}$.其中

$$\boldsymbol{C}=(c_{ij})_{m\times n}=\boldsymbol{A}+\boldsymbol{B}=\begin{pmatrix} a_{11}+b_{11} & a_{12}+b_{12} & \cdots & a_{1n}+b_{1n} \\ a_{21}+b_{21} & a_{22}+b_{22} & \cdots & a_{2n}+b_{2n} \\ \vdots & \vdots & & \vdots \\ a_{m1}+b_{m1} & a_{m2}+b_{m2} & \cdots & a_{mn}+b_{mn} \end{pmatrix}$$

$$=(a_{ij}+b_{ij})_{m\times n}.$$

即两个同型矩阵的加法就是两个矩阵对应位置上元素的加法，由此易知矩阵的加法满足以下运算律：

（1）交换律：$\boldsymbol{A}+\boldsymbol{B}=\boldsymbol{B}+\boldsymbol{A}$；

（2）结合律：$(\boldsymbol{A}+\boldsymbol{B})+\boldsymbol{C}=\boldsymbol{A}+(\boldsymbol{B}+\boldsymbol{C})$；

（3）设 $\boldsymbol{O}$ 为 m 行 n 列零矩阵，则 $\boldsymbol{A}+\boldsymbol{O}=\boldsymbol{O}+\boldsymbol{A}=\boldsymbol{A}$；

(4) 对于矩阵 $\boldsymbol{A}=(a_{ij})_{m\times n}$，称矩阵 $(-a_{ij})_{m\times n}$ 为矩阵 A 的负矩阵，记为 $-\boldsymbol{A}$. 显然 $\boldsymbol{A}+(-\boldsymbol{A})=(a_{ij}+(-a_{ij}))_{m\times n}=\boldsymbol{O}_{m\times n}$. 由此可定义矩阵 $\boldsymbol{A}=(a_{ij})_{m\times n}$ 和 $\boldsymbol{B}=(b_{ij})_{m\times n}$ 的减法为

$$\boldsymbol{A}-\boldsymbol{B}=\boldsymbol{A}+(-\boldsymbol{B})=(a_{ij}-b_{ij})_{m\times n}.$$

定义 1.3.2　用一个数 λ 乘以矩阵 $\boldsymbol{A}=(a_{ij})_{m\times n}$ 的所有元素得到的矩阵 $(\lambda a_{ij})_{m\times n}$ 称为数 λ 与矩阵 A 的乘积，也称为矩阵 A 的数乘运算，记为 $\lambda\boldsymbol{A}$ 或 $\boldsymbol{A}\lambda$，即

$$\lambda\boldsymbol{A}=\boldsymbol{A}\lambda=\begin{pmatrix}\lambda a_{11} & \lambda a_{12} & \cdots & \lambda a_{1n}\\ \lambda a_{21} & \lambda a_{22} & \cdots & \lambda a_{2n}\\ \vdots & \vdots & & \vdots\\ \lambda a_{m1} & \lambda a_{m2} & \cdots & \lambda a_{mn}\end{pmatrix}.$$

数乘运算满足以下运算规律（设 $\boldsymbol{A}$、$\boldsymbol{B}$ 为 $m\times n$ 矩阵，λ、μ 为数）：

(1) $\lambda(\boldsymbol{A}+\boldsymbol{B})=\lambda\boldsymbol{A}+\lambda\boldsymbol{B}$;

(2) $(\lambda+\mu)\boldsymbol{A}=\lambda\boldsymbol{A}+\mu\boldsymbol{A}$;

(3) $(\lambda\mu)\boldsymbol{A}=\lambda(\mu\boldsymbol{A})=\mu(\lambda\boldsymbol{A})$.

特别地，

$$1\cdot\boldsymbol{A}=\boldsymbol{A},0\cdot\boldsymbol{A}=\boldsymbol{O}_{m\times n},(-1)\boldsymbol{A}=-\boldsymbol{A}.$$

矩阵的加法和矩阵的数乘运算统称为矩阵的线性运算.

例 1.3.1　设 $\boldsymbol{A}=\begin{pmatrix}1 & 0 & 2\\ 2 & -3 & 1\end{pmatrix}$，$\boldsymbol{B}=\begin{pmatrix}1 & -2 & -1\\ 0 & 1 & 2\end{pmatrix}$，求 $2\boldsymbol{A}+\boldsymbol{B}$ 和 $\boldsymbol{A}-3\boldsymbol{B}$.

解

$$\begin{aligned}2\boldsymbol{A}+\boldsymbol{B}&=2\begin{pmatrix}1 & 0 & 2\\ 2 & -3 & 1\end{pmatrix}+\begin{pmatrix}1 & -2 & -1\\ 0 & 1 & 2\end{pmatrix}=\begin{pmatrix}2 & 0 & 4\\ 4 & -6 & 2\end{pmatrix}+\begin{pmatrix}1 & -2 & -1\\ 0 & 1 & 2\end{pmatrix}\\ &=\begin{pmatrix}3 & -2 & 3\\ 4 & -5 & 4\end{pmatrix}.\end{aligned}$$

$$\boldsymbol{A}-3\boldsymbol{B}=\begin{pmatrix}1 & 0 & 2\\ 2 & -3 & 1\end{pmatrix}-\begin{pmatrix}3 & -6 & -3\\ 0 & 3 & 6\end{pmatrix}=\begin{pmatrix}-2 & 6 & 5\\ 2 & -6 & -5\end{pmatrix}.$$

由于行（列）向量即为行（列）矩阵，所以矩阵的线性运算的定义可用到向量上，称为向量的线性运算.

定义 1.3.3 设 $\boldsymbol{a}=\begin{pmatrix}a_1\\a_2\\\vdots\\a_n\end{pmatrix}$ 和 $\boldsymbol{b}=\begin{pmatrix}b_1\\b_2\\\vdots\\b_n\end{pmatrix}$ 为两个 n 维列向量，定义 $\boldsymbol{a}$，$\boldsymbol{b}$ 的和为

$$\boldsymbol{a}+\boldsymbol{b}=\begin{pmatrix}a_1\\a_2\\\vdots\\a_n\end{pmatrix}+\begin{pmatrix}b_1\\b_2\\\vdots\\b_n\end{pmatrix}=\begin{pmatrix}a_1+b_1\\a_2+b_2\\\vdots\\a_n+b_n\end{pmatrix}.$$

数 λ 与向量 $\boldsymbol{a}$ 的乘积（数乘）为

$$\lambda\boldsymbol{a}=\lambda\begin{pmatrix}a_1\\a_2\\\vdots\\a_n\end{pmatrix}=\begin{pmatrix}\lambda a_1\\\lambda a_2\\\vdots\\\lambda a_n\end{pmatrix}.$$

同理可定义行向量的加法和数乘运算.

矩阵加法的几何意义可通过以下例子做简要说明.

例 1.3.2 三个三阶方阵连加如下：

$$\begin{pmatrix}a_{11}&a_{12}&a_{13}\\\hdashline b_{11}&b_{12}&b_{13}\\\hdashline c_{11}&c_{12}&c_{13}\end{pmatrix}+\begin{pmatrix}a_{21}&a_{22}&a_{23}\\\hdashline b_{21}&b_{22}&b_{23}\\\hdashline c_{21}&c_{22}&c_{23}\end{pmatrix}+\begin{pmatrix}a_{31}&a_{32}&a_{33}\\\hdashline b_{31}&b_{32}&b_{33}\\\hdashline c_{31}&c_{32}&c_{33}\end{pmatrix}=\begin{pmatrix}\boldsymbol{a}_1+\boldsymbol{a}_2+\boldsymbol{a}_3\\\boldsymbol{b}_1+\boldsymbol{b}_2+\boldsymbol{b}_3\\\boldsymbol{c}_1+\boldsymbol{c}_2+\boldsymbol{c}_3\end{pmatrix}.$$

三阶矩阵有 3 个行向量. 三个矩阵连加相当于三个行向量同时连加，结果得到的三个行向量组成了矩阵的和. 上述加法用行向量可简记如下：

$$\begin{pmatrix}\boldsymbol{a}_1\\\boldsymbol{b}_1\\\boldsymbol{c}_1\end{pmatrix}+\begin{pmatrix}\boldsymbol{a}_2\\\boldsymbol{b}_2\\\boldsymbol{c}_2\end{pmatrix}+\begin{pmatrix}\boldsymbol{a}_3\\\boldsymbol{b}_3\\\boldsymbol{c}_3\end{pmatrix}=\begin{pmatrix}\boldsymbol{a}\\\boldsymbol{b}\\\boldsymbol{c}\end{pmatrix}.$$

这一连加过程如图 1-3-1 所示.

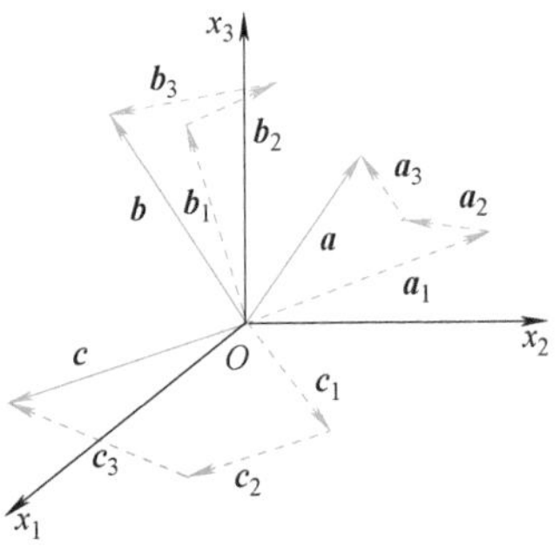

图 1-3-1

注：以上是将每个矩阵都分解为三个行向量来给出图形，由于矩阵加法是每个元素分别对应相加，因此对于列向量同样成立.

1.3.2 矩阵的乘法

矩阵的乘法来源于线性变换及线性方程组的矩阵表示. 以线性变换为例，设有两个线性变换

$$\begin{cases} y_1 = a_{11}x_1 + a_{12}x_2 + a_{13}x_3, \\ y_2 = a_{21}x_1 + a_{22}x_2 + a_{23}x_3 \end{cases} \tag{1.3.1}$$

和

$$\begin{cases} x_1 = b_{11}z_1 + b_{12}z_2, \\ x_2 = b_{21}z_1 + b_{22}z_2, \\ x_3 = b_{31}z_1 + b_{32}z_2. \end{cases} \tag{1.3.2}$$

矩阵乘法

若想求出 z_1，z_2 到 y_1，y_2 的线性变换，可将上述式（1.3.2）代入式（1.3.1）中，得

$$\begin{cases} y_1 = (a_{11}b_{11} + a_{12}b_{21} + a_{13}b_{31})z_1 + (a_{11}b_{12} + a_{12}b_{22} + a_{13}b_{32})z_2, \\ y_2 = (a_{21}b_{11} + a_{22}b_{21} + a_{23}b_{31})z_1 + (a_{21}b_{12} + a_{22}b_{22} + a_{23}b_{32})z_2. \end{cases} \tag{1.3.3}$$

线性变换（1.3.3）可看作先作线性变换（1.3.2）再作线性变换（1.3.1）的结果. 我们把线性变换（1.3.3）称为线性变换（1.3.1）与线性变换（1.3.2）的乘积，相应地把线性变换（1.3.3）所对应的矩阵定义为线性变换（1.3.1）与线性变换（1.3.2）对应的矩阵的乘积. 即

$$\begin{pmatrix} a_{11} & a_{12} & a_{13} \\ a_{21} & a_{22} & a_{23} \end{pmatrix} \begin{pmatrix} b_{11} & b_{12} \\ b_{21} & b_{22} \\ b_{31} & b_{32} \end{pmatrix} = \begin{pmatrix} a_{11}b_{11}+a_{12}b_{21}+a_{13}b_{31} & a_{11}b_{12}+a_{12}b_{22}+a_{13}b_{32} \\ a_{21}b_{11}+a_{22}b_{21}+a_{23}b_{31} & a_{21}b_{12}+a_{22}b_{22}+a_{23}b_{32} \end{pmatrix},$$

或

$$\boldsymbol{AB} = \boldsymbol{C}.$$

可见矩阵 $\boldsymbol{C}$ 的每个元素都由矩阵 $\boldsymbol{A}$ 的相应行与矩阵 $\boldsymbol{B}$ 的对应列相乘然后相加而得到，从而可以将矩阵 $\boldsymbol{C}$ 定义为矩阵 $\boldsymbol{A}$ 与矩阵 $\boldsymbol{B}$ 的乘积.

定义 1.3.4　设 $\boldsymbol{A} = (a_{ij})$ 是一个 $m \times s$ 矩阵，$\boldsymbol{B} = (b_{ij})$ 是一个 $s \times n$ 矩阵，规定矩阵 $\boldsymbol{A}$ 与矩阵 $\boldsymbol{B}$ 的乘积是一个 $m \times n$ 矩阵 $\boldsymbol{C} = (c_{ij})$，其中

$$c_{ij} = a_{i1}b_{1j} + a_{i2}b_{2j} + \cdots + a_{is}b_{sj} = \sum_{k=1}^{s} a_{ik}b_{kj} \ (i = 1, 2, \cdots, m; j = 1, 2, \cdots, n).$$

并把此乘积记为

$$\boldsymbol{C} = \boldsymbol{AB}.$$

按此定义，一个 $1 \times s$ 行矩阵与一个 $s \times 1$ 列矩阵的乘积是一个一阶方阵，也就是一个数

$$(a_{i1},a_{i2},\cdots,a_{is})\begin{pmatrix}b_{1j}\\b_{2j}\\\vdots\\b_{sj}\end{pmatrix}=a_{i1}b_{1j}+a_{i2}b_{2j}+\cdots+a_{is}b_{sj}=\sum_{k=1}^{s}a_{ik}b_{kj}=c_{ij},$$

由此表明乘积矩阵 $\boldsymbol{AB}=\boldsymbol{C}$ 中的元素 c_{ij} 就是左边矩阵 $\boldsymbol{A}$ 的第 i 行与右边矩阵 $\boldsymbol{B}$ 的第 j 列的乘积. 如图 1-3-2 所示.

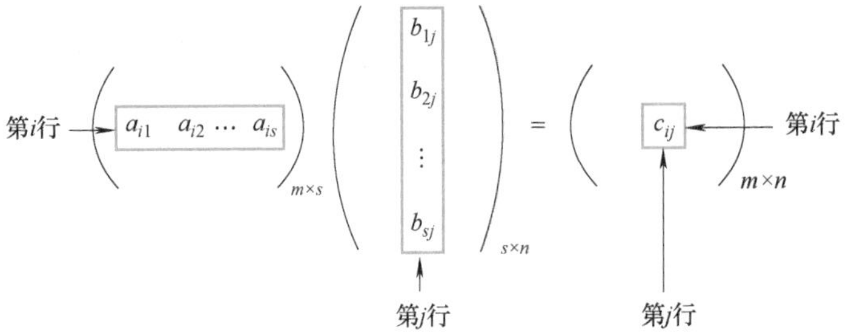

图 1-3-2

必须注意：只有当第一个矩阵（左边的矩阵）的列数与第二个矩阵（右边的矩阵）的行数相同时，两个矩阵才能相乘. 这是矩阵能进行乘法运算的先决条件.

例 1.3.3 设 $\boldsymbol{A}=\begin{pmatrix}3&-1&1\\2&2&0\end{pmatrix}$，$\boldsymbol{B}=\begin{pmatrix}1&-1&0\\1&1&1\\2&1&-1\end{pmatrix}$，求 $\boldsymbol{AB}$.

解 设 $\boldsymbol{A}$ 为 2×3 矩阵，$\boldsymbol{B}$ 为 3×3 矩阵，$\boldsymbol{A}$ 的列数等于 $\boldsymbol{B}$ 的行数，所以矩阵 $\boldsymbol{A}$、$\boldsymbol{B}$ 可以相乘，乘积 $\boldsymbol{AB}$ 是一个 2×3 矩阵. 由定义 1.3.4 得

$$\begin{aligned}\boldsymbol{AB}&=\begin{pmatrix}3&-1&1\\2&2&0\end{pmatrix}\begin{pmatrix}1&-1&0\\1&1&1\\2&1&-1\end{pmatrix}\\&=\begin{pmatrix}3\times1+(-1)\times1+1\times2&3\times(-1)+(-1)\times1+1\times1&3\times0+(-1)\times1+1\times(-1)\\2\times1+2\times1+0\times2&2\times(-1)+2\times1+0\times1&2\times0+2\times1+0\times(-1)\end{pmatrix}\\&=\begin{pmatrix}4&-3&-2\\4&0&2\end{pmatrix}.\end{aligned}$$

例 1.3.4 设 $\boldsymbol{A}=\begin{pmatrix}a_1\\a_2\\\vdots\\a_n\end{pmatrix}$，$\boldsymbol{B}=(b_1,b_2,\cdots,b_n)$，求 $\boldsymbol{AB}$ 和 $\boldsymbol{BA}$.

解 $\boldsymbol{A}$ 为 $n\times1$ 矩阵，$\boldsymbol{B}$ 为 $1\times n$ 矩阵，所以 $\boldsymbol{AB}$ 为 $n\times n$ 矩阵，

$\boldsymbol{BA}$ 为 1×1 矩阵. 由定义 1.3.4 得

$$\boldsymbol{AB}=\begin{pmatrix}a_1\\a_2\\\vdots\\a_n\end{pmatrix}(b_1,b_2,\cdots,b_n)=\begin{pmatrix}a_1b_1&a_1b_2&\cdots&a_1b_n\\a_2b_1&a_2b_2&\cdots&a_2b_n\\\vdots&\vdots&&\vdots\\a_nb_1&a_nb_2&\cdots&a_nb_n\end{pmatrix}.$$

$$\boldsymbol{BA}=(b_1,b_2,\cdots,b_n)\begin{pmatrix}a_1\\a_2\\\vdots\\a_n\end{pmatrix}=a_1b_1+a_2b_2+\cdots+a_nb_n.$$

例 1.3.5　设 $\boldsymbol{A}=\begin{pmatrix}1&-1\\2&2\end{pmatrix}$, $\boldsymbol{B}=\begin{pmatrix}-1&0\\3&2\end{pmatrix}$, 求 $\boldsymbol{AB}$ 和 $\boldsymbol{BA}$.

解　$\boldsymbol{A}$、$\boldsymbol{B}$ 均为二阶方阵, 易知 $\boldsymbol{AB}$、$\boldsymbol{BA}$ 均为二阶方阵, 易得

$$\boldsymbol{AB}=\begin{pmatrix}1&-1\\2&2\end{pmatrix}\begin{pmatrix}-1&0\\3&2\end{pmatrix}=\begin{pmatrix}-4&-2\\4&4\end{pmatrix},$$

$$\boldsymbol{BA}=\begin{pmatrix}-1&0\\3&2\end{pmatrix}\begin{pmatrix}1&-1\\2&2\end{pmatrix}=\begin{pmatrix}-1&1\\7&1\end{pmatrix}.$$

可见 $\boldsymbol{AB}\neq\boldsymbol{BA}$, 即矩阵乘法一般不满足交换律. 这是因为:

(1) 由矩阵乘法的定义, $\boldsymbol{AB}$ 有意义, $\boldsymbol{BA}$ 未必有意义;

(2) 即使 $\boldsymbol{A}_{m\times n}\boldsymbol{B}_{n\times m}$ 与 $\boldsymbol{B}_{n\times m}\boldsymbol{A}_{m\times n}$ 都有意义, 但前者是一个 m 阶方阵, 后者却是一个 n 阶方阵;

(3) 即使 $\boldsymbol{A}_{n\times n}\boldsymbol{B}_{n\times n}$ 与 $\boldsymbol{B}_{n\times n}\boldsymbol{A}_{n\times n}$ 都是 n 阶方阵, 它们也未必相等 (如例 1.3.5).

例 1.3.6　设 $\boldsymbol{A}=\begin{pmatrix}1&1\\-1&-1\end{pmatrix}$, $\boldsymbol{B}=\begin{pmatrix}1&-1\\-1&1\end{pmatrix}$, $\boldsymbol{C}=\begin{pmatrix}-1&1\\1&-1\end{pmatrix}$, 则

$$\boldsymbol{AB}=\begin{pmatrix}1&1\\-1&-1\end{pmatrix}\begin{pmatrix}1&-1\\-1&1\end{pmatrix}=\begin{pmatrix}0&0\\0&0\end{pmatrix},\quad \boldsymbol{AC}=\begin{pmatrix}1&1\\-1&-1\end{pmatrix}\begin{pmatrix}-1&1\\1&-1\end{pmatrix}=\begin{pmatrix}0&0\\0&0\end{pmatrix}.$$

由本例可见, 两个非零矩阵的乘积可能是零矩阵, 这是矩阵乘法有别于数的乘法的一个特点. 同时可知, 矩阵乘法不一定满足消去律, 即

$$\boldsymbol{AB}=\boldsymbol{AC},\boldsymbol{A}\neq\boldsymbol{O}\nRightarrow\boldsymbol{B}=\boldsymbol{C}.$$

例 1.3.7　在线性方程组

$$\begin{cases}a_{11}x_1+a_{12}x_2+\cdots+a_{1n}x_n=b_1,\\a_{21}x_1+a_{22}x_2+\cdots+a_{2n}x_n=b_2,\\\qquad\vdots\\a_{m1}x_1+a_{m2}x_2+\cdots+a_{mn}x_n=b_m\end{cases}$$

中，若令

$$A=\begin{pmatrix} a_{11} & a_{12} & \cdots & a_{1n} \\ a_{21} & a_{22} & \cdots & a_{2n} \\ \vdots & \vdots & & \vdots \\ a_{m1} & a_{m2} & \cdots & a_{mn} \end{pmatrix},\quad x=\begin{pmatrix} x_1 \\ x_2 \\ \vdots \\ x_n \end{pmatrix},\quad b=\begin{pmatrix} b_1 \\ b_2 \\ \vdots \\ b_m \end{pmatrix},$$

则线性方程组可用矩阵乘法运算简要表示为

$$\boldsymbol{Ax}=\boldsymbol{b}.$$

这也是今后常常要用到的线性方程组的一种表示方法.

矩阵的乘法满足以下运算律：

(1) $\lambda(\boldsymbol{AB})=(\lambda\boldsymbol{A})\boldsymbol{B}=\boldsymbol{A}(\lambda\boldsymbol{B})$.

(2) 结合律：$(\boldsymbol{AB})\boldsymbol{C}=\boldsymbol{A}(\boldsymbol{BC})$.

(3) 分配律：$\boldsymbol{A}(\boldsymbol{B}+\boldsymbol{C})=\boldsymbol{AB}+\boldsymbol{AC}$，$(\boldsymbol{B}+\boldsymbol{C})\boldsymbol{A}=\boldsymbol{BA}+\boldsymbol{CA}$.

(4) $\boldsymbol{A}$ 为 $m\times n$ 矩阵，$\boldsymbol{E}_m$ 和$\boldsymbol{E}_n$ 分别为 m 阶和 n 阶单位矩阵，则$\boldsymbol{E}_m\boldsymbol{A}=\boldsymbol{A}$，$\boldsymbol{AE}_n=\boldsymbol{A}$. 特别地，若 $\boldsymbol{A}$ 为 n 阶方阵，则 $\boldsymbol{EA}=\boldsymbol{AE}=\boldsymbol{A}$. 这也是 $\boldsymbol{E}$ 被称为单位矩阵的原因.

下面仅对结合律证明如下：

设 $\boldsymbol{A}=(a_{ij})_{m\times n}$，$\boldsymbol{B}=(b_{ij})_{n\times s}$，$\boldsymbol{C}=(c_{ij})_{s\times t}$，记 $\boldsymbol{G}=\boldsymbol{AB}=(g_{ij})_{m\times s}$，$\boldsymbol{H}=\boldsymbol{BC}=(h_{ij})_{n\times t}$，则$(\boldsymbol{AB})\boldsymbol{C}$ 的 (i,j) 元素为

$$\sum_{k=1}^{s} g_{ik}c_{kj}=\sum_{k=1}^{s}\left(\sum_{l=1}^{n} a_{il}b_{lk}\right)c_{kj}=\sum_{k=1}^{s}\sum_{l=1}^{n} a_{il}b_{lk}c_{kj}.$$

$\boldsymbol{A}(\boldsymbol{BC})$ 的 (i,j) 元素为

$$\sum_{l=1}^{n} a_{il}h_{lj}=\sum_{l=1}^{n} a_{il}\left(\sum_{k=1}^{s} b_{lk}c_{kj}\right)=\sum_{l=1}^{n}\sum_{k=1}^{s} a_{il}b_{lk}c_{kj}.$$

因为双重求和符号可交换次序，所以结合律成立.

定义 1.3.5 设 $\boldsymbol{A}=(a_{ij})_{m\times n}$是 $m\times n$ 矩阵，把矩阵 $\boldsymbol{A}$ 的第 i 列写作第 i 行 $(i=1,2,\cdots,n)$（这时第 j 行也就写作第 j 列），得到的 $n\times m$ 矩阵称为**矩阵 $\boldsymbol{A}$ 的转置矩阵**，记为 $\boldsymbol{A}^{\mathrm{T}}$. 即若 $\boldsymbol{A}=\begin{pmatrix} a_{11} & a_{12} & \cdots & a_{1n} \\ a_{21} & a_{22} & \cdots & a_{2n} \\ \vdots & \vdots & & \vdots \\ a_{m1} & a_{m2} & \cdots & a_{mn} \end{pmatrix}$，则

$$\boldsymbol{A}^{\mathrm{T}}=\begin{pmatrix} a_{11} & a_{21} & \cdots & a_{m1} \\ a_{12} & a_{22} & \cdots & a_{m2} \\ \vdots & \vdots & & \vdots \\ a_{1n} & a_{2n} & \cdots & a_{mn} \end{pmatrix}.$$

例如：$\boldsymbol{A}=\begin{pmatrix}1&2&3\\4&5&6\end{pmatrix}$，则$\boldsymbol{A}^{\mathrm{T}}=\begin{pmatrix}1&4\\2&5\\3&6\end{pmatrix}$.

有了矩阵的转置运算，列向量（列矩阵）$\boldsymbol{a}=\begin{pmatrix}a_1\\a_2\\\vdots\\a_n\end{pmatrix}$可以简记为行向量（行矩阵）$(a_1,a_2,\cdots,a_n)$ 的转置，即

$$\boldsymbol{a}=\begin{pmatrix}a_1\\a_2\\\vdots\\a_n\end{pmatrix}=(a_1,a_2,\cdots,a_n)^{\mathrm{T}}.$$

矩阵的转置运算满足以下运算律（假设运算都是可行的）：

（1）$(\boldsymbol{A}^{\mathrm{T}})^{\mathrm{T}}=\boldsymbol{A}$；

（2）$(\boldsymbol{A}+\boldsymbol{B})^{\mathrm{T}}=\boldsymbol{A}^{\mathrm{T}}+\boldsymbol{B}^{\mathrm{T}}$；

（3）$(k\boldsymbol{A})^{\mathrm{T}}=k\boldsymbol{A}^{\mathrm{T}}$；

（4）$(\boldsymbol{AB})^{\mathrm{T}}=\boldsymbol{B}^{\mathrm{T}}\boldsymbol{A}^{\mathrm{T}}$.

现对性质（4）做简要证明.

设 $\boldsymbol{A}=(a_{ij})_{m\times s}$，$\boldsymbol{B}=(b_{ij})_{s\times n}$，记 $\boldsymbol{AB}=\boldsymbol{C}=(c_{ij})_{m\times n}$，$\boldsymbol{B}^{\mathrm{T}}\boldsymbol{A}^{\mathrm{T}}=\boldsymbol{D}=(d_{ij})_{n\times m}$.由矩阵乘法

$$c_{ji}=\sum_{k=1}^{s}a_{jk}b_{ki}.$$

而$\boldsymbol{B}^{\mathrm{T}}$ 的第 i 行为 $(b_{1i},b_{2i},\cdots,b_{si})$，$\boldsymbol{A}^{\mathrm{T}}$ 的第 j 列为$(a_{j1},a_{j2},\cdots,a_{js})^{\mathrm{T}}$，因此

$$d_{ij}=\sum_{k=1}^{s}b_{ki}a_{jk}=\sum_{k=1}^{s}a_{jk}b_{ki}=c_{ij}.$$

即 $\boldsymbol{D}=\boldsymbol{C}^{\mathrm{T}}$ 或$\boldsymbol{B}^{\mathrm{T}}\boldsymbol{A}^{\mathrm{T}}=(\boldsymbol{AB})^{\mathrm{T}}$.

例 1.3.8

设 $\boldsymbol{A}=\begin{pmatrix}2&0&-1\\1&3&2\end{pmatrix}$，$\boldsymbol{B}=\begin{pmatrix}1&7&-1\\4&2&3\\2&0&1\end{pmatrix}$，求$(\boldsymbol{AB})^{\mathrm{T}}$.

解法一　$\boldsymbol{AB}=\begin{pmatrix}2&0&-1\\1&3&2\end{pmatrix}\begin{pmatrix}1&7&-1\\4&2&3\\2&0&1\end{pmatrix}=\begin{pmatrix}0&14&-3\\17&13&10\end{pmatrix}$，所以

$$(\boldsymbol{AB})^{\mathrm{T}}=\begin{pmatrix}0&17\\14&13\\-3&10\end{pmatrix}.$$

解法二 $(\boldsymbol{AB})^{\mathrm{T}}=\boldsymbol{B}^{\mathrm{T}}\boldsymbol{A}^{\mathrm{T}}=\begin{pmatrix}1&4&2\\7&2&0\\-1&3&1\end{pmatrix}\begin{pmatrix}2&1\\0&3\\-1&2\end{pmatrix}=\begin{pmatrix}0&17\\14&13\\-3&10\end{pmatrix}.$

设 $\boldsymbol{A}$ 为 n 阶方阵，如果$\boldsymbol{A}^{\mathrm{T}}=\boldsymbol{A}$，即 $a_{ij}=a_{ji}$ $(i,j=1,2,\cdots,n)$，则称 $\boldsymbol{A}$ 为对称矩阵，简称对称阵. 对称矩阵的特点是：以主对角线为对称轴的元素对应相等. 例如，

$$\boldsymbol{A}=\begin{pmatrix}1&1&-2\\1&-2&0\\-2&0&3\end{pmatrix}\quad 满足\quad \boldsymbol{A}^{\mathrm{T}}=\boldsymbol{A}.$$

例 1.3.9 设列矩阵 $\boldsymbol{X}=(x_1,x_2,\cdots,x_n)^{\mathrm{T}}$ 满足$\boldsymbol{X}^{\mathrm{T}}\boldsymbol{X}=1$，$\boldsymbol{E}$ 为 n 阶单位矩阵，$\boldsymbol{H}=\boldsymbol{E}-2\boldsymbol{X}\boldsymbol{X}^{\mathrm{T}}$. 证明 $\boldsymbol{H}$ 是对称矩阵，且 $\boldsymbol{H}\boldsymbol{H}^{\mathrm{T}}=\boldsymbol{E}$.

证 注意到$\boldsymbol{X}^{\mathrm{T}}\boldsymbol{X}=x_1^2+x_2^2+\cdots+x_n^2$ 是一个数，而 $\boldsymbol{X}\boldsymbol{X}^{\mathrm{T}}$ 是一个 n 阶方阵. 于是

$$\begin{aligned}\boldsymbol{H}^{\mathrm{T}}&=(\boldsymbol{E}-2\boldsymbol{X}\boldsymbol{X}^{\mathrm{T}})^{\mathrm{T}}=\boldsymbol{E}^{\mathrm{T}}-2(\boldsymbol{X}\boldsymbol{X}^{\mathrm{T}})^{\mathrm{T}}=\boldsymbol{E}-2(\boldsymbol{X}^{\mathrm{T}})^{\mathrm{T}}\boldsymbol{X}^{\mathrm{T}}\\&=\boldsymbol{E}-2\boldsymbol{X}\boldsymbol{X}^{\mathrm{T}}=\boldsymbol{H}.\end{aligned}$$

所以 $\boldsymbol{H}$ 是对称矩阵. 且

$$\begin{aligned}\boldsymbol{H}\boldsymbol{H}^{\mathrm{T}}&=\boldsymbol{H}\boldsymbol{H}=(\boldsymbol{E}-2\boldsymbol{X}\boldsymbol{X}^{\mathrm{T}})^2=\boldsymbol{E}^2-4\boldsymbol{X}\boldsymbol{X}^{\mathrm{T}}+4(\boldsymbol{X}\boldsymbol{X}^{\mathrm{T}})(\boldsymbol{X}\boldsymbol{X}^{\mathrm{T}})\\&=\boldsymbol{E}-4\boldsymbol{X}\boldsymbol{X}^{\mathrm{T}}+4\boldsymbol{X}(\boldsymbol{X}^{\mathrm{T}}\boldsymbol{X})\boldsymbol{X}^{\mathrm{T}}=\boldsymbol{E}-4\boldsymbol{X}\boldsymbol{X}^{\mathrm{T}}+4\boldsymbol{X}\boldsymbol{X}^{\mathrm{T}}\\&=\boldsymbol{E}.\end{aligned}$$

若 $\boldsymbol{A}$ 为 n 阶方阵，现定义

$$\boldsymbol{A}^0=\boldsymbol{E},\quad \boldsymbol{A}^k=\boldsymbol{A}^{k-1}\boldsymbol{A}\quad (k=1,2,\cdots,m),$$

其中$\boldsymbol{A}^k$ 称为方阵 $\boldsymbol{A}$ 的 k 次幂.

方阵的乘幂运算满足以下运算律：

(1) $\boldsymbol{A}^k\boldsymbol{A}^l=\boldsymbol{A}^{k+l}$；

(2) $(\boldsymbol{A}^k)^l=\boldsymbol{A}^{kl}$.

利用方阵的幂可定义矩阵多项式. 设有 x 的多项式

$$f(x)=a_0x^m+a_1x^{m-1}+\cdots+a_{m-1}x+a_m,$$

$\boldsymbol{A}$ 为 n 阶方阵，则称

$$f(\boldsymbol{A})=a_0\boldsymbol{A}^m+a_1\boldsymbol{A}^{m-1}+\cdots+a_{m-1}\boldsymbol{A}+a_m\boldsymbol{E}$$

为矩阵 $\boldsymbol{A}$ 的 m 次多项式.

例 1.3.10 设 $\boldsymbol{A}=\begin{pmatrix}1&1\\-1&2\end{pmatrix}$，$f(x)=2x^2-3x+1$，求 $f(\boldsymbol{A})$.

解 $$\boldsymbol{A}^2=\begin{pmatrix}1&1\\-1&2\end{pmatrix}\begin{pmatrix}1&1\\-1&2\end{pmatrix}=\begin{pmatrix}0&3\\-3&3\end{pmatrix},$$

$$f(\boldsymbol{A})=2\boldsymbol{A}^2-3\boldsymbol{A}+\boldsymbol{E}=2\begin{pmatrix}0&3\\-3&3\end{pmatrix}-3\begin{pmatrix}1&1\\-1&2\end{pmatrix}+\begin{pmatrix}1&0\\0&1\end{pmatrix}=\begin{pmatrix}-2&3\\-3&1\end{pmatrix}.$$

例 1.3.11* 矩阵高次幂的应用——人口流动问题.

设某中小城市及郊区乡镇共有 30 万人从事农、工、商工作，假定总人数在若干年内保持不变，而社会调查表明：

（1）在这 30 万就业人员中，目前约有 15 万人从事农业，9 万人从事工业，6 万人经商；

（2）在务农人员中，每年约有 20%改为务工，10%改为经商；

（3）在务工人员中，每年约有 20%改为务农，10%改为经商；

（4）在经商人员中，每年约有 10%改为务农，10%改为务工.

现欲预测一年及两年后从事各业人员的人数，以及 n 年之后，从事各业人员数量的发展趋势.

解　若用三维向量 $(x_i,y_i,z_i)^{\mathrm{T}}$ 表示第 i 年后从事这三种职业的人员总数，则已知 $(x_0,y_0,z_0)^{\mathrm{T}}=(15,9,6)^{\mathrm{T}}$.而欲求 $(x_1,y_1,z_1)^{\mathrm{T}}$，$(x_2,y_2,z_2)^{\mathrm{T}}$，并考查在 $n\to\infty$ 时 $(x_n,y_n,z_n)^{\mathrm{T}}$ 的发展趋势.

依题意，一年后，从事农、工、商的人员总数应为

$$\begin{cases}x_1=0.7x_0+0.2y_0+0.1z_0,\\y_1=0.2x_0+0.7y_0+0.1z_0,\\z_1=0.1x_0+0.1y_0+0.8z_0,\end{cases}$$

即

$$\begin{pmatrix}x_1\\y_1\\z_1\end{pmatrix}=\begin{pmatrix}0.7&0.2&0.1\\0.2&0.7&0.1\\0.1&0.1&0.8\end{pmatrix}\begin{pmatrix}x_0\\y_0\\z_0\end{pmatrix}=\boldsymbol{A}\begin{pmatrix}x_0\\y_0\\z_0\end{pmatrix}，其中\ \boldsymbol{A}=\begin{pmatrix}0.7&0.2&0.1\\0.2&0.7&0.1\\0.1&0.1&0.8\end{pmatrix},$$

以 $(x_0,y_0,z_0)^{\mathrm{T}}=(15,9,6)^{\mathrm{T}}$ 代入上式，即得

$$\begin{pmatrix}x_1\\y_1\\z_1\end{pmatrix}=\begin{pmatrix}12.9\\9.9\\7.2\end{pmatrix}$$

即一年后从事各业人员的人数分别为 12.9 万人、9.9 万人、7.2 万人.

同理，可得

$$\begin{pmatrix}x_2\\y_2\\z_2\end{pmatrix}=\boldsymbol{A}\begin{pmatrix}x_1\\y_1\\z_1\end{pmatrix}=\boldsymbol{A}^2\begin{pmatrix}x_0\\y_0\\z_0\end{pmatrix}=\begin{pmatrix}11.73\\10.23\\8.04\end{pmatrix},$$

即两年后从事各业人员的人数分别为 11.73 万人、10.23 万人、8.04 万人.

进而推得

$$\begin{pmatrix}x_n\\y_n\\z_n\end{pmatrix}=\boldsymbol{A}\begin{pmatrix}x_{n-1}\\y_{n-1}\\z_{n-1}\end{pmatrix}=\boldsymbol{A}^n\begin{pmatrix}x_0\\y_0\\z_0\end{pmatrix},$$

即 n 年之后从事各业人员的人数完全由 $\boldsymbol{A}^n$ 决定. 事实上，在第 4 章中，可用实对称矩阵的正交对角化方法轻松求得 $\boldsymbol{A}^n$.

1.4 方阵的逆矩阵

1.4.1 方阵的逆矩阵的概念及性质

定义 1.4.1 设 $\boldsymbol{A}$ 为 n 阶方阵，若存在 n 阶方阵 $\boldsymbol{B}$，使得

$$\boldsymbol{AB}=\boldsymbol{BA}=\boldsymbol{E},$$

则称矩阵 $\boldsymbol{A}$ 是可逆的，矩阵 $\boldsymbol{B}$ 称为矩阵 $\boldsymbol{A}$ 的逆矩阵，否则称 $\boldsymbol{A}$ 不可逆.

如果矩阵 $\boldsymbol{A}$ 可逆，则 $\boldsymbol{A}$ 的逆矩阵是唯一的. 事实上，若 $\boldsymbol{B}$、$\boldsymbol{C}$ 都是 $\boldsymbol{A}$ 的逆矩阵，即 $\boldsymbol{AB}=\boldsymbol{BA}=\boldsymbol{E}$，$\boldsymbol{AC}=\boldsymbol{CA}=\boldsymbol{E}$，则

$$\boldsymbol{C}=\boldsymbol{CE}=\boldsymbol{C}(\boldsymbol{AB})=(\boldsymbol{CA})\boldsymbol{B}=\boldsymbol{EB}=\boldsymbol{B},$$

所以 $\boldsymbol{A}$ 的逆矩阵一定是唯一的，$\boldsymbol{A}$ 的逆矩阵记为 $\boldsymbol{A}^{-1}$.

可逆矩阵满足以下性质：

(1) 若 $\boldsymbol{A}$ 可逆，则 $\boldsymbol{A}^{-1}$ 也可逆，且 $(\boldsymbol{A}^{-1})^{-1}=\boldsymbol{A}$;

(2) $\boldsymbol{A}_1$，$\boldsymbol{A}_2$，…，$\boldsymbol{A}_s$ 都是同阶的可逆矩阵，则它们的乘积 $\boldsymbol{A}_1\boldsymbol{A}_2\cdots\boldsymbol{A}_s$ 也是可逆矩阵，且

$$(\boldsymbol{A}_1\boldsymbol{A}_2\cdots\boldsymbol{A}_s)^{-1}=\boldsymbol{A}_s^{-1}\cdots\boldsymbol{A}_2^{-1}\boldsymbol{A}_1^{-1}.$$

(3) 若 $\boldsymbol{A}$ 可逆，$k\neq0$，则 $k\boldsymbol{A}$ 也可逆，且 $(k\boldsymbol{A})^{-1}=\dfrac{1}{k}\boldsymbol{A}^{-1}$.

(4) 若 $\boldsymbol{A}$ 可逆，则 $\boldsymbol{A}^{\mathrm{T}}$ 也可逆，且 $(\boldsymbol{A}^{\mathrm{T}})^{-1}=(\boldsymbol{A}^{-1})^{\mathrm{T}}$.

(5) 若 $\boldsymbol{AB}=\boldsymbol{E}$，则 $\boldsymbol{A}^{-1}=\boldsymbol{B}$，且 $\boldsymbol{B}^{-1}=\boldsymbol{A}$.

现用逆矩阵的定义验证 (4)，其余性质读者可自行验证.

由 $\boldsymbol{A}$ 可逆知 $\boldsymbol{A}^{-1}$ 存在，且 $\boldsymbol{AA}^{-1}=\boldsymbol{A}^{-1}\boldsymbol{A}=\boldsymbol{E}$，于是，$(\boldsymbol{AA}^{-1})^{\mathrm{T}}=(\boldsymbol{A}^{-1}\boldsymbol{A})^{\mathrm{T}}=\boldsymbol{E}^{\mathrm{T}}$.

由矩阵转置的性质可得

$$(\boldsymbol{A}^{-1})^{\mathrm{T}}\boldsymbol{A}^{\mathrm{T}}=\boldsymbol{A}^{\mathrm{T}}(\boldsymbol{A}^{-1})^{\mathrm{T}}=\boldsymbol{E},$$

所以

$$(\boldsymbol{A}^{\mathrm{T}})^{-1}=(\boldsymbol{A}^{-1})^{\mathrm{T}}.$$

例 1.4.1 设 $\boldsymbol{A}=\begin{pmatrix}1&1\\1&2\end{pmatrix}$，$\boldsymbol{B}=\begin{pmatrix}2&-1\\-1&1\end{pmatrix}$，则有 $\boldsymbol{AB}=\boldsymbol{BA}=\begin{pmatrix}1&0\\0&1\end{pmatrix}$，故 $\boldsymbol{A}^{-1}=\boldsymbol{B}=\begin{pmatrix}2&-1\\-1&1\end{pmatrix}$.

例 1.4.2　设 $\boldsymbol{A}^k=\boldsymbol{O}$（$k$ 为整数）. 证明：$(\boldsymbol{E}-\boldsymbol{A})^{-1}=\boldsymbol{E}+\boldsymbol{A}+\cdots+\boldsymbol{A}^{k-1}$.

证　只需证明 $(\boldsymbol{E}-\boldsymbol{A})(\boldsymbol{E}+\boldsymbol{A}+\cdots+\boldsymbol{A}^{k-1})=\boldsymbol{E}$ 即可.

$$
\begin{aligned}
(\boldsymbol{E}-\boldsymbol{A})(\boldsymbol{E}+\boldsymbol{A}+\cdots+\boldsymbol{A}^{k-1}) &= \boldsymbol{E}(\boldsymbol{E}+\boldsymbol{A}+\cdots+\boldsymbol{A}^{k-1})-\boldsymbol{A}(\boldsymbol{E}+\boldsymbol{A}+\cdots+\boldsymbol{A}^{k-1}) \\
&= \boldsymbol{E}+\boldsymbol{A}+\boldsymbol{A}^2+\cdots+\boldsymbol{A}^{k-1}-\boldsymbol{A}-\boldsymbol{A}^2-\cdots-\boldsymbol{A}^{k-1}-\boldsymbol{A}^k \\
&= \boldsymbol{E}-\boldsymbol{A}^k=\boldsymbol{E}-\boldsymbol{O}=\boldsymbol{E}.
\end{aligned}
$$

1.4.2 初等矩阵与初等变换

在 1.2 节中我们介绍了求解线性方程组的初等变换方法，又将这三种方法移植到矩阵中，为探讨这种矩阵基本运算的应用，有必要进一步探究其性质.

初等矩阵

定义 1.4.2　由单位矩阵经过一次初等变换得到的矩阵称为**初等矩阵**.

由于初等变换有 3 种，对 n 阶单位矩阵 $\boldsymbol{E}$ 实施一次初等变换得到的初等矩阵也有三类.

（1）交换单位矩阵 $\boldsymbol{E}$ 的第 i 行和第 j 行，或交换 $\boldsymbol{E}$ 的第 i 列和第 j 列，得到的初等矩阵记为 $\boldsymbol{E}(i,j)$，即

$$
\boldsymbol{E}(i,j)=\begin{pmatrix}
1 & & & & & & \\
 & \ddots & & & & & \\
 & & 0 & \cdots & 1 & & \\
 & & \vdots & \ddots & \vdots & & \\
 & & 1 & \cdots & 0 & & \\
 & & & & & \ddots & \\
 & & & & & & 1
\end{pmatrix}
\begin{matrix} \\ \\ \leftarrow \text{第 } i \text{ 行} \\ \\ \leftarrow \text{第 } j \text{ 行} \\ \\ \\ \end{matrix}.
$$

（2）用非零数 k 乘以单位矩阵 $\boldsymbol{E}$ 的第 i 行或第 i 列，得到的初等矩阵记为 $\boldsymbol{E}(i(k))$，即

$$
\boldsymbol{E}(i(k))=\begin{pmatrix}
1 & & & & \\
 & \ddots & & & \\
 & & k & & \\
 & & & \ddots & \\
 & & & & 1
\end{pmatrix}
\begin{matrix} \\ \\ \leftarrow \text{第 } i \text{ 行} \\ \\ \\ \end{matrix}.
$$

（3）将单位矩阵 $\boldsymbol{E}$ 的第 j 行乘以 k 后加到第 i 行（或第 i 列乘以 k 后加到第 j 列）得到的矩阵记为 $\boldsymbol{E}(i,j(k))$，即

$$E(i,j(k))=\begin{pmatrix}1 &&&&&& \\ &\ddots&&&&& \\ &&1&\cdots&k&& \\ &&&\ddots&\vdots&& \\ &&&&1&& \\ &&&&&\ddots& \\ &&&&&&1\end{pmatrix}\begin{matrix}\\ \\ \leftarrow 第\,i\,行 \\ \\ \leftarrow 第\,j\,行 \\ \\ \\ \end{matrix}.$$

这三个初等矩阵之所以重要，就在于用初等矩阵对一个矩阵作乘法时就可以实现矩阵的初等变换. 即：

定理 1.4.1 设 $\boldsymbol{A}$ 为 $m\times n$ 矩阵，对 $\boldsymbol{A}$ 实施一次初等行变换，相当于在 $\boldsymbol{A}$ 的左边乘以相应的 m 阶初等矩阵；对 $\boldsymbol{A}$ 实施一次初等列变换，相当于在 $\boldsymbol{A}$ 的右边乘以相应的 n 阶初等矩阵.

定理 1.4.1 的证明只需理解初等变换的定义，用矩阵乘法直接验证即可. 此处从略，仅举例说明.

例 1.4.3 设 $\boldsymbol{A}=\begin{pmatrix}1&0&2\\0&2&-1\end{pmatrix}$， 将其左乘第一种初等矩阵 $\boldsymbol{E}(1,2)=\begin{pmatrix}0&1\\1&0\end{pmatrix}$，得

$$\boldsymbol{E}(1,2)\boldsymbol{A}=\begin{pmatrix}0&1\\1&0\end{pmatrix}\begin{pmatrix}1&0&2\\0&2&-1\end{pmatrix}=\begin{pmatrix}0&2&-1\\1&0&2\end{pmatrix}.\quad(交换两行)$$

左乘第二种初等矩阵 $\boldsymbol{E}(1(k))=\begin{pmatrix}k&0\\0&1\end{pmatrix}$，得

$$\boldsymbol{E}(1(k))\boldsymbol{A}=\begin{pmatrix}k&0\\0&1\end{pmatrix}\begin{pmatrix}1&0&2\\0&2&-1\end{pmatrix}=\begin{pmatrix}k&0&2k\\0&2&-1\end{pmatrix}.\quad(第一行乘以\,k)$$

左乘第三种初等矩阵 $\boldsymbol{E}(1,2(k))=\begin{pmatrix}1&k\\0&1\end{pmatrix}$，得

$$\begin{aligned}\boldsymbol{E}(1,2(k))\boldsymbol{A}&=\begin{pmatrix}1&k\\0&1\end{pmatrix}\begin{pmatrix}1&0&2\\0&2&-1\end{pmatrix}\\&=\begin{pmatrix}1+0k&0+2k&2+(-1)k\\0&2&-1\end{pmatrix}.\end{aligned}\quad(第二行乘以\,k\,后加到第一行)$$

同理可验证分别右乘三种初等矩阵相当于作了三种初等列变换.

定理 1.4.2　初等矩阵均可逆，且初等矩阵的逆矩阵仍为同类型的初等矩阵，即

$$(\boldsymbol{E}(i,j))^{-1}=\boldsymbol{E}(i,j),(\boldsymbol{E}(i(k)))^{-1}=\boldsymbol{E}\left(i\left(\frac{1}{k}\right)\right),\boldsymbol{E}(i,j(k))^{-1}=\boldsymbol{E}(i,j(-k)).$$

直接验证可得，证明从略.

接下来我们利用初等矩阵和初等变换给出一个方阵可逆的判别条件.

定理 1.4.3　以下命题相互等价：

（1）n 阶方阵 $\boldsymbol{A}$ 可逆；

（2）方阵 $\boldsymbol{A}$ 行等价于 n 阶单位矩阵 $\boldsymbol{E}$；

（3）方阵 $\boldsymbol{A}$ 可表示为若干个初等矩阵的乘积.

逆矩阵的计算方法

证　（1）⇒（2）：由定理 1.2.1 知，方阵 $\boldsymbol{A}$ 经过若干次初等行变换后可化为行最简形矩阵 $\boldsymbol{B}$，再由定理 1.4.1 知，这相当于存在若干个初等矩阵 $\boldsymbol{P}_1$，$\boldsymbol{P}_2$，…，$\boldsymbol{P}_s$，使得 $\boldsymbol{P}_s\cdots\boldsymbol{P}_2\boldsymbol{P}_1\boldsymbol{A}=\boldsymbol{B}$. 由于初等矩阵都可逆，若 $\boldsymbol{A}$ 可逆，则 $\boldsymbol{P}_s\cdots\boldsymbol{P}_2\boldsymbol{P}_1\boldsymbol{A}=\boldsymbol{B}$ 可逆. 从而最简形矩阵 $\boldsymbol{B}$ 中没有全零行，于是只有 $\boldsymbol{B}=\boldsymbol{E}$. 即 $\boldsymbol{P}_s\cdots\boldsymbol{P}_2\boldsymbol{P}_1\boldsymbol{A}=\boldsymbol{E}$. 所以方阵 $\boldsymbol{A}$ 行等价于 n 阶单位矩阵 $\boldsymbol{E}$.

（2）⇒（3）：若方阵 $\boldsymbol{A}$ 行等价于 n 阶单位矩阵 $\boldsymbol{E}$，则存在若干个初等矩阵 $\boldsymbol{P}_1$，$\boldsymbol{P}_2$，…，$\boldsymbol{P}_s$，使得 $\boldsymbol{P}_s\cdots\boldsymbol{P}_2\boldsymbol{P}_1\boldsymbol{A}=\boldsymbol{E}$. 由于初等矩阵都可逆，其逆矩阵 $\boldsymbol{P}_1^{-1}$，$\boldsymbol{P}_2^{-1}$，…，$\boldsymbol{P}_s^{-1}$ 仍为初等矩阵，于是

$$\boldsymbol{P}_1^{-1}\boldsymbol{P}_2^{-1}\cdots\boldsymbol{P}_s^{-1}(\boldsymbol{P}_s\cdots\boldsymbol{P}_2\boldsymbol{P}_1\boldsymbol{A})=\boldsymbol{P}_1^{-1}\boldsymbol{P}_2^{-1}\cdots\boldsymbol{P}_s^{-1}\boldsymbol{E},$$

即 $\boldsymbol{A}=\boldsymbol{P}_1^{-1}\boldsymbol{P}_2^{-1}\cdots\boldsymbol{P}_s^{-1}$.

（3）⇒（1）：设方阵 $\boldsymbol{A}=\boldsymbol{P}_1\boldsymbol{P}_2\cdots\boldsymbol{P}_s$，其中 $\boldsymbol{P}_1$，$\boldsymbol{P}_2$，…，$\boldsymbol{P}_s$ 为初等矩阵，由于初等矩阵均可逆，于是它们的乘积 $\boldsymbol{A}=\boldsymbol{P}_1\boldsymbol{P}_2\cdots\boldsymbol{P}_s$ 也可逆.

注意：由于矩阵的行和列具有相同的地位，定理 1.4.3 中的（2）也可改为：

（2）方阵 $\boldsymbol{A}$ 列等价于 n 阶单位矩阵 $\boldsymbol{E}$. 证明过程中的等式相应地改写为 $\boldsymbol{A}\boldsymbol{P}_1\boldsymbol{P}_2\cdots\boldsymbol{P}_s=\boldsymbol{E}$.

由定理 1.4.1 知，若 $\boldsymbol{A}$ 可逆，则存在一系列初等矩阵 $\boldsymbol{P}_1$，$\boldsymbol{P}_2$，…，$\boldsymbol{P}_s$，使得

$$(\boldsymbol{P}_s\cdots\boldsymbol{P}_2\boldsymbol{P}_1)\boldsymbol{A}=\boldsymbol{E}.$$

两边右乘 A^{-1} 得

$$P_s\cdots P_2P_1E=EA^{-1}=A^{-1}.$$

第一个等式表明，对 A 进行一系列初等行变换后可将其化为单位矩阵 E；第二个等式表明，对单位矩阵 E 作同样的初等行变换后可将其化为 A^{-1}，于是构造出利用初等行变换求逆矩阵的方法如下：

(1) 构造矩阵 $(A\mid E)$；

(2) 对矩阵 $(A\mid E)$ 实施初等行变换，将左半部分矩阵 A 化为单位矩阵时，则右半部分矩阵就是 A^{-1}. 即

$$P_s\cdots P_2P_1(A\mid E)=(E\mid A^{-1}).$$

例 1.4.4 $A=\begin{pmatrix}0&-2&1\\3&0&-2\\-2&3&0\end{pmatrix}$，证明 A 可逆，并求 A^{-1}.

解 $$(A\mid E)=\left(\begin{array}{ccc|ccc}0&-2&1&1&0&0\\3&0&-2&0&1&0\\-2&3&0&0&0&1\end{array}\right)\xrightarrow[r_1\leftrightarrow r_2]{3r_3,\ r_3+2r_2}\left(\begin{array}{ccc|ccc}3&0&-2&0&1&0\\0&-2&1&1&0&0\\0&9&-4&0&2&3\end{array}\right)$$

$$\xrightarrow[r_3+9r_2]{2r_3}\left(\begin{array}{ccc|ccc}3&0&-2&0&1&0\\0&-2&1&1&0&0\\0&0&1&9&4&6\end{array}\right)\xrightarrow[r_2-r_3]{r_1+2r_3}\left(\begin{array}{ccc|ccc}3&0&0&18&9&12\\0&-2&0&-8&-4&-6\\0&0&1&9&4&6\end{array}\right)$$

$$\xrightarrow[-\frac{1}{2}r_2]{\frac{1}{3}r_1}\left(\begin{array}{ccc|ccc}1&0&0&6&3&4\\0&1&0&4&2&3\\0&0&1&9&4&6\end{array}\right),$$

因 $A\overset{r}{\sim}E$，故 A 可逆，且 $A^{-1}=\begin{pmatrix}6&3&4\\4&2&3\\9&4&6\end{pmatrix}$.

利用逆矩阵还可以求得矩阵方程 $AX=B$，$XA=B$ 和 $AXB=C$，若矩阵 A 可逆，则有

$$A^{-1}(AX)=A^{-1}B\Rightarrow(A^{-1}A)X=A^{-1}B\Rightarrow X=A^{-1}B,$$

$$(XA)A^{-1}=BA^{-1}\Rightarrow X(AA^{-1})=BA^{-1}\Rightarrow X=BA^{-1}.$$

若矩阵 A、B 均可逆，则有

$$A^{-1}(AXB)B^{-1}=A^{-1}CB^{-1}\Rightarrow(A^{-1}A)X(BB^{-1})=A^{-1}CB^{-1}\Rightarrow X=A^{-1}CB^{-1}.$$

注意：由于矩阵乘法不满足交换律，在求解矩阵方程组时必须分清楚逆矩阵是“左乘”还是“右乘”.

求解矩阵方程 $AX=B$ 也可以用初等行变换，对于方程 $AX=B$，构造矩阵 $(A\mid B)_{n\times 2n}$，对其实施初等行变换化为行最简形矩阵，则当 A 化为 E 时，B 即化为 $A^{-1}B$. 即

$$P_s\cdots P_2P_1(A \mid B)=(E \mid A^{-1}B).$$

例 1.4.5 解下列矩阵方程:

(1) $\begin{pmatrix}-1&4\\-2&7\end{pmatrix}X=\begin{pmatrix}2&-1&3\\1&0&-2\end{pmatrix}$;

(2) $X\begin{pmatrix}1&0&-2\\0&-2&1\\-2&-1&5\end{pmatrix}=\begin{pmatrix}-1&1&0\\1&2&-1\end{pmatrix}$;

(3) $\begin{pmatrix}1&1\\-1&-2\end{pmatrix}X\begin{pmatrix}-1&1&0\\0&1&-1\\1&0&-2\end{pmatrix}=\begin{pmatrix}1&-1&0\\-1&0&1\end{pmatrix}$.

解 (1) $(A \mid B)=\begin{pmatrix}-1&4&2&-1&3\\-2&7&1&0&-2\end{pmatrix}\overset{r_2-2r_1}{\underset{(-1)r_1}{\sim}}\begin{pmatrix}1&-4&-2&1&-3\\0&-1&-3&2&-8\end{pmatrix}$

$\overset{r_1-4r_2}{\underset{(-1)r_2}{\sim}}\begin{pmatrix}1&0&10&-7&29\\0&1&3&-2&8\end{pmatrix}$.

所以

$$X=A^{-1}B=\begin{pmatrix}10&-7&29\\3&-2&8\end{pmatrix}.$$

(2) 对于方程 $XA=B$,可以先用初等变换求解方程 $A^TX^T=B^T$,再转置求出 X.

$$(A^T \mid B^T)=\left(\begin{array}{ccc|cc}1&0&-2&-1&1\\0&-2&-1&1&2\\-2&1&5&0&-1\end{array}\right)\overset{r_3+2r_1}{\sim}\begin{pmatrix}1&0&-2&-1&1\\0&-2&-1&1&2\\0&1&1&-2&1\end{pmatrix}$$

$$\overset{r_2+2r_3}{\underset{r_2\leftrightarrow r_3}{\sim}}\begin{pmatrix}1&0&-2&-1&1\\0&1&1&-2&1\\0&0&1&-3&4\end{pmatrix}\overset{r_1+2r_3}{\underset{r_2-r_3}{\sim}}\begin{pmatrix}1&0&0&-7&9\\0&1&0&1&-3\\0&0&1&-3&4\end{pmatrix}.$$

所以 $X^T=\begin{pmatrix}-7&9\\1&-3\\-3&4\end{pmatrix}$,从而 $X=\begin{pmatrix}-7&1&-3\\9&-3&4\end{pmatrix}$.

(3) 对 $AXB=C$ 型的方程,可先令 $XB=Y$,先求解方程 $AY=C$,然后用初等行变换求解方程 $B^TX^T=Y^T$,最后转置求出 X.由于

$$(A \mid C)=\left(\begin{array}{cc|ccc}1&1&1&-1&0\\-1&-2&-1&0&1\end{array}\right)\overset{r_2+r_1}{\sim}\left(\begin{array}{cc|ccc}1&1&1&-1&0\\0&-1&0&-1&1\end{array}\right)$$

$$\overset{r_1+r_2}{\underset{(-1)r_2}{\sim}}\left(\begin{array}{cc|ccc}1&0&1&-2&1\\0&1&0&1&-1\end{array}\right),$$

于是得

$$Y=A^{-1}C=\begin{pmatrix}1&-2&1\\0&1&-1\end{pmatrix}.$$

再由

$$(B^{\mathrm{T}}\ \vdots\ Y^{\mathrm{T}})=\left(\begin{array}{ccc:cc}-1&0&1&1&0\\1&1&0&-2&1\\0&-1&-2&1&-1\end{array}\right)\xrightarrow{r_2+r_1}\begin{pmatrix}-1&0&1&1&0\\0&1&1&-1&1\\0&-1&-2&1&-1\end{pmatrix}$$

$$\underset{(-1)r_1}{\overset{r_3+r_2}{\sim}}\left(\begin{array}{ccc:cc}1&0&-1&-1&0\\0&1&1&-1&1\\0&0&-1&0&0\end{array}\right)\underset{(-1)r_3}{\overset{\substack{r_2+r_3\\r_1-r_3}}{\sim}}\left(\begin{array}{ccc:cc}1&0&0&-1&0\\0&1&0&-1&1\\0&0&1&0&0\end{array}\right),$$

可知 $X^{\mathrm{T}}=\begin{pmatrix}-1&0\\-1&-1\\0&0\end{pmatrix}$，所以 $X=\begin{pmatrix}-1&-1&0\\0&-1&0\end{pmatrix}$.

本题的（1）（2）题也可以先求出 A^{-1}，再分别作乘法 $A^{-1}B$ 和 BA^{-1} 求解；（3）题也可先分别求出 A^{-1} 和 B^{-1}，再作乘法 $A^{-1}CB^{-1}$ 求解.

*1.5 分块矩阵

众所周知，低阶矩阵较高阶矩阵更易于计算或证明. 所以当矩阵的行数和列数较高时，为计算和证明方便，常常采用分块法，将矩阵 A 用若干条纵线和横线在“形式”上分为若干“小块”小矩阵，把每个“小块”（称为 A 的子块）当作“数”来处理，以子块为元素的形式上的矩阵称为分块矩阵.

1.5.1 分块矩阵及其线性运算

由上述分块矩阵的概念知，一个矩阵的分块方式有许多种. 例如，$A=(a_{ij})_{4\times5}$ 就可以划分为以下几种（但不限于这几种）形式：

$$(1)\ A=\left(\begin{array}{cc|ccc}a_{11}&a_{12}&a_{13}&a_{14}&a_{15}\\a_{21}&a_{22}&a_{23}&a_{24}&a_{25}\\\hline a_{31}&a_{32}&a_{33}&a_{34}&a_{35}\\a_{41}&a_{42}&a_{43}&a_{44}&a_{45}\end{array}\right);$$

$$(2)\ A=\left(\begin{array}{cc|c|cc}a_{11}&a_{12}&a_{13}&a_{14}&a_{15}\\\hline a_{21}&a_{22}&a_{23}&a_{24}&a_{25}\\a_{31}&a_{32}&a_{33}&a_{34}&a_{35}\\\hline a_{41}&a_{42}&a_{43}&a_{44}&a_{45}\end{array}\right);$$

$$(3)\ \boldsymbol{A}=\left(\begin{array}{c|c|c|c|c} a_{11} & a_{12} & a_{13} & a_{14} & a_{15} \\ a_{21} & a_{22} & a_{23} & a_{24} & a_{25} \\ a_{31} & a_{32} & a_{33} & a_{34} & a_{35} \\ a_{41} & a_{42} & a_{43} & a_{44} & a_{45} \end{array}\right).$$

按子块形式简记（每一子块用一个矩阵表示）. 上述三种划分的矩阵形式表述分别是

$$\boldsymbol{A}=\begin{pmatrix} \boldsymbol{A}_{11} & \boldsymbol{A}_{12} \\ \boldsymbol{A}_{21} & \boldsymbol{A}_{22} \end{pmatrix}, \boldsymbol{A}=\begin{pmatrix} \boldsymbol{B}_{11} & \boldsymbol{B}_{12} & \boldsymbol{B}_{13} \\ \boldsymbol{B}_{21} & \boldsymbol{B}_{22} & \boldsymbol{B}_{23} \\ \boldsymbol{B}_{31} & \boldsymbol{B}_{32} & \boldsymbol{B}_{33} \end{pmatrix} \text{和} \boldsymbol{A}=(\boldsymbol{C}_1,\boldsymbol{C}_2,\boldsymbol{C}_3,\boldsymbol{C}_4,\boldsymbol{C}_5).$$

第（3）种分块方式称为**按列分块**，它在线性方程组的矩阵表示中有很好的应用.

对矩阵$\boldsymbol{A}_{m\times n}$，方程组 $\boldsymbol{Ax}=\boldsymbol{b}$ 的系数矩阵 $\boldsymbol{A}$ 和增广矩阵 $\boldsymbol{B}$ 可用列分块矩阵分别表示为

$$\boldsymbol{A}=\left(\begin{array}{c:c:c:c} a_{11} & a_{12} & \cdots & a_{1n} \\ a_{21} & a_{22} & \cdots & a_{2n} \\ \vdots & \vdots & & \vdots \\ a_{m1} & a_{m2} & \cdots & a_{mn} \end{array}\right)=(\boldsymbol{\alpha}_1,\boldsymbol{\alpha}_2,\cdots,\boldsymbol{\alpha}_n)$$

及

$$\boldsymbol{B}=(\boldsymbol{A} \,\vdots\, \boldsymbol{b})=(\boldsymbol{\alpha}_1,\boldsymbol{\alpha}_2,\cdots,\boldsymbol{\alpha}_n,\boldsymbol{b}).$$

又如上节求逆矩阵的方法中，把方阵 $\boldsymbol{A}$ 与单位矩阵 $\boldsymbol{E}$ 并排写在一起作初等行变换，其实也是分块矩阵的一种，即

$$(\boldsymbol{A} \,\vdots\, \boldsymbol{E})=(\boldsymbol{A},\boldsymbol{E}) \overset{r}{\sim} (\boldsymbol{E} \,\vdots\, \boldsymbol{A}^{-1}).$$

分块矩阵的运算规则与普通矩阵的运算规则相似，不同的运算，分块的原则不同. 下面分情形讨论.

1. 分块矩阵的加（减）法运算

设 $\boldsymbol{A}$、$\boldsymbol{B}$ 都是 $m\times n$ 矩阵，由于矩阵的加（减）法运算只有在同型矩阵间才能进行，所以无论对矩阵 $\boldsymbol{A}$ 怎样分块，矩阵 $\boldsymbol{B}$ 也必须与矩阵 $\boldsymbol{A}$ 有完全相同的分块方式才行. 即

$$\boldsymbol{A}=\begin{pmatrix} \boldsymbol{A}_{11} & \cdots & \boldsymbol{A}_{1r} \\ \vdots & & \vdots \\ \boldsymbol{A}_{s1} & \cdots & \boldsymbol{A}_{sr} \end{pmatrix}, \quad \boldsymbol{B}=\begin{pmatrix} \boldsymbol{B}_{11} & \cdots & \boldsymbol{B}_{1r} \\ \vdots & & \vdots \\ \boldsymbol{B}_{s1} & \cdots & \boldsymbol{B}_{sr} \end{pmatrix},$$

其中$\boldsymbol{A}_{ij}$与$\boldsymbol{B}_{ij}$（$i=1$，$\cdots$，s；$j=1$，$\cdots$，r）有相同的行数和列数. 于是

$$\boldsymbol{A}+\boldsymbol{B}=\begin{pmatrix} \boldsymbol{A}_{11}+\boldsymbol{B}_{11} & \cdots & \boldsymbol{A}_{1r}+\boldsymbol{B}_{1r} \\ \vdots & & \vdots \\ \boldsymbol{A}_{s1}+\boldsymbol{B}_{s1} & \cdots & \boldsymbol{A}_{sr}+\boldsymbol{B}_{sr} \end{pmatrix}.$$

2. 分块矩阵的数乘运算

设 $m\times n$ 矩阵 $\boldsymbol{A}$ 的分块方式任意（无须特别规定），对任意分块

$$\boldsymbol{A}=\begin{pmatrix}\boldsymbol{A}_{11} & \boldsymbol{A}_{12} & \cdots & \boldsymbol{A}_{1t}\\ \boldsymbol{A}_{21} & \boldsymbol{A}_{22} & \cdots & \boldsymbol{A}_{2t}\\ \vdots & \vdots & & \vdots\\ \boldsymbol{A}_{s1} & \boldsymbol{A}_{s2} & \cdots & \boldsymbol{A}_{st}\end{pmatrix}$$

都有

$$\lambda\boldsymbol{A}=\lambda\begin{pmatrix}\boldsymbol{A}_{11} & \boldsymbol{A}_{12} & \cdots & \boldsymbol{A}_{1t}\\ \boldsymbol{A}_{21} & \boldsymbol{A}_{22} & \cdots & \boldsymbol{A}_{2t}\\ \vdots & \vdots & & \vdots\\ \boldsymbol{A}_{s1} & \boldsymbol{A}_{s2} & \cdots & \boldsymbol{A}_{st}\end{pmatrix}=\begin{pmatrix}\lambda\boldsymbol{A}_{11} & \lambda\boldsymbol{A}_{12} & \cdots & \lambda\boldsymbol{A}_{1t}\\ \lambda\boldsymbol{A}_{21} & \lambda\boldsymbol{A}_{22} & \cdots & \lambda\boldsymbol{A}_{2t}\\ \vdots & \vdots & & \vdots\\ \lambda\boldsymbol{A}_{s1} & \lambda\boldsymbol{A}_{s2} & \cdots & \lambda\boldsymbol{A}_{st}\end{pmatrix}.$$

所以在矩阵的数乘运算中，矩阵的分块方式可以根据矩阵本身的特点确定.

1.5.2 分块矩阵的乘法运算和转置运算

由于矩阵乘法要求左矩阵的列数等于右矩阵的行数，各小块作矩阵乘法也必须满足这一条件才有意义，所以分块矩阵能进行“形式”乘法的条件就是左矩阵列的分块方法与右矩阵行的分块方法必须完全一致，而对左矩阵行的分块方法和右矩阵列的分块方法没有任何要求和限制.

设 $\boldsymbol{A}$ 为 $m\times s$ 矩阵，$\boldsymbol{B}$ 为 $s\times n$ 矩阵，对 $\boldsymbol{A}$、$\boldsymbol{B}$ 作如下分块：

$$\boldsymbol{A}=\begin{pmatrix}\boldsymbol{A}_{11} & \boldsymbol{A}_{12} & \cdots & \boldsymbol{A}_{1t}\\ \boldsymbol{A}_{21} & \boldsymbol{A}_{22} & \cdots & \boldsymbol{A}_{2t}\\ \vdots & \vdots & & \vdots\\ \boldsymbol{A}_{k1} & \boldsymbol{A}_{k2} & \cdots & \boldsymbol{A}_{kt}\end{pmatrix},\quad \boldsymbol{B}=\begin{pmatrix}\boldsymbol{B}_{11} & \boldsymbol{B}_{12} & \cdots & \boldsymbol{B}_{1l}\\ \boldsymbol{B}_{21} & \boldsymbol{B}_{22} & \cdots & \boldsymbol{B}_{2l}\\ \vdots & \vdots & & \vdots\\ \boldsymbol{B}_{t1} & \boldsymbol{B}_{t2} & \cdots & \boldsymbol{B}_{tl}\end{pmatrix},$$

其中$\boldsymbol{A}_{i1}$，$\boldsymbol{A}_{i2}$，…，$\boldsymbol{A}_{it}$的列数分别等于$\boldsymbol{B}_{1j}$，$\boldsymbol{B}_{2j}$，…，$\boldsymbol{B}_{tj}$的行数. 于是

$$\boldsymbol{C}=\boldsymbol{A}\boldsymbol{B}=\begin{pmatrix}\boldsymbol{C}_{11} & \boldsymbol{C}_{12} & \cdots & \boldsymbol{C}_{1l}\\ \boldsymbol{C}_{21} & \boldsymbol{C}_{22} & \cdots & \boldsymbol{C}_{2l}\\ \vdots & \vdots & & \vdots\\ \boldsymbol{C}_{k1} & \boldsymbol{C}_{k2} & \cdots & \boldsymbol{C}_{kl}\end{pmatrix}.$$

其中

$$\boldsymbol{C}_{ij}=\sum_{r=1}^{t}\boldsymbol{A}_{ir}\boldsymbol{B}_{rj}=\boldsymbol{A}_{i1}\boldsymbol{B}_{1j}+\boldsymbol{A}_{i2}\boldsymbol{B}_{2j}+\cdots+\boldsymbol{A}_{it}\boldsymbol{B}_{tj}(i=1,2,\cdots,k;j=1,2,\cdots,l)$$

例 1.5.1　设 $\boldsymbol{A}=\begin{pmatrix}1&0&1&0\\-1&1&0&1\\-1&0&0&0\\0&-1&0&0\end{pmatrix}$，$\boldsymbol{B}=\begin{pmatrix}1&2&0&0\\-2&1&0&0\\1&0&0&-1\\0&1&-1&0\end{pmatrix}$，求 $2\boldsymbol{A}-\boldsymbol{B}$ 和 $\boldsymbol{AB}$.

解　为能作乘法运算，考虑到 $\boldsymbol{A}$、$\boldsymbol{B}$ 的元素取值特点. 对 $\boldsymbol{A}$、$\boldsymbol{B}$ 作如下分块：

$$\boldsymbol{A}=\left(\begin{array}{cc|cc}1&0&1&0\\-1&1&0&1\\\hline-1&0&0&0\\0&-1&0&0\end{array}\right)=\begin{pmatrix}\boldsymbol{A}_{11}&\boldsymbol{E}\\-\boldsymbol{E}&\boldsymbol{O}\end{pmatrix},\ \boldsymbol{B}=\left(\begin{array}{cc|cc}1&2&0&0\\-2&1&0&0\\\hline1&0&0&-1\\0&1&-1&0\end{array}\right)=\begin{pmatrix}\boldsymbol{B}_{11}&\boldsymbol{O}\\\boldsymbol{E}&\boldsymbol{B}_{22}\end{pmatrix},$$

$$2\boldsymbol{A}-\boldsymbol{B}=2\begin{pmatrix}\boldsymbol{A}_{11}&\boldsymbol{E}\\-\boldsymbol{E}&\boldsymbol{O}\end{pmatrix}-\begin{pmatrix}\boldsymbol{B}_{11}&\boldsymbol{O}\\\boldsymbol{E}&\boldsymbol{B}_{22}\end{pmatrix}=\begin{pmatrix}2\boldsymbol{A}_{11}-\boldsymbol{B}_{11}&2\boldsymbol{E}\\-3\boldsymbol{E}&-\boldsymbol{B}_{22}\end{pmatrix}=\left(\begin{array}{cc|cc}1&-2&2&0\\0&1&0&2\\\hline-3&0&0&1\\0&-3&1&0\end{array}\right),$$

$$\boldsymbol{AB}=\begin{pmatrix}\boldsymbol{A}_{11}&\boldsymbol{E}\\-\boldsymbol{E}&\boldsymbol{O}\end{pmatrix}\begin{pmatrix}\boldsymbol{B}_{11}&\boldsymbol{O}\\\boldsymbol{E}&\boldsymbol{B}_{22}\end{pmatrix}=\begin{pmatrix}\boldsymbol{A}_{11}\boldsymbol{B}_{11}+\boldsymbol{E}^2&\boldsymbol{A}_{11}\boldsymbol{O}+\boldsymbol{E}\boldsymbol{B}_{22}\\-\boldsymbol{E}\boldsymbol{B}_{11}+\boldsymbol{O}\boldsymbol{E}&-\boldsymbol{E}\boldsymbol{O}+\boldsymbol{O}\boldsymbol{B}_{22}\end{pmatrix}=\begin{pmatrix}\boldsymbol{A}_{11}\boldsymbol{B}_{11}+\boldsymbol{E}&\boldsymbol{B}_{22}\\-\boldsymbol{B}_{11}&\boldsymbol{O}\end{pmatrix},$$

而

$$\boldsymbol{A}_{11}\boldsymbol{B}_{11}+\boldsymbol{E}=\begin{pmatrix}1&0\\-1&1\end{pmatrix}\begin{pmatrix}1&2\\-2&1\end{pmatrix}+\begin{pmatrix}1&0\\0&1\end{pmatrix}=\begin{pmatrix}2&2\\-3&0\end{pmatrix},\qquad -\boldsymbol{B}_{11}=\begin{pmatrix}-1&-2\\2&-1\end{pmatrix},$$

所以

$$\boldsymbol{AB}=\left(\begin{array}{cc|cc}2&2&0&-1\\-3&0&-1&0\\\hline-1&-2&0&0\\2&-1&0&0\end{array}\right).$$

本题的矩阵乘法中，将四阶方阵的乘法运算“降阶”为二阶方阵的计算，简化了计算过程.

接下来讨论分块矩阵的转置运算.

由于矩阵转置运算对矩阵没有任何限制条件，所以对矩阵 $\boldsymbol{A}$ 作任何分块都不影响转置的结果. 若

$$\boldsymbol{A}=\begin{pmatrix}A_{11}&A_{12}&\cdots&A_{1t}\\A_{21}&A_{22}&\cdots&A_{2t}\\\vdots&\vdots&&\vdots\\A_{s1}&A_{s2}&\cdots&A_{st}\end{pmatrix},\ 则\boldsymbol{A}^{\mathrm{T}}=\begin{pmatrix}\boldsymbol{A}_{11}^{\mathrm{T}}&\boldsymbol{A}_{21}^{\mathrm{T}}&\cdots&\boldsymbol{A}_{s1}^{\mathrm{T}}\\\boldsymbol{A}_{12}^{\mathrm{T}}&\boldsymbol{A}_{22}^{\mathrm{T}}&\cdots&\boldsymbol{A}_{s2}^{\mathrm{T}}\\\vdots&\vdots&&\vdots\\\boldsymbol{A}_{1t}^{\mathrm{T}}&\boldsymbol{A}_{2t}^{\mathrm{T}}&\cdots&\boldsymbol{A}_{st}^{\mathrm{T}}\end{pmatrix}^{㊀}.$$

㊀ 请读者注意 $\boldsymbol{A}^{\mathrm{T}}$ 中各子块位置的变化.

1.5.3 分块对角矩阵

设$\boldsymbol{A}$为n阶方阵，若$\boldsymbol{A}$的分块矩阵仅在主对角线上有非零子块（即主对角线外均为零子块），且主对角线上的子块$\boldsymbol{A}_1$，$\boldsymbol{A}_2$，$\cdots,\boldsymbol{A}_s$均为方阵，即

$$\boldsymbol{A}=\begin{pmatrix}\boldsymbol{A}_1 & & & \boldsymbol{O}\\ & \boldsymbol{A}_2 & & \\ & & \ddots & \\ \boldsymbol{O} & & & \boldsymbol{A}_s\end{pmatrix}，或简记为\boldsymbol{A}=\begin{pmatrix}\boldsymbol{A}_1 & & & \\ & \boldsymbol{A}_2 & & \\ & & \ddots & \\ & & & \boldsymbol{A}_s\end{pmatrix},$$

则称$\boldsymbol{A}$为分块对角矩阵或准对角矩阵.

显然，对角矩阵是分块对角矩阵的特殊情形.

设$\boldsymbol{A}$、$\boldsymbol{B}$都是分块对角矩阵

$$\boldsymbol{A}=\begin{pmatrix}\boldsymbol{A}_1 & & & \\ & \boldsymbol{A}_2 & & \\ & & \ddots & \\ & & & \boldsymbol{A}_s\end{pmatrix},\quad \boldsymbol{B}=\begin{pmatrix}\boldsymbol{B}_1 & & & \\ & \boldsymbol{B}_2 & & \\ & & \ddots & \\ & & & \boldsymbol{B}_s\end{pmatrix},$$

其中$\boldsymbol{A}_i$与$\boldsymbol{B}_i$是同阶子块（$i=1,2,\cdots,s$）. 则有如下性质：

（1）$$\boldsymbol{A}\pm\boldsymbol{B}=\begin{pmatrix}\boldsymbol{A}_1\pm\boldsymbol{B}_1 & & & \\ & \boldsymbol{A}_2\pm\boldsymbol{B}_2 & & \\ & & \ddots & \\ & & & \boldsymbol{A}_s\pm\boldsymbol{B}_s\end{pmatrix};$$

（2）$$\lambda\boldsymbol{A}=\begin{pmatrix}\lambda\boldsymbol{A}_1 & & & \\ & \lambda\boldsymbol{A}_2 & & \\ & & \ddots & \\ & & & \lambda\boldsymbol{A}_s\end{pmatrix};$$

（3）$$\boldsymbol{A}\boldsymbol{B}=\begin{pmatrix}\boldsymbol{A}_1\boldsymbol{B}_1 & & & \\ & \boldsymbol{A}_2\boldsymbol{B}_2 & & \\ & & \ddots & \\ & & & \boldsymbol{A}_s\boldsymbol{B}_s\end{pmatrix};$$

（4）$$\boldsymbol{A}^{\mathrm{T}}=\begin{pmatrix}\boldsymbol{A}_1^{\mathrm{T}} & & & \\ & \boldsymbol{A}_2^{\mathrm{T}} & & \\ & & \ddots & \\ & & & \boldsymbol{A}_s^{\mathrm{T}}\end{pmatrix};$$

（5）$A^m=\begin{pmatrix} A_1^m & & & \\ & A_2^m & & \\ & & \ddots & \\ & & & A_s^m \end{pmatrix}$；

（6）A 可逆的充分必要条件为A_1，A_2，…，A_s 都可逆. 且

$$A^{-1}=\begin{pmatrix} A_1^{-1} & & & \\ & A_2^{-1} & & \\ & & \ddots & \\ & & & A_s^{-1} \end{pmatrix}.$$

例 1.5.2

设 $A=\begin{pmatrix} 1 & 0 & 0 \\ 0 & 1 & -2 \\ 0 & 1 & -1 \end{pmatrix}$，求$A^{-1}$.

解　将 A 划分为 $A=\left(\begin{array}{c|cc} 1 & 0 & 0 \\ \hline 0 & 1 & -2 \\ 0 & 1 & -1 \end{array}\right)=\begin{pmatrix} A_1 & \mathbf{0} \\ \mathbf{0} & A_2 \end{pmatrix}$. 其中

$A_1=(1)$，$A_1^{-1}=(1)$，$A_2=\begin{pmatrix} 1 & -2 \\ 1 & -1 \end{pmatrix}$，$A_2^{-1}=\begin{pmatrix} -1 & 2 \\ -1 & 1 \end{pmatrix}$，故

$$A^{-1}=\begin{pmatrix} A_1^{-1} & \\ & A_2^{-1} \end{pmatrix}=\begin{pmatrix} 1 & 0 & 0 \\ 0 & -1 & 2 \\ 0 & -1 & 1 \end{pmatrix}.$$

例 1.5.3

设 A、B 分别为 r 阶、s 阶可逆方阵，求$\begin{pmatrix} A & C \\ O & B \end{pmatrix}^{-1}$，其中 C 是 $r\times s$ 矩阵，并由此求$\begin{pmatrix} 1 & 0 & -1 & 2 \\ 0 & 1 & 1 & 1 \\ 0 & 0 & 1 & 0 \\ 0 & 0 & 0 & 1 \end{pmatrix}^{-1}$.

解　设$\begin{pmatrix} A & C \\ O & B \end{pmatrix}^{-1}=\begin{pmatrix} X_1 & X_2 \\ X_3 & X_4 \end{pmatrix}$，则有

$$\begin{pmatrix} A & C \\ O & B \end{pmatrix}^{-1}\cdot\begin{pmatrix} A & C \\ O & B \end{pmatrix}=\begin{pmatrix} X_1 & X_2 \\ X_3 & X_4 \end{pmatrix}\begin{pmatrix} A & C \\ O & B \end{pmatrix}=\begin{pmatrix} X_1A & X_1C+X_2B \\ X_3A & X_3C+X_4B \end{pmatrix}=\begin{pmatrix} E_r & O \\ O & E_s \end{pmatrix},$$

从而

$$X_1A=E_r,\quad X_3A=O,\quad X_1C+X_2B=O,\quad X_3C+X_4B=E_s.$$

解得

$$X_1=A^{-1},\quad X_2=-A^{-1}CB^{-1},\quad X_3=O,\quad X_4=B^{-1},$$

故

$$\begin{pmatrix} \boldsymbol{A} & \boldsymbol{C} \\ \boldsymbol{O} & \boldsymbol{B} \end{pmatrix}^{-1} = \begin{pmatrix} \boldsymbol{A}^{-1} & -\boldsymbol{A}^{-1}\boldsymbol{C}\boldsymbol{B}^{-1} \\ \boldsymbol{O} & \boldsymbol{B}^{-1} \end{pmatrix}.$$

划分所给四阶方阵为如下分块矩阵：

$$\left(\begin{array}{cc|cc} 1 & 0 & -1 & 2 \\ 0 & 1 & 1 & 1 \\ \hline 0 & 0 & 1 & 0 \\ 0 & 0 & 0 & 1 \end{array}\right) = \begin{pmatrix} \boldsymbol{E}_2 & \boldsymbol{C} \\ \boldsymbol{O} & \boldsymbol{E}_2 \end{pmatrix}, \text{ 即 } \boldsymbol{A}=\boldsymbol{B}=\boldsymbol{E}_2,\ \boldsymbol{C}=\begin{pmatrix} -1 & 2 \\ 1 & 1 \end{pmatrix},$$

易得

$$\boldsymbol{A}^{-1}=\boldsymbol{B}^{-1}=\boldsymbol{E},\quad -\boldsymbol{A}^{-1}\boldsymbol{C}\boldsymbol{B}^{-1}=-\boldsymbol{E}^{-1}\boldsymbol{C}\boldsymbol{E}^{-1}=-\boldsymbol{C}=\begin{pmatrix} 1 & -2 \\ -1 & -1 \end{pmatrix},$$

所以

$$\boldsymbol{D}^{-1}=\left(\begin{array}{cc|cc} 1 & 0 & 1 & -2 \\ 0 & 1 & -1 & -1 \\ \hline 0 & 0 & 1 & 0 \\ 0 & 0 & 0 & 1 \end{array}\right).$$

1.6 应用实例

1.6.1 线性规划模型的矩阵表示

在生产管理和经营活动中，经常会遇到这样的问题：怎样合理地利用有限的人力、物力、财力等资源，以便得到最好的经济效益. 这正是线性规划研究的对象，线性规划研究的最大、最小值问题往往是微积分不能解决的，本节将介绍线性规划的基本问题和数学模型.

先举一例说明，某工厂生产 A、B 两种仪器，生产一台仪器 A 需要煤 9t、钢材 4t 和木材 3m^3；生产一台仪器 B 需要煤 4t、钢材 5t 和木材 10m^3. 产品 A、B 的单位产值分别为 7 万元和 12 万元. 限用煤 360t、钢材 200t、木材 300m^3. 问生产仪器 A、B 各多少台时才能使总产值最大?

例 1.6.1 根据所给的条件，设仪器 A、B 的产量分别是 x_1 和 x_2 台. 该问题的数学表达式为求 x_1 和 x_2 满足约束条件

$$\begin{cases} 9x_1+4x_2\leqslant 360, \\ 4x_1+5x_2\leqslant 200, \\ 3x_1+10x_2\leqslant 300, \\ x_1\geqslant 0,\ x_2\geqslant 0, \end{cases}$$

使得总产值

$$z=7x_1+12x_2$$

为最大.

这类优化问题有以下特征：

（1）每个问题都需要求一组未知数（$x_1,x_2,\cdots,x_n$），这组未知数的一组确定值就代表一个具体的方案，通常要求这些未知数的取值都是非负的.

（2）存在一定的限制条件（称为约束条件），这些约束条件都可以用一组线性等式或线性不等式来表达.

（3）都有一个目标要求，这个目标可以表示为所求这组未知数的线性函数，称为目标函数. 按研究问题的不同，要使目标函数达到最大值或最小值.

具有这些特征的问题叫作线性规划问题，其数学模型是

$$\max(\min)z=c_1x_1+c_2x_2+\cdots+c_nx_n \tag{1.6.1}$$

$$(L)\text{s. t.}\begin{cases}a_{11}x_1+a_{12}x_2+\cdots+a_{1n}x_n\leqslant(=,\geqslant)b_1,\\a_{21}x_1+a_{22}x_2+\cdots+a_{2n}x_n\leqslant(=,\geqslant)b_2,\\\qquad\vdots\\a_{m1}x_1+a_{m2}x_2+\cdots+a_{mn}x_n\leqslant(=,\geqslant)b_m,\\x_1\geqslant0,x_2\geqslant0,\cdots,x_n\geqslant0.\end{cases} \tag{1.6.2}$$

其中式（1.6.1）称为目标函数，式（1.6.2）称为约束条件，$x_i\geqslant0$也称为非负条件.

线性规划问题 L 可以理解为：求 x_1，x_2，…，x_n 满足约束条件（1.6.2），使得目标函数（1.6.1）取得最大（最小）值.

为表示和研究方便，线性规划问题也常常写成矩阵形式，设

$$\boldsymbol{A}=\begin{pmatrix}a_{11}&a_{12}&\cdots&a_{1n}\\a_{21}&a_{22}&\cdots&a_{2n}\\\vdots&\vdots&&\vdots\\a_{m1}&a_{m2}&\cdots&a_{mn}\end{pmatrix},\quad\boldsymbol{x}=\begin{pmatrix}x_1\\x_2\\\vdots\\x_n\end{pmatrix},\quad\boldsymbol{b}=\begin{pmatrix}b_1\\b_2\\\vdots\\b_m\end{pmatrix},\quad\boldsymbol{c}=\begin{pmatrix}c_1\\c_2\\\vdots\\c_n\end{pmatrix}, \tag{1.6.3}$$

则式（1.6.1）及式（1.6.2）可用矩阵形式表示为

$$\max(\min)z=\boldsymbol{c}^{\mathrm{T}}\boldsymbol{x} \tag{1.6.4}$$

$$(L)\text{s. t.}\begin{cases}\boldsymbol{Ax}\leqslant(=,\geqslant)\boldsymbol{b}, & (1.6.5)\\\boldsymbol{x}\geqslant\boldsymbol{0}, & (1.6.6)\end{cases}$$

其中 $\boldsymbol{A}=(a_{ij})$称为约束条件（1.6.5）的系数矩阵，$\boldsymbol{x}$ 称为未知向量，$\boldsymbol{b}$ 称为限定向量，$\boldsymbol{c}$ 称为价值向量.

由于不等式在求解过程中不易确定变量的解，需要将约束条

件用等式表示.

线性规划问题可能有各种各样不同的形式：其约束条件可以是"≤"形式的不等式，也可以是"≥"形式的不等式，还可以是等式，其目标函数有的要求最大化，有的要求最小化. 这种多样性给问题的讨论带来了不便，为此，在以后的讨论中，我们只讨论线性规划问题的标准形问题，至于非标准形的线性规划问题，可以化为标准形.

所谓线性规划的标准形，就是它的约束条件为非齐次线性方程组，其目标函数要求实现最大值. 即

$$\max z=c_1x_1+c_2x_2+\cdots+c_nx_n \tag{1.6.7}$$

$$(L)\text{ s. t. }\begin{cases}a_{11}x_1+a_{12}x_2+\cdots+a_{1n}x_n=b_1,\\ a_{21}x_1+a_{22}x_2+\cdots+a_{2n}x_n=b_2,\\ \quad\vdots\\ a_{m1}x_1+a_{m2}x_2+\cdots+a_{mn}x_n=b_m,\\ x_i\geqslant 0, i=1,2,\cdots,n.\end{cases} \tag{1.6.8}$$

多数情形下满足 $b_i\geqslant 0$（$i=1,2,\cdots,m$），$m\leqslant n$. 式（1.6.7）、式（1.6.8）可用矩阵表示为

$$\max z=\boldsymbol{c}^{\mathrm{T}}\boldsymbol{x} \tag{1.6.9}$$

$$(L)\text{ s. t. }\begin{cases}\boldsymbol{A}\boldsymbol{x}=\boldsymbol{b}, & (1.6.10)\\ \boldsymbol{x}\geqslant\boldsymbol{0}. & (1.6.11)\end{cases}$$

实际问题中经常遇到的线性规划问题不一定是标准形，为了求解线性规划问题，需要把非标准形的线性规划问题化为标准形. 一般可以利用下面两个步骤：

（1）如果目标函数是求最小值，只需定义一个新的目标函数 $z_1=-z$，就可以将一个求最小值的问题转化为求最大值的问题.

（2）如果约束条件为不等式，这里有两种情况：一种是约束条件为"≤"形式的不等式，另一种是约束条件为"≥"形式的不等式. 对于"≤"形式的不等式，可以在不等号的左边加上一个非负变量，使不等式变成等式；对于"≥"形式的不等式，可在不等号的左边减去一个非负变量使不等式变成等式. 加上或减去的变量称为松弛变量. 松弛变量在目标函数中可视为零. 在标准形中规定，各约束条件右端项 $b_i\geqslant 0$，否则等式两端需同乘以-1.

例 1.6.2 把下列线性规划问题换为标准形. 求 x_1，x_2，x_3，x_4，满足约束条件

$$2x_1+5x_2-6x_3-x_4\leqslant 2,$$
$$x_1-7x_2-5x_3+x_4\geqslant 6,$$
$$2x_1-8x_2-8x_3+6x_4=5,$$

使目标函数 $z=3x_1-2x_2+x_3-x_4$ 最小.

解　第一步，将目标函数乘以-1，使问题化为求目标函数的最大值. 第二步是对≤的约束加上松弛变量 x_5，对≥的约束减去松弛变量 x_6，从而问题的标准形为

$$\max z=-3x_1+2x_2-x_3+x_4$$

$$\text{s. t. }\begin{cases}2x_1+5x_2-6x_3-x_4+x_5=2,\\x_1-7x_2-5x_3+x_4-x_6=6,\\2x_1-8x_2-8x_3+6x_4=5,\\x_1,x_2,\cdots,x_6\geqslant 0.\end{cases}$$

1.6.2 投入产出模型

投入产出模型是诺贝尔经济学奖得主里昂惕夫（Leontief）在 1936 年发表的论文《美国经济系统中的投入和产出的数量关系》中提出的，其中线性代数起着重要作用. 我国也于 20 世纪 70 年代开始，使用该模型编制国民经济预算.

投入产出方法是线性代数知识用于经济学的一个典型而成功的案例，它研究经济活动中的生产部门和消费部门之间的错综复杂的关系，特别是研究和分析各部门在产品生产和消费之间的数量依赖关系，建立相应的数学模型，通过对模型的数学分析和运算结果，进行经济分析和预测.

假设一个经济系统由 n 个生产消费部门构成，这些部门或生产商品，或提供服务. 首先要根据某一年的实际统计数据，将这 n 个生产消费部门及其数量依赖关系（即统计数据）按一定顺序编制成一张表格，称为投入产出表，如果这些统计数据以货币形式计量（而不以产品名称和计量单位计量），称为价值型投入产出表. 其结构见表 1.6.1.

表 1.6.1　价值型投入产出表

部门间的流量			产出					
			中间产品				最终产品	总产品
			1	2	…	n		
投入	中间投入	1	x_{11}	x_{12}	…	x_{1n}	y_1	x_1
		2	x_{21}	x_{22}	…	x_{2n}	y_2	x_2
		⋮	⋮	⋮		⋮	⋮	⋮
		n	x_{n1}	x_{n2}	…	x_{nn}	y_n	x_n
	初始投入		z_1	z_2	…	z_n		
	总投入		x_1	x_2	…	x_n		

表 1.6.1 的水平方向反映各部门产品按经济用途的使用情况.

各部门产品可分为中间产品和最终产品两大部分. 中间产品是指在生产领域中尚需进一步加工的产品，最终产品是指在生产领域中已经加工完毕，可供社会消费和使用的产品.

表 1.6.1 的垂直方向反映各部门产品的价值构成.

各部门产品的价值由中间投入和初始投入两部分构成. 中间投入是指各部门对某一部门投入的中间产品数量，即该部门在生产过程中所消耗的中间产品数量，初始投入是指各部门固定资产和劳动力等投入的数量.

表 1.6.1 中，x_i 表示第 i 个部门的总产出或总投入，y_i 表示第 i 个部门的最终产品数量，x_{ij}表示第 j 个部门在生产过程中消耗第 i 个部门中间投入数量或第 i 个部门分配给第 j 个部门的中间产品数量，也称为部门间的流量，z_j 表示第 j 个部门的初始投入.

表 1.6.1 中的前 n 行组成了一个横向长方形表（矩阵），横向长方形表（矩阵）的每一行都表示一个等式，即

$$\begin{cases} x_1 = x_{11} + x_{12} + \cdots + x_{1n} + y_1, \\ x_2 = x_{21} + x_{22} + \cdots + x_{2n} + y_2, \\ \qquad \vdots \\ x_n = x_{n1} + x_{n2} + \cdots + x_{nn} + y_n, \end{cases} \tag{1.6.12}$$

或简写为

$$x_i = \sum_{j=1}^{n} x_{ij} + y_i \quad (i = 1,2,\cdots,n). \tag{1.6.13}$$

式（1.6.12）和式（1.6.13）都称为分配平衡方程组.

表 1.6.1 中的前 n 列组成了一个竖向长方形表（矩阵），竖向长方形表（矩阵）的每一列都表示一个等式，即

$$\begin{cases} x_1 = x_{11} + x_{21} + \cdots + x_{n1} + z_1, \\ x_2 = x_{12} + x_{22} + \cdots + x_{n2} + z_2, \\ \qquad \vdots \\ x_n = x_{1n} + x_{2n} + \cdots + x_{nn} + z_n, \end{cases} \tag{1.6.14}$$

或简写为

$$x_j = \sum_{i=1}^{n} x_{ij} + z_j \quad (i = 1,2,\cdots,n). \tag{1.6.15}$$

式（1.6.14）和式（1.6.15）都称为消耗平衡方程组.

分配平衡方程组和消耗平衡方程组统称为投入产出平衡方程组.

例 1.6.3 已知某经济系统在某个生产周期内的生产与分配情

况见表 1. 6. 2.

表 1. 6. 2　某个生产周期内的生产与分配情况表

部门间的流量			产出				
			中间产品			最终产品	总产品
			1	2	3		
投入	中间投入	1	20	20	0	y_1	100
		2	20	80	30	y_2	200
		3	0	20	45	y_3	150
	初始投入		z_1	z_2	z_3		
	总投入		100	200	150		

求：(1) 各部门最终产品 y_1，y_2，y_3；(2) 各部门初始投入，z_1，z_2，z_3.

解　(1) 由表 1. 6. 2 可得分配平衡方程组

$$\begin{cases} x_1 = x_{11}+x_{12}+x_{13}+y_1, \\ x_2 = x_{21}+x_{22}+x_{23}+y_2, \\ x_3 = x_{31}+x_{32}+x_{33}+y_3, \end{cases}$$

得各部门最终产品为

$$\begin{cases} y_1 = 100-(20+20+0) = 60, \\ y_2 = 200-(20+80+30) = 70, \\ y_3 = 150-(0+20+45) = 85. \end{cases}$$

(2) 由表 1. 6. 2 可得消耗平衡方程组

$$\begin{cases} x_1 = x_{11}+x_{21}+x_{31}+z_1, \\ x_2 = x_{12}+x_{22}+x_{32}+z_2, \\ x_3 = x_{13}+x_{23}+x_{33}+z_3, \end{cases}$$

得各部门初始投入为

$$\begin{cases} z_1 = 100-(20+20+0) = 60, \\ z_2 = 200-(20+80+20) = 80, \\ z_3 = 150-(0+30+45) = 75. \end{cases}$$

第 j 个部门生产单位数量产品直接消耗第 i 个部门的产品量，称为第 j 个部门对第 i 个部门的直接消耗系数，记为 a_{ij}，即

$$a_{ij} = \frac{x_{ij}}{x_j}\ (i,j=1,2,\cdots,n). \tag{1.6.16}$$

各部门之间的直接消耗系数构成的 n 阶方阵，称为直接消耗系数矩阵，记为

$$A=\begin{pmatrix} a_{11} & a_{12} & \cdots & a_{1n} \\ a_{21} & a_{22} & \cdots & a_{2n} \\ \vdots & \vdots & & \vdots \\ a_{n1} & a_{n2} & \cdots & a_{nn} \end{pmatrix}. \tag{1.6.17}$$

由式（1.6.16）可得 $x_{ij}=a_{ij}x_j(i,j=1,2,\cdots,n)$，代入分配平衡方程组（1.6.12），得

$$\begin{cases} x_1=a_{11}x_1+a_{12}x_2+\cdots+a_{1n}x_n+y_1, \\ x_2=a_{21}x_1+a_{22}x_2+\cdots+a_{2n}x_n+y_2, \\ \qquad\vdots \\ x_n=a_{n1}x_1+a_{n2}x_2+\cdots+a_{nn}x_n+y_n, \end{cases} \tag{1.6.18}$$

或简写为

$$x_i=\sum_{j=1}^{n}a_{ij}x_j+y_i \quad (i=1,2,\cdots,n). \tag{1.6.19}$$

代入消耗平衡方程组（1.6.14），得

$$\begin{cases} x_1=a_{11}x_1+a_{21}x_1+\cdots+a_{n1}x_1+z_1, \\ x_2=a_{12}x_2+a_{22}x_2+\cdots+a_{n2}x_2+z_2, \\ \qquad\vdots \\ x_n=a_{1n}x_n+a_{2n}x_n+\cdots+a_{nn}x_n+z_n, \end{cases} \tag{1.6.20}$$

或简写为

$$x_j=\sum_{i=1}^{n}a_{ij}x_j+z_j \quad (j=1,2,\cdots,n). \tag{1.6.21}$$

分配平衡方程组（1.6.18）和消耗平衡方程组（1.6.20）的矩阵表示为

$$\boldsymbol{x}=\boldsymbol{A}\boldsymbol{x}+\boldsymbol{y} \text{ 或 } (\boldsymbol{E}-\boldsymbol{A})\boldsymbol{x}=\boldsymbol{y},$$
$$\boldsymbol{x}=\boldsymbol{C}\boldsymbol{x}+\boldsymbol{z} \text{ 或 } (\boldsymbol{E}-\boldsymbol{C})\boldsymbol{x}=\boldsymbol{z},$$

其中

$$\boldsymbol{x}=\begin{pmatrix} x_1 \\ x_2 \\ \vdots \\ x_n \end{pmatrix}, \boldsymbol{y}=\begin{pmatrix} y_1 \\ y_2 \\ \vdots \\ y_n \end{pmatrix}, \boldsymbol{z}=\begin{pmatrix} z_1 \\ z_2 \\ \vdots \\ z_n \end{pmatrix}, \boldsymbol{C}=\begin{pmatrix} \sum_{i=1}^{n}a_{i1} & 0 & \cdots & 0 \\ 0 & \sum_{i=1}^{n}a_{i2} & \cdots & 0 \\ \vdots & \vdots & & \vdots \\ 0 & 0 & \cdots & \sum_{i=1}^{n}a_{in} \end{pmatrix}.$$

矩阵 $\boldsymbol{C}$ 称为中间投入系数矩阵.

例 1.6.4 设某企业有三个生产部门，该企业在某一生产周期内各部门的生产消耗量和初始投入量见表 1.6.3.

表 1.6.3　企业各部门的投入和产出表

部门间的流量			产出				
			中间产品			最终产品	总产品
			1	2	3		
投入	中间投入	1	20	40	60	y_1	x_1
		2	50	100	30	y_2	x_2
		3	30	100	60	y_3	x_3
	初始投入		100	160	150		
	总投入		x_1	x_2	x_3		

求：（1）各部门总产出 x_1，x_2，x_3；（2）各部门最终产品 y_1，y_2，y_3；（3）直接消耗系数矩阵 $\boldsymbol{A}$.

解　（1）表中的消耗平衡方程组为 $x_j = \sum_{i=1}^{3} a_{ij}x_j + z_j \quad (j=1,2,3)$，将 a_{ij} 和 z_j 的值代入，易得

$$x_1=200, x_2=400, x_3=300.$$

（2）表中的分配平衡方程组为 $x_i = \sum_{j=1}^{3} a_{ij}x_j + y_i (i=1,2,3)$，将 a_{ij} 和 x_j 的值代入，易得

$$y_1=80, y_2=220, y_3=110.$$

（3）由直接消耗系数公式和矩阵乘法，易得

$$\boldsymbol{A}=(a_{ij})_{3\times3}=\left(\frac{x_{ij}}{x_j}\right)_{3\times3}=\begin{pmatrix}20&40&60\\50&100&30\\30&100&60\end{pmatrix}\begin{pmatrix}\frac{1}{200}&0&0\\0&\frac{1}{400}&0\\0&0&\frac{1}{300}\end{pmatrix}=\begin{pmatrix}0.1&0.1&0.2\\0.25&0.25&0.1\\0.15&0.25&0.2\end{pmatrix}.$$

由直接消耗系数定义可知，直接消耗系数矩阵 $\boldsymbol{A}$ 具有以下性质：

性质 1.6.1　所有元素均非负，且 $0\leqslant a_{ij}<1(i,j=1,2,\cdots,n)$.

性质 1.6.2　各列元素绝对值之和均小于1，即 $\sum_{i=1}^{n}|a_{ij}|<1\ (j=1,2,\cdots,n)$.

由此可以证明以下结论：

价值型投入产出模型中的矩阵 $\boldsymbol{E}-\boldsymbol{A}$ 和 $\boldsymbol{E}-\boldsymbol{C}$ 均为可逆矩阵，其中 $\boldsymbol{A}$ 是直接消耗系数矩阵，$\boldsymbol{C}$ 是中间投入系数矩阵.

投入产出理论的完整构架较为复杂，涉及更多的线性代数理论推导和经济学知识，实际应用数据量十分庞大. 本书仅作最粗浅的入门介绍，甚至没有给出完整的投入产出表，仅仅是想表明矩阵在宏观经济学中有实际应用而已，完整的介绍请读者参阅相关文献.

1.6.3 营养减肥食谱

20 世纪 80 年代，剑桥大学的霍华德（Howard）博士领导的科学家团队，通过对过度肥胖病人的临床研究，构造出一种低热量粉状食品，精确地平衡了碳水化合物、高质量蛋白质和脂肪、维生素、矿物质、微量元素和电解质，被称为剑桥食谱. 数百万人应用这一食谱实现了快速而有效的减肥.

为得到所希望的数量和比例的营养，霍华德博士在食谱中加入了多种食品，每种食品供应了多种所需要的成分，但却没有按正确的比例配方. 例如，脱脂牛奶是蛋白质的主要来源，但包含过多的钙，因此加入大豆粉作为蛋白质的来源，它含钙量较低，但大豆粉的脂肪含量又过高，所以要加入脂肪含量较少的乳清，然而乳清中又含过多的碳水化合物……

下面举例说明这一问题的较简单情形.

例 1.6.5 表 1.6.4 是该食谱中的三种食物，以及 100g 每种食物成分含有某些营养素的数量.

表 1.6.4 食谱中三种食物营养素的含量

营养素	每 100g 成分所含营养素/g			剑桥食谱每天供应量/g
	脱脂牛奶	大豆粉	乳清	
蛋白质	36	51	13	33
碳水化合物	52	34	74	45
脂肪	0	7	1.1	3

试求出脱脂牛奶、大豆粉和乳清的某种组合，使该食谱每天能供给表 1.6.4 中规定的蛋白质、碳水化合物和脂肪的含量.

解 设 x_1，x_2，x_3 分别表示脱脂牛奶、大豆粉和乳清的数量（以 100g 为单位），表中左边三列的每一列定义为“营养素”向量 $\boldsymbol{a}_1$，$\boldsymbol{a}_2$，$\boldsymbol{a}_3$，再定义表中最右边一列（表示所需“营养素”总量的向量），即

$$\boldsymbol{a}_1=\begin{pmatrix}36\\52\\0\end{pmatrix},\ \boldsymbol{a}_2=\begin{pmatrix}51\\34\\7\end{pmatrix},\ \boldsymbol{a}_3=\begin{pmatrix}13\\74\\1.1\end{pmatrix},\ \boldsymbol{b}=\begin{pmatrix}33\\45\\3\end{pmatrix},$$

则 $x_1\boldsymbol{a}_1$ 就表示 x_1 单位的脱脂牛奶乘以每单位脱脂牛奶的营养素，即 x_1 单位的脱脂牛奶给出的营养素，同理，$x_2\boldsymbol{a}_2$ 和 $x_3\boldsymbol{a}_3$ 分别表示由 x_2 单位大豆粉和 x_3 单位乳清所给出的营养素，所以所需满足的方程为

$$x_1\boldsymbol{a}_1+x_2\boldsymbol{a}_2+x_3\boldsymbol{a}_3=\boldsymbol{b}. \tag{1.6.22}$$

记 $\boldsymbol{A}=(\boldsymbol{a}_1,\boldsymbol{a}_2,\boldsymbol{a}_3)$，$\boldsymbol{x}=(x_1,x_2,x_3)^{\mathrm{T}}$，式（1.6.22）可表示为线性方程组

$$\boldsymbol{A}\boldsymbol{x}=\boldsymbol{b}, \tag{1.6.23}$$

从而

$$\boldsymbol{x}=\boldsymbol{A}^{-1}\boldsymbol{b}.$$

对增广矩阵 $\boldsymbol{B}=(\boldsymbol{A}\,\vdots\,\boldsymbol{b})$ 作初等行变换，得

$$\boldsymbol{B}=(\boldsymbol{A}\,\vdots\,\boldsymbol{b})=\begin{pmatrix}36&51&13&13\\52&34&74&45\\0&7&1.1&3\end{pmatrix}\stackrel{r}{\sim}\begin{pmatrix}1&0&0&0.277\\0&1&0&0.392\\0&0&1&0.233\end{pmatrix}.$$

即，该食谱需要 0.277 单位脱脂牛奶、0.392 单位大豆粉和 0.233 单位乳清，就可供给所需蛋白质、碳水化合物和脂肪.

注意：实用上要求解出的 x_1，x_2，x_3 是非负的才有意义.

在源问题中，剑桥食谱的制造者应用了 33 种食物来供给 31 种营养素.

由食谱问题产生线性方程组（1.6.23），由于食物供给的营养素可以写成一个营养向量的数量倍，即 $x_j\,a_j$ 的形式 $(j=1,2,\cdots,n)$，或某种食物供给的营养素与加入食谱中的此种食物的数量成比例，同时，混合物中的营养素是各种食物中营养素之和.

设计食谱问题有较普遍的实用意义，线性方程组方法可以使这类问题的求解得到简化.

1.7 MATLAB 实验 1

1.7.1 MATLAB 简介

MATLAB 软件的名字是由“矩阵实验室”（Matrix Laboratory）的缩写组合而来的，最早是为了解决线性代数中矩阵运算而开发. 随着功能的不断增加，目前已成为一个以矩阵为基础，具备数学计算和分析功能、可视化图形表现功能及程序设计能力的强大的科学和工程计算软件.

启动 MATLAB 软件以后，将显示图 1-7-1 所示的操作界面，包含各类菜单、功能按钮以及多个窗口，其中命令窗口（Command

Windows）是主要的工作环境．此外，MATLAB 还可以通过编辑以 m 为扩展名的脚本文件或者函数文件来执行批量的代码．本教材所有章节给出的 MATLAB 例题分别在命令窗口执行或者通过 m 文件运行完成．

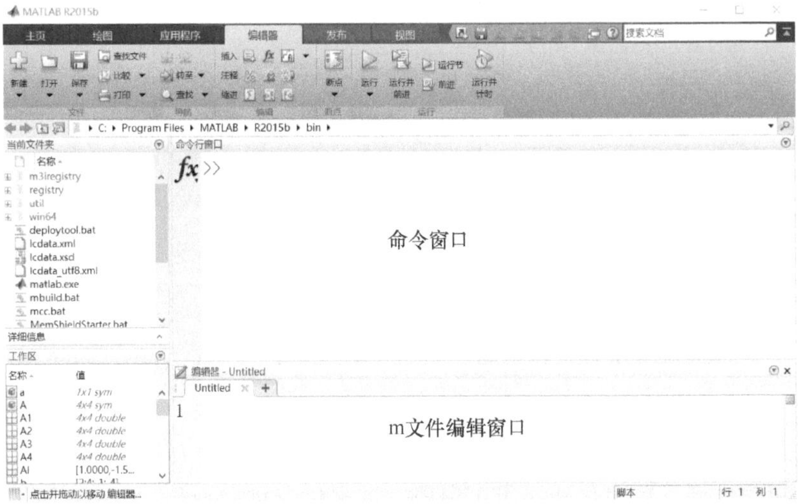

图 1-7-1　MATLAB 工作环境

表 1.7.1 给出了 MATLAB 的常用操作命令，这些命令可以直接在命令提示符下运行．

表 1.7.1　常用操作命令

操作命令	功　能
cd	显示或变更工作目录
clc	清除工作窗
clear	清除变量内存
clear all	清除所有变量内存
clf	清除图形窗口
diary	日志文件命令
dir	显示当前目录下文件
disp	显示变量或者文字内容
echo	工作窗信息显示开关
hold	图形保持命令
load	加载指定文件变量
pack	整理内部碎片
path	显示搜索目录
quit	退出 MATLAB

（续）

操作命令	功　能
save	保存内存变量到指定文件
type	显示文件内容

1.7.2 矩阵运算

线性代数很多知识点的计算可以通过 MATLAB 来完成，表 1.7.2列出了常用的运算符号.

表 1.7.2　常用运算符号

运算符号	=	+	-	*	\	/	^	’	.
说明	赋值	加法	减法	乘法	左除	右除	幂运算	转置	群运算

MATLAB 的数据，无论是常数、向量还是矩阵都是以矩阵的形式表示，下面的例题给出部分矩阵的常用操作，注意“%”为注释符号，后面的内容为注释信息，不参与运行.

1. 矩阵和向量的生成

（1）直接生成

```
>> A=[1 3 2;2 5 4; 6 9 8]% 矩阵同行元素以逗号或空格分隔,不同行以分号或回车分隔
A =
    1     3     2
    2     5     4
    6     9     8
>> a=[1 2 3]
a =
    1     2     3
```

（2）用命令生成

```
>> B=magic(3)             % 生成幻方矩阵
B =
    8     1     6
    3     5     7
    4     9     2
```

2. 矩阵的加法、减法、乘法、除法以及乘方

```
>> C=A+B                  % 此处的 A,B 矩阵为之前已赋值的矩阵
C =
    9     4     8
    5    10    11
   10    18    10
```

```
>> D=A-B
D =
    -7     2    -4
    -1     0    -3
     2     0     6
>> E1=A* B            % 矩阵乘法,注意行列数的关系
E1=
    25    34    31
    47    63    55
   107   123   115
>> E2=5* A            % 数与矩阵相乘
E2 =
     5    15    10
    10    25    20
    30    45    40
>> F1=A/B             % 矩阵右除
F =
   -0.0750    0.3000    0.1750
   -0.0889    0.5778    0.2444
    0.1778    0.8444    0.5111
>>  F2=A\B            % 矩阵左除
F2 =
    5.5000   -2.0000   -3.5000
   13.0000   -3.0000    5.0000
  -18.2500    6.0000   -2.7500
>> G=A^2              % 矩阵的幂运算
G =
    19    36    30
    36    67    56
    72   135   112
```

3. 用命令求矩阵的转置矩阵、逆矩阵

```
>> H=A'               %矩阵的转置
H =
     1     2     6
     3     5     9
     2     4     8
>> AI=inv(A)          % 矩阵的逆矩阵
AI =
    1.0000   -1.5000    0.5000
    2.0000   -1.0000    0.0000
```

```
  -3.0000    2.2500  -0.2500
```

4. 矩阵的向量运算

```
>> C1=A.* B                                   % 注意此运算与矩阵乘法的区别

C1 =

     8     3    12
     6    25    28
    24    81    16
>> G1=A.^2                                    % 注意此运算与矩阵幂运算的区别

G1 =
     1     9     4
     4    25    16
    36    81    64
```

5. 用一个简单命令求解下列线性方程组

$$3x_1 + x_2 - x_3 = 3.6$$

$$x_1 + 2x_2 + 4x_3 = 2.1$$

$$-x_1 + 4x_2 + 5x_3 = -1.4$$

```
>> A=[3 1 -1;1 2 4;-1 4 5];b=[3.6;2.1;-1.4];   % 分号表示运行结果不显示

>> x=A\b
x =
   1.4818
  -0.4606
   0.3848
```

表 1.7.3 列出了在矩阵运算中部分常用的命令.

表 1.7.3　特殊矩阵生成函数

函　　数	功　　能
Ones(m,n)	生成全为 1 元素的矩阵
zeros(m,n)	生成全为 0 元素的矩阵
Eye(n)	生成单位矩阵，即主对角线全为 1，其余元素全为 0 的矩阵
rand(m,n)	生成均匀分布随机矩阵
randn(m,n)	生成正态分布随机矩阵
magic(n)	生成幻方矩阵
Diag(n)	生成对角矩阵

表 1.7.4 列出了常用的数学函数.

表 1.7.4 常用的数学函数表

函数名称	功　能	函数名称	功　能
sin	正弦函数	acoth	反双曲余切函数
sinh	双曲正弦函数	exp	指数函数
asin	反正弦函数	log	自然对数函数
asinh	反双曲正弦函数	log10	以 10 为底的对数函数
cos	余弦函数	log2	以 2 为底的对数函数
cosh	双曲余弦函数	pow2	以 2 为底的幂函数
acos	反余弦函数	sqrt	平方根函数
acosh	反双曲余弦函数	nextpow2	靠得最近的 2 的指数
tan	正切函数	abs	模函数
tanh	双曲正切函数	angle	相角函数
atan	反正切函数	conj	复共轭函数
atan2	四象限的反正切函数	imag	复矩阵虚部
atanh	反双曲正切函数	real	复矩阵实部
sec	正割函数	unwrap	打开相角函数
sech	双曲正割函数	isreal	实矩阵判断函数
asec	反正割函数	cplxpair	调整数为共轭对
asech	反双曲正割函数	fix	朝 0 方向舍入
csc	余割函数	floor	朝负方向舍入
csch	双曲余割函数	ceil	朝正方向射入
acsc	反余割函数	round	四舍五入函数
acsch	反双曲余割函数	mod	带符号求余函数
cot	余切函数	rem	无符号求余函数
coth	双曲余切函数	sign	符号函数
acot	反余切函数	cross	向量叉积

1.7.3 MATLAB 练习 1

请读者在 MATLAB 软件中完成以下练习：

1. 用 MATLAB 软件生成以下矩阵：

(1) $\boldsymbol{A}=\begin{pmatrix}8&2&3\\1&5&4\\6&1&5\end{pmatrix}$；　　(2) $\boldsymbol{B}=\begin{pmatrix}12&21&5\\11&16&23\\6&1&9\end{pmatrix}$；

(3) $\boldsymbol{C}=\begin{pmatrix}0&0\\0&0\end{pmatrix}$；　　(4) $\boldsymbol{D}=\begin{pmatrix}1&0&0\\0&1&0\\0&0&1\end{pmatrix}$.

2. 用第 1 题中的矩阵做以下运算：

（1）$\boldsymbol{A}+\boldsymbol{B}$；（2）$2\boldsymbol{A}-3\boldsymbol{B}$；（3）$3\boldsymbol{A}$；（4）$3\boldsymbol{AB}$；（5）$\boldsymbol{A}^{\mathrm{T}}$.

3. 用表 1.7.3 中的函数生成以下矩阵：

（1）3 阶全 1 矩阵；

（2）服从均匀分布的 3 行 4 列随机矩阵；

（3）4 阶幻方矩阵；

（4）以向量 (1,2,3) 为对角线的对角矩阵.

4. 用表 1.7.4 中的函数做以下的计算：

（1）分别求矩阵 $\boldsymbol{A}$，$\boldsymbol{B}$ 的逆矩阵；

（2）求矩阵 $\boldsymbol{A}$ 中每个元素的正弦值和余弦值.

第 1 章复习

习题 1

1. 解下列齐次线性方程组：

（1）$\begin{cases} x_1+x_2-x_3=0, \\ 3x_1+x_2+4x_3=0, \\ x_1-2x_2+3x_3=0; \end{cases}$

（2）$\begin{cases} x_1-5x_2+2x_3-3x_4=0, \\ 2x_1+4x_2+2x_3+x_4=0, \\ 5x_1+3x_2+6x_3-x_4=0. \end{cases}$

2. 解下列非齐次线性方程组：

（1）$\begin{cases} x_1+2x_2-x_3=0, \\ 3x_1-2x_2+x_3=4, \\ x_1-x_2-x_3=6; \end{cases}$

（2）$\begin{cases} 2x_1+3x_2-x_4=0, \\ 3x_1+x_2+5x_3-4x_4=2, \\ 7x_2-10x_3+5x_4=-4, \\ 3x_1-6x_2+15x_3-9x_4=1; \end{cases}$

（3）$\begin{cases} x_1-2x_2+x_3-4x_4=4, \\ x_2-x_3+x_4=-3, \\ x_1+3x_2+x_4=1, \\ -2x_2+3x_3+3x_4=4; \end{cases}$

（4）$\begin{cases} x_1+x_2+x_3+x_4=1, \\ x_1+3x_2+2x_3+2x_4=1, \\ 2x_1+4x_2+3x_3+3x_4=1. \end{cases}$

3. 试确定 λ 的值，使线性方程组

$$\begin{cases} x_1-3x_3=0, \\ x_1+2x_2+\lambda x_3=0, \\ 2x_1+\lambda x_2-x_3=0 \end{cases}$$

（1）只有零解；（2）有非零解.

4. λ 取何值时，线性方程组

$$\begin{cases} 2x_1+(4-\lambda)x_2+7=0, \\ (2-\lambda)x_1+2x_2+3=0, \\ 2x_1+5x_2+6-\lambda=0 \end{cases}$$

有唯一解？有无穷多解？无解？并在有解时求出其解.

5. a，b 取何值时，线性方程组

$$\begin{cases} x_1+x_2+x_3+x_4=1, \\ x_2-x_3+2x_4=1, \\ 2x_1+3x_2+(a+2)x_3+4x_4=b+3, \\ 3x_1+5x_2+x_3+(a+8)x_4=5 \end{cases}$$

有唯一解？有无穷多解？无解？并在有解时求出其解.

6. 当 p，t 取何值时，线性方程组

$$\begin{cases} x_1+x_2-2x_3+3x_4=0 \\ 2x_1+x_2-6x_3+4x_4=-1 \\ 3x_1+2x_2+px_3+7x_4=-1 \\ x_1-x_2-6x_3-x_4=t \end{cases}$$

有无穷多解、无解？并在有无穷多解时求出其解.

7. 设$\boldsymbol{x}^1$，$\boldsymbol{x}^2$，…，$\boldsymbol{x}^t$ 是线性方程组 $\boldsymbol{Ax}=\boldsymbol{b}$ 的 t 个解，且 $\lambda_1+\lambda_2+\cdots+\lambda_t=1$，证明：$\lambda_1\boldsymbol{x}^1+\lambda_2\boldsymbol{x}^2+\cdots+$

$\lambda_t x^t$ 也是方程组 $Ax=b$ 的一个解.

8. 设 a_1, a_2, a_3 是互不相同的常数，证明：方程组

$$\begin{cases} x_1+a_1x_2=a_1^2, \\ x_1+a_2x_2=a_2^2, \\ x_1+a_3x_3=a_3^2 \end{cases}$$

无解.

9. 试用初等变换将下列矩阵分别化为行阶梯形矩阵、行最简形矩阵和标准形矩阵，并求出矩阵的秩：

(1) $\begin{pmatrix} 1 & 2 & 3 \\ 2 & 3 & -5 \\ 4 & 7 & 1 \end{pmatrix}$;

(2) $\begin{pmatrix} 1 & -1 & 0 & -1 \\ 1 & 3 & 2 & 2 \\ 3 & 1 & -4 & 4 \end{pmatrix}$;

(3) $\begin{pmatrix} 1 & 1 & 1 & 1 & -1 \\ 2 & 1 & 3 & -1 & 1 \\ 1 & 2 & 0 & 6 & -2 \\ 4 & 3 & 5 & -1 & -3 \end{pmatrix}$;

(4) $\begin{pmatrix} 1 & -1 & 3 & -4 & 3 \\ 3 & -3 & 5 & -4 & 1 \\ 2 & -2 & 3 & -2 & 0 \\ 3 & -3 & 4 & -2 & -1 \end{pmatrix}$.

10. 设有列向量 $a=\begin{pmatrix} 2 \\ 5 \\ 1 \\ 3 \end{pmatrix}$, $b=\begin{pmatrix} 10 \\ 1 \\ 5 \\ 10 \end{pmatrix}$, $c=\begin{pmatrix} 4 \\ 1 \\ -1 \\ 1 \end{pmatrix}$, 求列向量 x，使 $3(a-x)+2(b+x)=5(c-x)$.

11. 已知 $A=\begin{pmatrix} 3 & -1 & 1 \\ -2 & 0 & 2 \end{pmatrix}$, $B=\begin{pmatrix} -2 & -1 & 1 \\ 3 & 1 & -1 \end{pmatrix}$, 且 $2A-3X+B=O$，求矩阵 X.

12. 求下列矩阵的乘积：

(1) $(1,2,3)\begin{pmatrix} 3 \\ 2 \\ 1 \end{pmatrix}$;

(2) $\begin{pmatrix} 2 \\ 1 \\ 3 \end{pmatrix}(1,-3)$;

(3) $\begin{pmatrix} 1 & 0 & -2 & 2 \\ 3 & 2 & 0 & 4 \\ 0 & 1 & 2 & -3 \end{pmatrix}\begin{pmatrix} 0 & 2 & 0 \\ 1 & 0 & 0 \\ 0 & 2 & -3 \\ 5 & -4 & 1 \end{pmatrix}$;

(4) $A=\begin{pmatrix} 1 & 1 & 0 \\ 0 & 1 & 1 \\ 0 & 0 & 1 \end{pmatrix}$，求$A^n$.

13. 设 $f(x)=x^3-3x^2+3x+2$, $A=\begin{pmatrix} 1 & -1 & 0 \\ 0 & 1 & -1 \\ 0 & 0 & 1 \end{pmatrix}$, 求 $f(A)$.

14. 设矩阵 A, B 满足 $A-AB=E$，且 $AB-3E=\begin{pmatrix} -1 & 0 & 0 \\ 0 & -2 & 0 \\ 0 & 0 & -3 \end{pmatrix}$，求矩阵 A.

15. (1) 设 $A=\begin{pmatrix} 3 & 1 \\ 1 & -3 \end{pmatrix}$，试求$A^{50}$和$A^{51}$;

(2) 设 $a=\begin{pmatrix} 2 \\ 1 \\ -3 \end{pmatrix}$, $b=\begin{pmatrix} 1 \\ 2 \\ 4 \end{pmatrix}$, $A=ab^T$，求A^{100}.

16. 求解下列矩阵方程：

(1) $\begin{pmatrix} 2 & 5 \\ 1 & 3 \end{pmatrix}X=\begin{pmatrix} 4 & -6 \\ 2 & 1 \end{pmatrix}$;

(2) $\begin{pmatrix} 0 & 1 & 0 \\ 1 & 0 & 0 \\ 0 & 0 & 1 \end{pmatrix}X\begin{pmatrix} 1 & 0 & 0 \\ 0 & 0 & 1 \\ 0 & 1 & 0 \end{pmatrix}=\begin{pmatrix} 1 & -4 & 3 \\ 2 & 0 & -1 \\ 1 & -2 & 0 \end{pmatrix}$;

(3) $X\begin{pmatrix} 2 & 1 & -1 \\ 2 & 1 & 0 \\ 1 & -1 & 1 \end{pmatrix}=\begin{pmatrix} 1 & -1 & 3 \\ 4 & 3 & 2 \end{pmatrix}$.

17. 设 $P^{-1}AP=\Lambda$，其中 $P=\begin{pmatrix} -1 & -4 \\ 1 & 1 \end{pmatrix}$, $\Lambda=\begin{pmatrix} -1 & 0 \\ 0 & 2 \end{pmatrix}$，求$A^{11}$.

18. 设 $A=\begin{pmatrix} 1 & 0 & 1 \\ 0 & 2 & 0 \\ 1 & 0 & 1 \end{pmatrix}$, $n\geqslant 2$ 为正整数，求A^n-2A^{n-1}.

19. 已知三阶方阵 $A=(a_{ij})_{3\times 3}$, $P_1=\begin{pmatrix} 1 & 0 & 0 \\ 0 & 0 & 1 \\ 0 & 1 & 0 \end{pmatrix}$,

$P_2=\begin{pmatrix}1&0&0\\0&1&0\\1&0&1\end{pmatrix}$，求$P_1AP_2$，$P_1P_2A$，$AP_1P_2$.

20. 设$A=\begin{pmatrix}1&-1&0&0\\0&1&-1&0\\0&0&1&-1\\0&0&0&1\end{pmatrix}$，$B=\begin{pmatrix}2&1&3&4\\0&2&1&3\\0&0&2&1\\0&0&0&2\end{pmatrix}$，求满足等式$X(E-B^{-1}A)^{\mathrm{T}}B^{\mathrm{T}}=E$的矩阵$X$.

21. 已知 n 阶方阵 A 满足$A^2+2A-3E=O$，求A^{-1}，$(A+2E)^{-1}$，$(A+4E)^{-1}$.

22. 设 n 阶方阵A，B 满足 $A+B=AB$.

（1）证明$A-E$ 可逆，且$AB=BA$；（2）若$B=\begin{pmatrix}1&-3&0\\2&1&0\\0&0&2\end{pmatrix}$，求$A$.

23. 设矩阵$A=E-2\dfrac{\alpha\alpha^{\mathrm{T}}}{\alpha^{\mathrm{T}}\alpha}$，其中$E$为 n 阶单位矩阵，α为 n 维列向量，试证 A 为对称矩阵，且$A^2=E$.

24. 设A为反对称矩阵，B为对称矩阵，试证：

（1）A^2 为对称矩阵；

（2）$AB-BA$ 为对称矩阵；

（3）AB 为反对称矩阵的充分必要条件是$AB=BA$.

25. 设矩阵$A=\begin{pmatrix}3&4&0&0\\4&-3&0&0\\0&0&2&4\\0&0&0&2\end{pmatrix}$，试用分块矩阵求$A^{-1}$.

26. 设A，B为可逆矩阵，试求：

（1）$\begin{pmatrix}O&A\\B&O\end{pmatrix}^{-1}$；（2）$\begin{pmatrix}A&C\\O&B\end{pmatrix}^{-1}$；

（3）$\begin{pmatrix}A&O\\C&B\end{pmatrix}^{-1}$.

27. 将 6 阶方阵分块表示为$R=\begin{pmatrix}E_4&B\\A&E_2\end{pmatrix}$，其中$E_2$，$E_4$ 分别是 2 阶和 4 阶单位矩阵，$A=\begin{pmatrix}1&-2&1&1\\0&1&1&-1\end{pmatrix}$，$B=\begin{pmatrix}1&-1\\1&0\\2&3\\1&1\end{pmatrix}$，试求分块矩阵$P$，使$PR=\begin{pmatrix}E_4&B\\O&E_2-AB\end{pmatrix}$.

第 2 章 方阵的行列式

行列式是矩阵中出现的一种特殊算式，17 世纪末分别由德国数学家莱布尼茨（Leibniz）和日本数学家关孝和（Seki Takakazu）分别独立提出，并在很长一段时间内被用于线性方程组的研究，19 世纪中叶逐步完善成为线性代数的一个分支内容. 现今，随着计算机技术和计算软件的飞速发展，高阶行列式的计算变得非常简单，行列式在应用上的意义变得十分重要. 在线性代数课程中，行列式依然是研究线性方程组、矩阵和向量线性相关性的一个重要工具.

2.1 行列式的概念

2.1.1 二阶与三阶行列式

例 2.1.1 用消元法解二元线性方程组

$$\begin{cases} a_{11}x_1+a_{12}x_2=b_1, \\ a_{21}x_1+a_{22}x_2=b_2. \end{cases} \tag{2.1.1}$$

解 消去未知数 x_2 得

$$(a_{11}a_{22}-a_{12}a_{21})x_1=b_1a_{22}-a_{12}b_2,$$

消去未知数 x_1 得

$$(a_{11}a_{22}-a_{12}a_{21})x_2=a_{11}b_2-b_1a_{21}.$$

当 $a_{11}a_{22}-a_{12}a_{21}\neq 0$ 时，求得方程组的解为

$$x_1=\frac{b_1a_{22}-a_{12}b_2}{a_{11}a_{22}-a_{12}a_{21}},\quad x_2=\frac{a_{11}b_2-b_1a_{21}}{a_{11}a_{22}-a_{12}a_{21}}.$$

由于其解的分子、分母都是由 4 个实数决定的一个数，由此引入二阶行列式.

1. 二阶行列式

定义 2.1.1 设有二阶方阵 $\boldsymbol{A}=\begin{pmatrix} a_{11} & a_{12} \\ a_{21} & a_{22} \end{pmatrix}$，称表达式 $a_{11}a_{22}-a_{12}a_{21}$

为二阶方阵 $\boldsymbol{A}$ 的（二阶）行列式，记为

$$D=\begin{vmatrix} a_{11} & a_{12} \\ a_{21} & a_{22} \end{vmatrix}=a_{11}a_{22}-a_{12}a_{21} \text{ 或 } |\boldsymbol{A}|=\begin{vmatrix} a_{11} & a_{12} \\ a_{21} & a_{22} \end{vmatrix}=a_{11}a_{22}-a_{12}a_{21}.$$

二阶行列式的定义可以用图 2-1-1 所示的方法记忆，该方法称为对角线法. 其中从 a_{11} 到 a_{22} 的连线为主对角线，从 a_{12} 到 a_{21} 的连线称为副对角线，即二阶行列式的值等于主对角线上两个元素的乘积减去副对角线上两个元素的乘积.

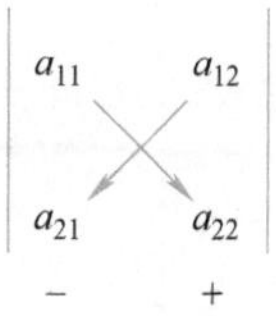

图 2-1-1

在例 2. 1. 1 中，若记 $D=\begin{vmatrix} a_{11} & a_{12} \\ a_{21} & a_{22} \end{vmatrix}$，$D_1=\begin{vmatrix} b_1 & a_{12} \\ b_2 & a_{22} \end{vmatrix}$，$D_2=\begin{vmatrix} a_{11} & b_1 \\ a_{21} & b_2 \end{vmatrix}$，则方程组（2. 1. 1）的解可以写成

$$x_1=\frac{D_1}{D},x_2=\frac{D_2}{D}.$$

其中，分母 D 是由方程组（2. 1. 1）中未知量 x_1，x_2 的系数所确定的二阶行列式，称为二元线性方程组的系数行列式. $D_j(j=1,2)$ 是把 D 的第 j 列的元素用方程组右端的常数项代替后得到的行列式.

例 2. 1. 2　求解下列二元线性方程组：

（1）$\begin{cases} 3x_1-2x_2=12, \\ 2x_1+\ x_2=1; \end{cases}$　　（2）$\begin{cases} \lambda^2x_1+\lambda x_2=0, \\ 3x_1+\ x_2=1. \end{cases}$

解（1）$D=\begin{vmatrix} 3 & -2 \\ 2 & 1 \end{vmatrix}=3-(-4)=7$，$D_1=\begin{vmatrix} 12 & -2 \\ 1 & 1 \end{vmatrix}=14$，

$D_2=\begin{vmatrix} 3 & 12 \\ 2 & 1 \end{vmatrix}=-21.$

故

$$x_1=\frac{D_1}{D}=2,x_2=\frac{D_2}{D}=-3.$$

（2）$D=\begin{vmatrix} \lambda^2 & \lambda \\ 3 & 1 \end{vmatrix}=\lambda^2-3\lambda$，$D_1=\begin{vmatrix} 0 & \lambda \\ 1 & 1 \end{vmatrix}=-\lambda$，

$D_2=\begin{vmatrix} \lambda^2 & 0 \\ 3 & 1 \end{vmatrix}=\lambda^2.$

当 $D\neq0$，即 $\lambda\neq0$ 且 $\lambda\neq3$ 时，方程组的解为

$$x_1=\frac{-1}{\lambda-3},x_2=\frac{\lambda}{\lambda-3}.$$

当 $D=0$，即 $\lambda=0$ 或 $\lambda=3$ 时，

若 $\lambda=0$，方程组化为 $\begin{cases}0=0,\\3x_1+x_2=1,\end{cases}$ 即 $x_2=1-3x_1$，方程组的解为 $x_1=k$，$x_2=1-3k$，k 为任意常数；

若 $\lambda=3$，方程组化为 $\begin{cases}9x_1+3x_2=0,\\3x_1+x_2=1,\end{cases}$ 即 $\begin{cases}3x_1+x_2=0,\\3x_1+x_2=1,\end{cases}$ 得 $0=1$，此为矛盾方程，故原方程组无解.

2. 三阶行列式

定义 2.1.2 设有三阶方阵 $\boldsymbol{A}=\begin{pmatrix}a_{11}&a_{12}&a_{13}\\a_{21}&a_{22}&a_{23}\\a_{31}&a_{32}&a_{33}\end{pmatrix}$，定义 $\boldsymbol{A}$ 的三阶行列式为

$$D=|\boldsymbol{A}|=\begin{vmatrix}a_{11}&a_{12}&a_{13}\\a_{21}&a_{22}&a_{23}\\a_{31}&a_{32}&a_{33}\end{vmatrix}=a_{11}\begin{vmatrix}a_{22}&a_{23}\\a_{32}&a_{33}\end{vmatrix}-a_{12}\begin{vmatrix}a_{21}&a_{23}\\a_{31}&a_{33}\end{vmatrix}+a_{13}\begin{vmatrix}a_{21}&a_{22}\\a_{31}&a_{32}\end{vmatrix}$$

$$=a_{11}a_{22}a_{33}+a_{12}a_{23}a_{31}+a_{13}a_{21}a_{32}-a_{13}a_{22}a_{31}-a_{12}a_{21}a_{33}-a_{11}a_{23}a_{32}. \tag{2.1.2}$$

令 M_{ij} 为从 $|\boldsymbol{A}|$ 中划去元素 a_{ij} 所在的第 i 行第 j 列元素后，其他元素位置关系不变所形成的二阶行列式，称 M_{ij} 为元素 a_{ij} 的余子式.

又令 $A_{ij}=(-1)^{i+j}M_{ij}$，称为元素 a_{ij} 的代数余子式，则三阶行列式可表示为

$$D=\begin{vmatrix}a_{11}&a_{12}&a_{13}\\a_{21}&a_{22}&a_{23}\\a_{31}&a_{32}&a_{33}\end{vmatrix}=a_{11}A_{11}+a_{12}A_{12}+a_{13}A_{13}, \tag{2.1.3}$$

即三阶行列式的值等于它的第一行的各元素与其对应的代数余子式的乘积之和.

例 2.1.3 计算三阶行列式

$$D=\begin{vmatrix}x&2&3\\3&x&1\\2&1&x\end{vmatrix}.$$

解　由式（2.1.3）有

$$D=x\begin{vmatrix} x & 1 \\ 1 & x \end{vmatrix}-2\begin{vmatrix} 3 & 1 \\ 2 & x \end{vmatrix}+3\begin{vmatrix} 3 & x \\ 2 & 1 \end{vmatrix}=x(x^2-1)-2(3x-2)+3(3-2x)=x^3-13x+13.$$

式（2.1.2）作为三阶行列式的展开式，可以用图 2-1-2 记忆，该图所示的方法称为三阶行列式的对角线展开法.

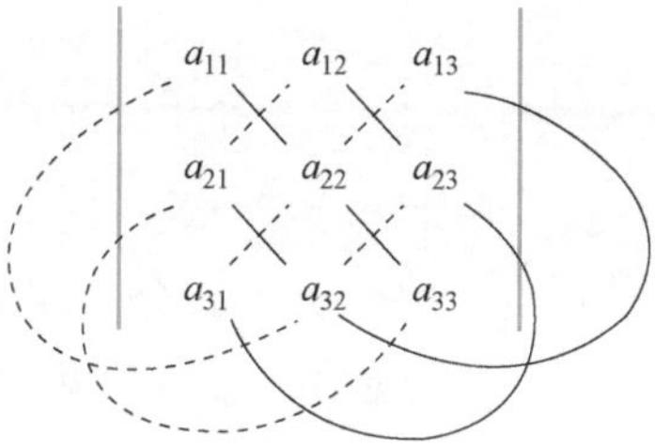

图 2-1-2

其中三条实线所对应的三组乘积（每一组乘积均为三个元素的乘积）带正号，三条虚线所对应的三组乘积（每一组乘积均为三个元素的乘积）带负号.

因此，例 2.1.3 也可以用对角线法展开计算，即

$$\begin{aligned} D &= x\cdot x\cdot x+2\cdot 1\cdot 2+3\cdot 3\cdot 1-3\cdot x\cdot 2-2\cdot 3\cdot x-x\cdot 1\cdot 1 \\ &= x^3-13x+13. \end{aligned}$$

3. 二、三阶行列式的几何意义

二阶行列式$\begin{vmatrix} a_{11} & a_{12} \\ a_{21} & a_{22} \end{vmatrix}$的几何意义是：行列式的绝对值，等于 xOy 平面上以向量 $\boldsymbol{a}=(a_{11},a_{12})$，$\boldsymbol{b}=(a_{21},a_{22})$为邻边的平行四边形的面积（见图 2-1-3）.

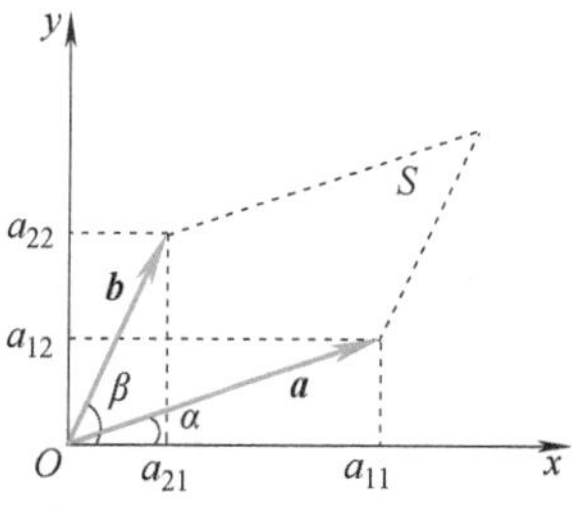

图 2-1-3

我们来考察这个平行四边形与构成它的两个向量之间的关系. 因为平行四边形的面积

$$S=ab\sin(\widehat{\boldsymbol{a},\boldsymbol{b}}),$$

这里 $a=\sqrt{a_{11}{}^2+a_{12}{}^2}$，$b=\sqrt{a_{21}{}^2+a_{22}{}^2}$，$\sin(\widehat{\boldsymbol{a},\ \boldsymbol{b}})$ 为向量 $\boldsymbol{a}$，$\boldsymbol{b}$ 之间的夹角的正弦，即

$$\sin(\widehat{\boldsymbol{a},\boldsymbol{b}})=\sin(\beta-\alpha)=\sin\beta\cos\alpha-\cos\beta\sin\alpha,$$

即

$$\sin(\widehat{\boldsymbol{a},\boldsymbol{b}})=\frac{a_{22}}{b}\cdot\frac{a_{11}}{a}-\frac{a_{21}}{b}\cdot\frac{a_{12}}{a}=\frac{a_{11}a_{22}-a_{12}a_{21}}{ab},$$

得

$$ab\sin(\widehat{\boldsymbol{a},\boldsymbol{b}})=a_{11}a_{22}-a_{12}a_{21},$$

又

$$\begin{vmatrix} a_{11} & a_{12} \\ a_{21} & a_{22} \end{vmatrix} = a_{11}a_{22} - a_{12}a_{21},$$

因此

$$S = \begin{vmatrix} a_{11} & a_{12} \\ a_{21} & a_{22} \end{vmatrix}.$$

准确地说，二阶行列式 $\begin{vmatrix} a_{11} & a_{12} \\ a_{21} & a_{22} \end{vmatrix}$ 是 xOy 平面上以向量 $\boldsymbol{a} = (a_{11}, a_{12})$，$\boldsymbol{b} = (a_{21}, a_{22})$ 为邻边的平行四边形的有向面积. 若这个平行四边形是由向量 $\boldsymbol{a}$ 沿逆时针方向转到向量 $\boldsymbol{b}$ 而得到的，则面积取正值；若这个平行四边形是由向量 $\boldsymbol{a}$ 沿顺时针方向转到向量 $\boldsymbol{b}$ 而得到的，则面积取负值.

类似地，由空间向量混合积的概念知，三阶行列式 $\begin{vmatrix} a_{11} & a_{12} & a_{13} \\ a_{21} & a_{22} & a_{23} \\ a_{31} & a_{32} & a_{33} \end{vmatrix}$ 就是三个向量 $\boldsymbol{a} = (a_{11}, a_{12}, a_{13})$，$\boldsymbol{b} = (a_{21}, a_{22}, a_{23})$，$\boldsymbol{c} = (a_{31}, a_{32}, a_{33})$ 在 $Oxyz$ 空间上张成的平行六面体的有向体积. 当 $\boldsymbol{a}$，$\boldsymbol{b}$，$\boldsymbol{c}$ 构成右手系时，体积取正值，如图 2-1-4 所示；当 $\boldsymbol{a}$，$\boldsymbol{b}$，$\boldsymbol{c}$ 构成左手系时，体积取负值.

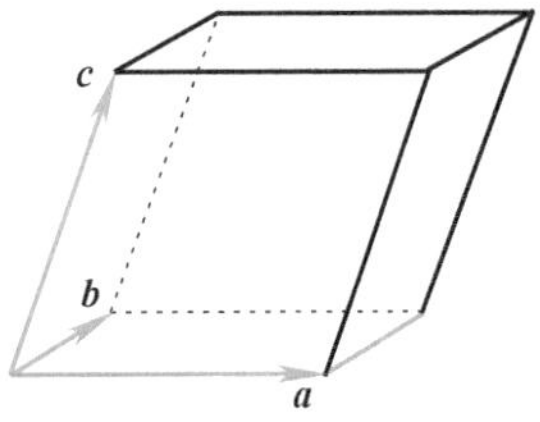

图 2-1-4

2.1.2 *n* 阶行列式

n 阶行列式可以用不同的方法定义，本书采用递归定义，即用 $n-1$ 阶行列式定义 n 阶行列式，就如同前面利用二阶行列式定义三阶行列式一样.

定义 2.1.3 n 阶方阵

$$\boldsymbol{A} = \begin{pmatrix} a_{11} & a_{12} & \cdots & a_{1n} \\ a_{21} & a_{22} & \cdots & a_{2n} \\ \vdots & \vdots & & \vdots \\ a_{n1} & a_{n2} & \cdots & a_{nn} \end{pmatrix}$$

的行列式（称为 n 阶行列式）定义为

$$D = |\boldsymbol{A}| = \begin{vmatrix} a_{11} & a_{12} & \cdots & a_{1n} \\ a_{21} & a_{22} & \cdots & a_{2n} \\ \vdots & \vdots & & \vdots \\ a_{n1} & a_{n2} & \cdots & a_{nn} \end{vmatrix} = a_{11}A_{11} + a_{12}A_{12} + \cdots + a_{1n}A_{1n},$$

其中 $A_{1j}=(-1)^{1+j}M_{1j}(j=1,2,\cdots,n)$，这里 M_{1j}为$|\boldsymbol{A}|$中划去元素 a_{1j}所在的第 1 行第 j 列元素后，余下元素按原位置关系所形成的 $n-1$ 阶行列式.

一般地，用 M_{ij}表示$|\boldsymbol{A}|$中划去元素 a_{ij}所在的第 i 行第 j 列元素后，余下元素按原位置关系所形成的 $n-1$ 阶行列式，称 M_{ij}为元素 a_{ij}的余子式，称 $A_{ij}=(-1)^{i+j}M_{ij}$为元素 a_{ij}的代数余子式.

定义 2.1.3 表明，n 阶行列式的值等于它的第一行的各元素与其对应的代数余子式的乘积之和，也形象地称之为行列式按第一行展开.

上面给出的 n 阶行列式定义通常称为行列式的递归定义.

需注意的两点是：

（1）一阶行列式记为$|a_{11}|=a_{11}$，勿与绝对值符号混淆；

（2）有时候我们会在行列式右下方写一个数字，以此强调行列式的阶数.

如 D_2，D_n 或 $\begin{vmatrix} a_{11} & a_{12} & \cdots & a_{1n} \\ a_{21} & a_{22} & \cdots & a_{2n} \\ \vdots & \vdots & & \vdots \\ a_{n1} & a_{n2} & \cdots & a_{nn} \end{vmatrix}_n$.

用递归法不难证明，当 $n\geqslant 2$ 时，n 阶行列式的展开式中共有 $n!$ 项，每项都是不同行不同列的 n 个元素之积，且带正、负号的项各占一半.

按照定义，四阶行列式的展开式中有 24 项，不易在四阶行列式中画出既有美感又不凌乱的 24 条线. 因此，只有二阶和三阶行列式有相应的对角线展开法，而四阶及以上的行列式均不用对角线展开法.

例 2.1.4　计算 n 阶对角行列式

$$D=\begin{vmatrix} \lambda_1 & & & \\ & \lambda_2 & & \\ & & \ddots & \\ & & & \lambda_n \end{vmatrix}$$

的值，其中省略未写出的元素均为 0.

解　根据行列式的定义，将 D 按第一行展开有

$$D=\lambda_1\begin{vmatrix}\lambda_2 & & & \\ & \lambda_3 & & \\ & & \ddots & \\ & & & \lambda_n\end{vmatrix}=\cdots=\lambda_1\lambda_2\cdots\lambda_n.$$

因此，对角行列式等于主对角线上元素的乘积. 同理，下三角形行列式也等于主对角线上元素的乘积. 在本章第二节也将会计算出上三角形行列式同样等于主对角线上元素的乘积，从而

$$\begin{vmatrix}a_{11} & 0 & \cdots & 0\\ a_{21} & a_{22} & \cdots & 0\\ \vdots & \vdots & & \vdots\\ a_{n1} & a_{n2} & \cdots & a_{nn}\end{vmatrix}=a_{11}a_{22}\cdots a_{nn},\quad \begin{vmatrix}a_{11} & a_{12} & \cdots & a_{1n}\\ 0 & a_{22} & \cdots & a_{2n}\\ \vdots & \vdots & & \vdots\\ 0 & 0 & \cdots & a_{nn}\end{vmatrix}=a_{11}a_{22}\cdots a_{nn}.$$

即：（上）下三角形行列式及对角行列式的值都等于其主对角线上元素的乘积. 这是行列式计算中经常要用到的一个重要结论.

例 2.1.5 计算 n 阶行列式

$$D_n=\begin{vmatrix} & & & & \lambda_n\\ & & & \lambda_{n-1} & \\ & & \iddots & & \\ & \lambda_2 & & & \\ \lambda_1 & & & & \end{vmatrix}$$

的值，它的特点是除右上角到左下角的副对角线上的元素外，其余元素全为零.

解 用递推法求之. 根据定义，有

$$D_n=\lambda_n\ (-1)^{1+n}\begin{vmatrix} & & & \lambda_{n-1}\\ & & \iddots & \\ & \lambda_2 & & \\ \lambda_1 & & & \end{vmatrix}=(-1)^{n-1}\lambda_nD_{n-1},$$

即

$$D_n=(-1)^{n-1}\lambda_nD_{n-1}.$$

依次递推可得

$$D_{n-1}=(-1)^{n-2}\lambda_{n-1}D_{n-2},\ \cdots,D_2=(-1)^1\lambda_2D_1=-\lambda_2\lambda_1,$$

所以

$$D_n=(-1)^{n-1}\lambda_n\ (-1)^{n-2}\lambda_{n-1}\cdots(-1)\lambda_2\lambda_1=(-1)^{\frac{n(n-1)}{2}}\lambda_n\lambda_{n-1}\cdots\lambda_2\lambda_1.$$

2.2 行列式的性质与计算

一般来说，用定义计算行列式，计算量相对较大. 为了简化行列式的计算，本节我们来研究行列式的性质，并利用这些性质简化行列式的计算.

2.2.1 行列式的展开与转置行列式

根据定义，n 阶行列式的值是按第一行展开得到的. 下面的定理则告诉我们，行列式也可以按第一列展开.

定理 2.2.1　设有 n 阶行列式

$$D=\begin{vmatrix} a_{11} & a_{12} & \cdots & a_{1n} \\ a_{21} & a_{22} & \cdots & a_{2n} \\ \vdots & \vdots & & \vdots \\ a_{n1} & a_{n2} & \cdots & a_{nn} \end{vmatrix},$$

则

$$D=a_{11}A_{11}+a_{21}A_{21}+\cdots+a_{n1}A_{n1}. \tag{2.2.1}$$

证　用数学归纳法.

当 $n=2$ 时，结论显然正确.

设对于 $n-1$ 阶行列式，结论是正确的. 对于 n 阶行列式，根据定义，按第一行元素展开，得

$$D=\begin{vmatrix} a_{11} & a_{12} & \cdots & a_{1n} \\ a_{21} & a_{22} & \cdots & a_{2n} \\ \vdots & \vdots & & \vdots \\ a_{n1} & a_{n2} & \cdots & a_{nn} \end{vmatrix}=a_{11}A_{11}+a_{12}A_{12}+\cdots+a_{1n}A_{1n}$$

$$=a_{11}A_{11}+(-1)^{1+2}a_{12}\begin{vmatrix} a_{21} & a_{23} & \cdots & a_{2n} \\ a_{31} & a_{33} & \cdots & a_{3n} \\ \vdots & \vdots & & \vdots \\ a_{n1} & a_{n3} & \cdots & a_{nn} \end{vmatrix}+$$

$$(-1)^{1+3}a_{13}\begin{vmatrix} a_{21} & a_{22} & a_{24} & \cdots & a_{2n} \\ a_{31} & a_{32} & a_{34} & \cdots & a_{3n} \\ \vdots & \vdots & \vdots & & \vdots \\ a_{n1} & a_{n2} & a_{n4} & \cdots & a_{nn} \end{vmatrix}+\cdots+(-1)^{1+n}a_{1n}\begin{vmatrix} a_{21} & a_{22} & \cdots & a_{2,n-1} \\ a_{31} & a_{32} & \cdots & a_{3,n-1} \\ \vdots & \vdots & & \vdots \\ a_{n1} & a_{n2} & \cdots & a_{n,n-1} \end{vmatrix}.$$

上式右端的后 $n-1$ 项中的行列式均为 $n-1$ 阶行列式. 由归

纳假设，将它们按第一列元素展开，代入上式，并分别按照元素 a_{21}，a_{31}，…，a_{n1}组合各项. 如含有 a_{21}的组合在一起，并提出 a_{21}后有

$$a_{21}\left[(-1)^{1+2}a_{12}\begin{vmatrix} a_{33} & a_{34} & \cdots & a_{3n} \\ a_{43} & a_{44} & \cdots & a_{4n} \\ \vdots & \vdots & & \vdots \\ a_{n3} & a_{n4} & \cdots & a_{nn} \end{vmatrix}+(-1)^{1+3}a_{13}\begin{vmatrix} a_{32} & a_{34} & \cdots & a_{3n} \\ a_{42} & a_{44} & \cdots & a_{4n} \\ \vdots & \vdots & & \vdots \\ a_{n2} & a_{n4} & \cdots & a_{nn} \end{vmatrix}+\cdots+\right.$$

$$\left.(-1)^{1+n}a_{1n}\begin{vmatrix} a_{32} & a_{33} & \cdots & a_{3,n-1} \\ a_{42} & a_{43} & \cdots & a_{4,n-1} \\ \vdots & \vdots & & \vdots \\ a_{n2} & a_{n3} & \cdots & a_{n,n-1} \end{vmatrix}\right],$$

而 $A_{21}=(-1)^{2+1}M_{21}=-\begin{vmatrix} a_{12} & a_{13} & \cdots & a_{1n} \\ a_{32} & a_{33} & \cdots & a_{3n} \\ \vdots & \vdots & & \vdots \\ a_{n2} & a_{n3} & \cdots & a_{nn} \end{vmatrix}$按第一行展开即为上式方括号里的各项之和，即含有 a_{21}的合并在一起之后为 $a_{21}A_{21}$.

同理可证，含有 a_{31}的合并在一起之后为 $a_{31}A_{31}$，…，含有 a_{n1}的合并在一起之后为 $a_{n1}A_{n1}$. 即

$$D=a_{11}A_{11}+a_{21}A_{21}+\cdots+a_{n1}A_{n1}.$$

证毕

进一步，还可以看到，行列式也可以按任一行、任一列展开.

定理 2.2.2 设有 n 阶行列式

$$D=\begin{vmatrix} a_{11} & a_{12} & \cdots & a_{1n} \\ a_{21} & a_{22} & \cdots & a_{2n} \\ \vdots & \vdots & & \vdots \\ a_{n1} & a_{n2} & \cdots & a_{nn} \end{vmatrix},$$

则

$$D=a_{i1}A_{i1}+a_{i2}A_{i2}+\cdots+a_{in}A_{in},i=1,2,\cdots,n, \tag{2.2.2}$$

和

$$D=a_{1j}A_{1j}+a_{2j}A_{2j}+\cdots+a_{nj}A_{nj},j=1,2,\cdots,n. \tag{2.2.3}$$

事实上，仿照定理 2.2.1 的证明，对行列式的阶数 n 使用数

学归纳法，不难得出结论.

这一结论可作为 n 阶行列式的一般定义，即：n 阶行列式可定义为按任何一行或任何一列展开（而不是只能按第一行展开）.

例 2.2.1　计算行列式

$$D=\begin{vmatrix}2 & -3 & 1 & 0\\ 5 & 4 & 3 & 3\\ 3 & 0 & 0 & 0\\ 6 & -2 & -1 & 0\end{vmatrix}.$$

解　将行列式先按第三行展开，得

$$D=3\times(-1)^{3+1}\begin{vmatrix}-3 & 1 & 0\\ 4 & 3 & 3\\ -2 & -1 & 0\end{vmatrix},$$

将上式再按第三列展开得

$$D=3\times3\times(-1)^{2+3}\begin{vmatrix}-3 & 1\\ -2 & -1\end{vmatrix}=-9\times5=-45.$$

由上述两个定理可见，在行列式中，行和列的地位是相同的，即对行成立的性质，对列也成立，反之亦然. 由此可以想象，方阵 $\boldsymbol{A}$ 和它的转置矩阵$\boldsymbol{A}^{\mathrm{T}}$ 的行列式应该是相等的.

记方阵 $\boldsymbol{A}$ 的行列式为 D，将转置矩阵$\boldsymbol{A}^{\mathrm{T}}$ 的行列式称为原行列式 D 的转置行列式，记为 D^{T}.

定理 2.2.3　行列式和它的转置行列式相等，即 $D=D^{\mathrm{T}}$.

证　用数学归纳法.

对 2 阶行列式，结论显然成立.

假设对 $n-1$ 阶行列式，结论正确. 下证对 n 阶行列式，结论亦成立. 记 D 中 a_{ij}的代数余子式为 A_{ij}，则

$$D^{\mathrm{T}}=\begin{vmatrix}a_{11} & a_{21} & \cdots & a_{n1}\\ a_{12} & a_{22} & \cdots & a_{n2}\\ \vdots & \vdots & & \vdots\\ a_{1n} & a_{2n} & \cdots & a_{nn}\end{vmatrix}$$

中元素 a_{ij}的代数余子式为 A_{ij}^{T}，由定义

$$D^{\mathrm{T}}=a_{11}A_{11}^{\mathrm{T}}+a_{21}A_{21}^{\mathrm{T}}+\cdots+a_{n1}A_{n1}^{\mathrm{T}}=a_{11}A_{11}+a_{21}A_{21}+\cdots+a_{n1}A_{n1}=D.$$

证毕

例 2.2.2　计算 n 阶上三角形行列式

$$D=\begin{vmatrix} a_{11} & a_{12} & \cdots & a_{1n} \\ 0 & a_{22} & \cdots & a_{2n} \\ \vdots & \vdots & & \vdots \\ 0 & 0 & \cdots & a_{nn} \end{vmatrix}.$$

解　由定理 2.2.3 知

$$D=D^{\mathrm{T}},$$

D^{T} 为下三角形行列式，由上节例 2.1.4 知

$$D^{\mathrm{T}}=a_{11}a_{22}\cdots a_{nn},$$

故

$$D=a_{11}a_{22}\cdots a_{nn}.$$

因此，上（下）三角形行列式及对角行列式的值都等于其主对角线上元素的乘积.

2.2.2 行列式的初等变换的性质

1. 行列式的初等变换

由例 2.2.2 可知，上三角形行列式的值等于其主对角线上元素的乘积，由于任何一个 n 阶方阵均可以经初等变换化为上三角形矩阵，所以也可以将一个行列式用初等变换化为上三角形行列式来求出其值. 下面进一步研究行列式的初等变换的性质.

性质 2.2.1　**互换行列式的两行（列），行列式的值变号.**

证　这里只讨论互换行列式两行的情形，互换两列的情形类似可证.

用数学归纳法.

当 $n=2$ 时，结论显然成立.

假设对于 $n-1$ 阶行列式，结论是正确的. 对于 n（$n\geqslant 3$）阶行列式 D，假设互换其第 i 行和第 j 行（$r_i\leftrightarrow r_j$）得行列式 D_1，将 D_1 按第 k 行（$k\neq i,k\neq j$）展开得

$$D_1=a_{k1}B_{k1}+a_{k2}B_{k2}+\cdots+a_{kn}B_{kn}.$$

其中，B_{k1}，B_{k2}，…，B_{kn} 分别表示 D_1 中元素 a_{k1}，a_{k2}，…，a_{kn} 的代数余子式. 由假设，B_{k1}，B_{k2}，…，B_{kn} 与 D 中 a_{k1}，a_{k2}，…，a_{kn} 的代数余子式 A_{k1}，A_{k2}，…，A_{kn} 有如下关系：

$$B_{kl}=-A_{kl},\quad l=1,2,\cdots,n,$$

从而 $D_1=-(a_{k1}A_{k1}+a_{k2}A_{k2}+\cdots+a_{kn}A_{kn})=-D$.　　证毕

推论 2.2.1　**若行列式有两行（列）完全相同，则行列式的值为零.**

性质 2.2.2　**行列式某行（列）的所有元素都乘以数 k，等于用数 k 乘以此行列式.**

证　行列式按第 i 行展开得

$$\begin{vmatrix} a_{11} & a_{12} & \cdots & a_{1n} \\ \vdots & \vdots & & \vdots \\ ka_{i1} & ka_{i2} & \cdots & ka_{in} \\ \vdots & \vdots & & \vdots \\ a_{n1} & a_{n2} & \cdots & a_{nn} \end{vmatrix} = \sum_{j=1}^{n} ka_{ij}A_{ij} = k\sum_{j=1}^{n} a_{ij}A_{ij} = k\begin{vmatrix} a_{11} & a_{12} & \cdots & a_{1n} \\ \vdots & \vdots & & \vdots \\ a_{i1} & a_{i2} & \cdots & a_{in} \\ \vdots & \vdots & & \vdots \\ a_{n1} & a_{n2} & \cdots & a_{nn} \end{vmatrix}.$$

同理可证明列的情形.　证毕

该性质说明，行列式某行的公因子可提到行列式符号之外.

推论 2.2.2　**若行列式中有一行（列）的元素全为零，则行列式的值为零.**

推论 2.2.3　**若行列式中有两行（列）的元素对应成比例，则行列式的值为零.**

推论 2.2.4　**设 A 是 n 阶方阵，λ 为任一实数，则 $|\lambda A|=\lambda^n|A|$.**

性质 2.2.3　**若行列式的第 i 行（列）的每个元素都可以写成两个数之和，则该行列式可以表示为两个行列式之和，且这两个行列式除第 i 行（列）外，其余行（列）与原行列式对应行（列）相同，例如：**

$$\begin{vmatrix} a_{11} & a_{12} & \cdots & a_{1n} \\ \vdots & \vdots & & \vdots \\ c_{i1}+d_{i1} & c_{i2}+d_{i2} & \cdots & c_{in}+d_{in} \\ \vdots & \vdots & & \vdots \\ a_{n1} & a_{n2} & \cdots & a_{nn} \end{vmatrix} = \begin{vmatrix} a_{11} & a_{12} & \cdots & a_{1n} \\ \vdots & \vdots & & \vdots \\ c_{i1} & c_{i2} & \cdots & c_{in} \\ \vdots & \vdots & & \vdots \\ a_{n1} & a_{n2} & \cdots & a_{nn} \end{vmatrix} + \begin{vmatrix} a_{11} & a_{12} & \cdots & a_{1n} \\ \vdots & \vdots & & \vdots \\ d_{i1} & d_{i2} & \cdots & d_{in} \\ \vdots & \vdots & & \vdots \\ a_{n1} & a_{n2} & \cdots & a_{nn} \end{vmatrix}.$$

证　将行列式按第 i 行展开，得

$$D = \sum_{k=1}^{n}(c_{ik}+d_{ik})A_{ik} = \sum_{k=1}^{n} c_{ik}A_{ik} + \sum_{k=1}^{n} d_{ik}A_{ik}$$

$$=\begin{vmatrix} a_{11} & a_{12} & \cdots & a_{1n} \\ \vdots & \vdots & & \vdots \\ c_{i1} & c_{i2} & \cdots & c_{in} \\ \vdots & \vdots & & \vdots \\ a_{n1} & a_{n2} & \cdots & a_{nn} \end{vmatrix}+\begin{vmatrix} a_{11} & a_{12} & \cdots & a_{1n} \\ \vdots & \vdots & & \vdots \\ d_{i1} & d_{i2} & \cdots & d_{in} \\ \vdots & \vdots & & \vdots \\ a_{n1} & a_{n2} & \cdots & a_{nn} \end{vmatrix}.$$

同理可证明列的情形. 证毕

例 2.2.3 计算行列式

$$D=\begin{vmatrix} 1 & -2 & 3 \\ 0 & 1 & 1 \\ 101 & 98 & 103 \end{vmatrix}.$$

解 由性质 2.2.3，有

$$D=\begin{vmatrix} 1 & -2 & 3 \\ 0 & 1 & 1 \\ 100+1 & 100-2 & 100+3 \end{vmatrix}=\begin{vmatrix} 1 & -2 & 3 \\ 0 & 1 & 1 \\ 100 & 100 & 100 \end{vmatrix}+\begin{vmatrix} 1 & -2 & 3 \\ 0 & 1 & 1 \\ 1 & -2 & 3 \end{vmatrix}$$

$$=100\begin{vmatrix} 1 & -2 & 3 \\ 0 & 1 & 1 \\ 1 & 1 & 1 \end{vmatrix}+0$$

$$=100\left(\begin{vmatrix} 1 & 1 \\ 1 & 1 \end{vmatrix}+\begin{vmatrix} -2 & 3 \\ 1 & 1 \end{vmatrix}\right)=-500.$$

下面考虑行列式某行（列）的 k 倍加到另一行（列）时行列式的变化情况.

性质 2.2.4 行列式某行（列）的 k 倍加到另一行（列），则行列式的值不变.

证 设 $D=\begin{vmatrix} a_{11} & a_{12} & \cdots & a_{1n} \\ a_{21} & a_{22} & \cdots & a_{2n} \\ \vdots & \vdots & & \vdots \\ a_{n1} & a_{n2} & \cdots & a_{nn} \end{vmatrix}$，将 D 中第 i 行的 k 倍加到第 j 行（r_j+kr_i），得

$$D_1=\begin{vmatrix} a_{11} & a_{12} & \cdots & a_{1n} \\ \vdots & \vdots & & \vdots \\ a_{i1} & a_{i2} & \cdots & a_{in} \\ \vdots & \vdots & & \vdots \\ a_{j1}+ka_{i1} & a_{j2}+ka_{i2} & \cdots & a_{jn}+ka_{in} \\ \vdots & \vdots & & \vdots \\ a_{n1} & a_{n2} & \cdots & a_{nn} \end{vmatrix}.$$

由性质 2. 2. 3 得

$$D_1=\begin{vmatrix} a_{11} & a_{12} & \cdots & a_{1n} \\ \vdots & \vdots & & \vdots \\ a_{i1} & a_{i2} & \cdots & a_{in} \\ \vdots & \vdots & & \vdots \\ a_{j1} & a_{j2} & \cdots & a_{jn} \\ \vdots & \vdots & & \vdots \\ a_{n1} & a_{n2} & \cdots & a_{nn} \end{vmatrix}+\begin{vmatrix} a_{11} & a_{12} & \cdots & a_{1n} \\ \vdots & \vdots & & \vdots \\ a_{i1} & a_{i2} & \cdots & a_{in} \\ \vdots & \vdots & & \vdots \\ ka_{i1} & ka_{i2} & \cdots & ka_{in} \\ \vdots & \vdots & & \vdots \\ a_{n1} & a_{n2} & \cdots & a_{nn} \end{vmatrix}=D+0=D.$$

同理可证明列的情形. 证毕

由性质 2. 2. 3 和性质 2. 2. 4 可以得到如下有趣的结论.

推论 2. 2. 5 $n(n\geqslant 2)$ **阶行列式中某一行（列）的各元素与另一行（列）对应元素的代数余子式的乘积之和等于零，即**

$$a_{i1}A_{j1}+a_{i2}A_{j2}+\cdots+a_{in}A_{jn}=0 \quad (i\neq j). \tag{2.2.4}$$

证 将行列式 D 的第 i 行加到第 j 行（r_j+r_i），得到

$$D=\begin{vmatrix} a_{11} & a_{12} & \cdots & a_{1n} \\ \vdots & \vdots & & \vdots \\ a_{i1} & a_{i2} & \cdots & a_{in} \\ \vdots & \vdots & & \vdots \\ a_{j1} & a_{j2} & \cdots & a_{jn} \\ \vdots & \vdots & & \vdots \\ a_{n1} & a_{n2} & \cdots & a_{nn} \end{vmatrix}=\begin{vmatrix} a_{11} & a_{12} & \cdots & a_{1n} \\ \vdots & \vdots & & \vdots \\ a_{i1} & a_{i2} & \cdots & a_{in} \\ \vdots & \vdots & & \vdots \\ a_{i1}+a_{j1} & a_{i2}+a_{j2} & \cdots & a_{in}+a_{jn} \\ \vdots & \vdots & & \vdots \\ a_{n1} & a_{n2} & \cdots & a_{nn} \end{vmatrix},$$

将右边的行列式按第 j 行展开，得

$$D=\sum_{k=1}^{n}(a_{ik}+a_{jk})A_{jk}=\sum_{k=1}^{n}a_{ik}A_{jk}+\sum_{k=1}^{n}a_{jk}A_{jk}=\sum_{k=1}^{n}a_{ik}A_{jk}+D,$$

从而 $\sum\limits_{k=1}^{n}a_{ik}A_{jk}=0$（$i\neq j$）. 同理可证明列的情形. 证毕

综合推论 2. 2. 5 和定理 2. 2. 2，可得到以下公式：

$$a_{i1}A_{j1}+a_{i2}A_{j2}+\cdots+a_{in}A_{jn}=\begin{cases} D, & i=j, \\ 0, & i\neq j. \end{cases} \tag{2.2.5}$$

这个公式称为行列式的代数余子式的性质.

由性质 2. 2. 1、性质 2. 2. 2 及性质 2. 2. 4，可将行列式的初等变换后的性质总结如下：

（1）若将行列式 D 的任意两行（列）互换得到行列式 D_1，

则 $D_1=-D$;

（2）若将行列式 D 的某一行（列）所有元素乘以 k 得到行列式 D_1，则 $D_1=kD$;

（3）若将行列式 D 中某一行（列）的 k 倍加到另一行（列）得到行列式 D_1，则 $D_1=D$.

推论 2.2.6 **n 阶方阵 $\boldsymbol{A}$ 的秩 $R(\boldsymbol{A})=n$ 的充要条件是 $|\boldsymbol{A}|\neq 0$.**

证 因为任何一个 n 阶方阵 $\boldsymbol{A}$ 都可以经过若干次初等变换化为对角矩阵

$$\boldsymbol{B}=\begin{pmatrix}\lambda_1 & & & \\ & \lambda_2 & & \\ & & \ddots & \\ & & & \lambda_n\end{pmatrix}.$$

注意到初等变换并不改变行列式为零或者不为零这一事实.

若 $R(\boldsymbol{A})=n$，则 λ_1，λ_2，…，λ_n 均不为零，即 $|\boldsymbol{B}|\neq 0$，从而有 $|\boldsymbol{A}|\neq 0$.

若 $|\boldsymbol{A}|\neq 0$，则有 $|\boldsymbol{B}|\neq 0$，即 λ_1，λ_2，…，λ_n 均不为零，从而 $R(\boldsymbol{A})=n$. 证毕

2. *行列式的初等变换的几何意义

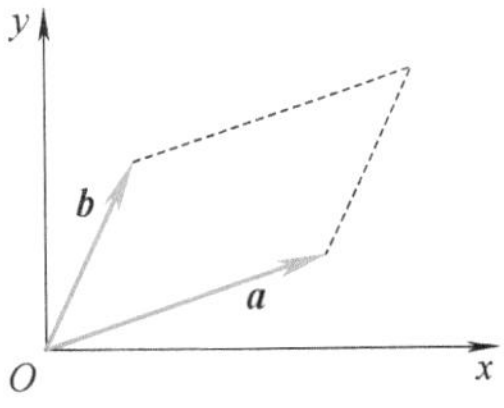

图 2-2-1

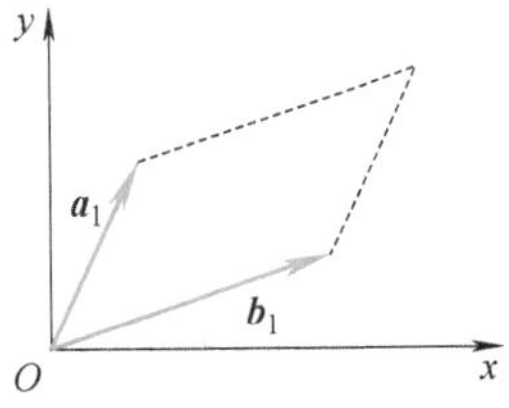

图 2-2-2

由上一节知，二阶行列式 $\begin{vmatrix}a_{11} & a_{12}\\ a_{21} & a_{22}\end{vmatrix}$ 是 xOy 平面上以向量 $\boldsymbol{a}=(a_{11},a_{12})$，$\boldsymbol{b}=(a_{21},a_{22})$ 为邻边的平行四边形的有向面积，如图 2-2-1 所示. 若该平行四边形是由向量 $\boldsymbol{a}$ 沿逆时针方向转到 $\boldsymbol{b}$ 而得到的，则面积取正值；若该平行四边形是由向量 $\boldsymbol{a}$ 沿顺时针方向转到 $\boldsymbol{b}$ 而得到的，则面积取负值.

（1）若 $D=\begin{vmatrix}a_{11} & a_{12}\\ a_{21} & a_{22}\end{vmatrix}$ 互换两行，得 $D_1=\begin{vmatrix}a_{21} & a_{22}\\ a_{11} & a_{12}\end{vmatrix}$，则 D_1 对应的平行四边形如图 2-2-2 所示，其中 $\boldsymbol{a}_1=(a_{21},a_{22})$，$\boldsymbol{b}_1=(a_{11},a_{12})$，图 2-2-1 所示的平行四边形是由向量 $\boldsymbol{a}$ 沿逆时针方向转到 $\boldsymbol{b}$ 而得，而图 2-2-2 所示的平行四边形是由向量 $\boldsymbol{a}_1$ 沿顺时针方向转到 $\boldsymbol{b}_1$ 而得，从而 $D_1=-D$.

（2）若 $D=\begin{vmatrix}a_{11} & a_{12}\\ a_{21} & a_{22}\end{vmatrix}$ 其中的某一行（不妨假设是第一行）所有元素乘以 k，得 $D_1=\begin{vmatrix}ka_{11} & ka_{12}\\ a_{21} & a_{22}\end{vmatrix}$，则 D_1 对应的平行四边形如

图 2-2-3 所示，这个平行四边形与 D 所对应的平行四边形的高 h 相同，而底边变为原来的 k 倍，所以 $D_1=kD$.

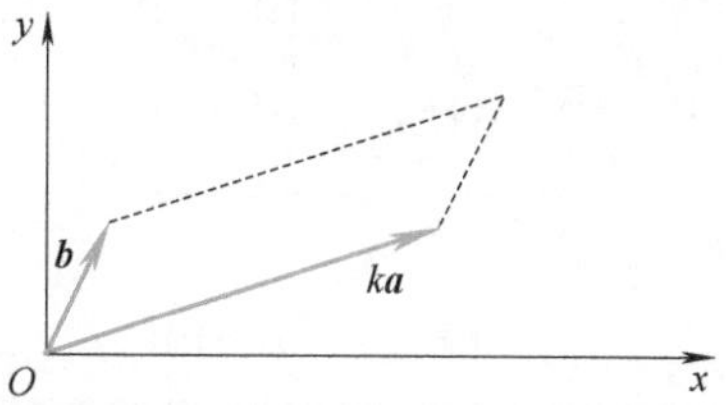

图 2-2-3

（3）若 $D=\begin{vmatrix} a_{11} & a_{12} \\ a_{21} & a_{22} \end{vmatrix}$ 第一行的 k 倍加到第二行，得 $D_1=\begin{vmatrix} a_{11} & a_{12} \\ a_{21}+ka_{11} & a_{22}+ka_{12} \end{vmatrix}$，则 D_1 对应的平行四边形如图 2-2-4 所示的阴影区域，这个平行四边形与 D 所对应的平行四边形的底是相同的，高也是相同的，故 $D_1=D$.

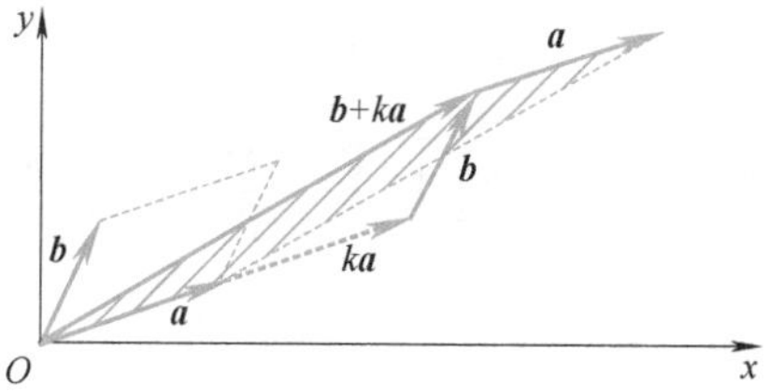

图 2-2-4

2.2.3　行列式的计算举例

下面将根据行列式的特点，结合行列式的性质，将其化为更容易计算的类型.

例 2.2.4　计算行列式

$$D=\begin{vmatrix} 2 & -8 & 6 & 8 \\ 3 & -9 & 5 & 10 \\ -3 & 0 & 7 & -2 \\ 1 & -4 & 0 & 6 \end{vmatrix}.$$

解　$$D=2\begin{vmatrix} 1 & -4 & 3 & 4 \\ 3 & -9 & 5 & 10 \\ -3 & 0 & 7 & -2 \\ 1 & -4 & 0 & 6 \end{vmatrix} \xlongequal[r_4-r_1]{\substack{r_2-3r_1 \\ r_3+3r_1}} 2\begin{vmatrix} 1 & -4 & 3 & 4 \\ 0 & 3 & -4 & -2 \\ 0 & -12 & 16 & 10 \\ 0 & 0 & -3 & 2 \end{vmatrix} \xlongequal{r_3+4r_2}$$

$$2\begin{vmatrix}1&-4&3&4\\0&3&-4&2\\0&0&0&2\\0&0&-3&2\end{vmatrix}\xlongequal{r_3\leftrightarrow r_4}2\begin{vmatrix}1&-4&3&4\\0&3&-4&-2\\0&0&-3&2\\0&0&0&2\end{vmatrix}=36.$$

例 2.2.5 计算行列式

$$D=\begin{vmatrix}1&1&1&1\\1&2&0&0\\1&0&3&0\\1&0&0&4\end{vmatrix}.$$

解 $$D=2\times3\times4\begin{vmatrix}1&1&1&1\\\frac{1}{2}&1&0&0\\\frac{1}{3}&0&1&0\\\frac{1}{4}&0&0&1\end{vmatrix}=24\begin{vmatrix}1-\frac{1}{2}-\frac{1}{3}-\frac{1}{4}&0&0&0\\\frac{1}{2}&1&0&0\\\frac{1}{3}&0&1&0\\\frac{1}{4}&0&0&1\end{vmatrix}$$

$$=24\times\left(1-\frac{1}{2}-\frac{1}{3}-\frac{1}{4}\right)=24-12-8-6=-2.$$

例 2.2.6 求解方程

$$f(x)=\begin{vmatrix}1+x&2&3\\1&2+x&3\\1&2&3+x\end{vmatrix}=0.$$

解 根据性质，有

$$f(x)=\begin{vmatrix}1+x&2&3\\1+0&2+x&3\\1+0&2&3+x\end{vmatrix}=\begin{vmatrix}1&2&3\\1&2+x&3\\1&2&3+x\end{vmatrix}+\begin{vmatrix}x&2&3\\0&2+x&3\\0&2&3+x\end{vmatrix}$$

$$=\begin{vmatrix}1&2&3\\0&x&0\\0&0&x\end{vmatrix}+x\begin{vmatrix}2+x&3\\2&3+x\end{vmatrix}=x^2+x[(2+x)(3+x)-6]=x^2(x+6)=0,$$

解得 $x_1=x_2=0$，$x_3=-6$.

例 2.2.7 计算 n 阶行列式

$$D=\begin{vmatrix}a&b&\cdots&b\\b&a&\cdots&b\\\vdots&\vdots&&\vdots\\b&b&\cdots&a\end{vmatrix}.$$

解　将第 2，3，…，n 行元素都加到第 1 行上，得

$$D=\begin{vmatrix} a+(n-1)b & a+(n-1)b & \cdots & a+(n-1)b \\ b & a & \cdots & b \\ \vdots & \vdots & & \vdots \\ b & b & \cdots & a \end{vmatrix}$$

$$=[a+(n-1)b]\begin{vmatrix} 1 & 1 & \cdots & 1 \\ b & a & \cdots & b \\ \vdots & \vdots & & \vdots \\ b & b & \cdots & a \end{vmatrix}$$

$$=[a+(n-1)b]\begin{vmatrix} 1 & 1 & \cdots & 1 \\ 0 & a-b & \cdots & 0 \\ \vdots & \vdots & & \vdots \\ 0 & 0 & \cdots & a-b \end{vmatrix}=[a+(n-1)b](a-b)^{n-1}.$$

例 2.2.8　计算 n 阶行列式

$$D=\begin{vmatrix} 1 & 3 & 4 & \cdots & n & n+1 \\ 1 & 0 & 0 & \cdots & 0 & 0 \\ 1 & 2 & 0 & \cdots & 0 & 0 \\ \vdots & \vdots & \vdots & & \vdots & \vdots \\ 1 & 2 & 2 & \cdots & 0 & 0 \\ 1 & 2 & 2 & \cdots & 2 & 0 \end{vmatrix}.$$

解　按第 n 列展开，即得

$$D=(n+1)(-1)^{1+n}\begin{vmatrix} 1 & 0 & 0 & \cdots & 0 \\ 1 & 2 & 0 & \cdots & 0 \\ \vdots & \vdots & \vdots & & \vdots \\ 1 & 2 & 2 & \cdots & 0 \\ 1 & 2 & 2 & \cdots & 2 \end{vmatrix}=(-1)^{n+1}(n+1)2^{n-2}.$$

例 2.2.9　计算 n 阶行列式

$$D_n=\begin{vmatrix} 2 & 1 & 0 & \cdots & 0 & 0 \\ 1 & 2 & 1 & \cdots & 0 & 0 \\ 0 & 1 & 2 & \cdots & 0 & 0 \\ \vdots & \vdots & \vdots & & \vdots & \vdots \\ 0 & 0 & 0 & \cdots & 2 & 1 \\ 0 & 0 & 0 & \cdots & 1 & 2 \end{vmatrix}.$$

解　按第 1 行展开，有

$$D_n=2D_{n-1}-\begin{vmatrix}1&1&0&\cdots&0&0\\0&2&1&\cdots&0&0\\0&1&2&\cdots&0&0\\\vdots&\vdots&\vdots&&\vdots&\vdots\\0&0&0&\cdots&2&1\\0&0&0&\cdots&1&2\end{vmatrix}=2D_{n-1}-D_{n-2},$$

即 $D_n-D_{n-1}=D_{n-1}-D_{n-2}$，逐次递推，可得

$$D_n-D_{n-1}=D_{n-1}-D_{n-2}=\cdots=D_2-D_1,$$

而

$$D_2=\begin{vmatrix}2&1\\1&2\end{vmatrix}=3,D_1=|2|=2,$$

故

$$D_n=(D_n-D_{n-1})+(D_{n-1}-D_{n-2})+\cdots+(D_2-D_1)+D_1=n-1+2=n+1.$$

例 2.2.10　证明 n 阶范德蒙德（Vandermonde）行列式

$$D_n=\begin{vmatrix}1&1&\cdots&1\\x_1&x_2&\cdots&x_n\\x_1^2&x_2^2&\cdots&x_n^2\\\vdots&\vdots&&\vdots\\x_1^{n-1}&x_2^{n-1}&\cdots&x_n^{n-1}\end{vmatrix}=\prod_{1\leqslant i<j\leqslant n}(x_j-x_i).$$

其中的连乘积是指所有满足条件 $1\leqslant i<j\leqslant n$ 的因子 (x_j-x_i) 的乘积，即

$$\prod_{1\leqslant i<j\leqslant n}(x_j-x_i)=(x_2-x_1)(x_3-x_1)\cdots(x_n-x_1)(x_3-x_2)(x_4-x_2)\cdots(x_n-x_2)\cdots(x_n-x_{n-1}).$$

证　用数学归纳法.

当 $n=2$ 时，$D_2=\begin{vmatrix}1&1\\x_1&x_2\end{vmatrix}=x_2-x_1$，结论成立.

假设对于 $n-1$ 阶范德蒙德行列式等式成立，即

$$\begin{vmatrix}1&1&\cdots&1\\x_1&x_2&\cdots&x_{n-1}\\x_1^2&x_2^2&\cdots&x_{n-1}^2\\\vdots&\vdots&&\vdots\\x_1^{n-2}&x_2^{n-2}&\cdots&x_{n-1}^{n-2}\end{vmatrix}=\prod_{1\leqslant i<j\leqslant n-1}(x_j-x_i),$$

则对 n 阶范德蒙德行列式 D_n，从第 n 行起，依次用上一行的 $(-x_n)$ 倍加到该行，得

$$
\begin{vmatrix}
1 & 1 & \cdots & 1 & 1 \\
x_1-x_n & x_2-x_n & \cdots & x_{n-1}-x_n & 0 \\
x_1(x_1-x_n) & x_2(x_2-x_n) & \cdots & x_{n-1}(x_{n-1}-x_n) & 0 \\
\vdots & \vdots & & \vdots & \vdots \\
x_1^{n-2}(x_1-x_n) & x_2^{n-2}(x_2-x_n) & \cdots & x_{n-1}^{n-2}(x_{n-1}-x_n) & 0
\end{vmatrix}
$$

$$
=(-1)^{n+1}(x_1-x_n)(x_2-x_n)\cdots(x_{n-1}-x_n)\begin{vmatrix}
1 & 1 & \cdots & 1 \\
x_1 & x_2 & \cdots & x_{n-1} \\
\vdots & \vdots & & \vdots \\
x_1^{n-2} & x_2^{n-2} & \cdots & x_{n-1}^{n-2}
\end{vmatrix}
$$

$$
=(x_n-x_1)(x_n-x_2)\cdots(x_n-x_{n-1})D_{n-1}.
$$

行列式的计算方法小结

由归纳假设可得

$$
D_n=(x_n-x_1)(x_n-x_2)\cdots(x_n-x_{n-1})\prod_{1\leqslant i<j\leqslant n-1}(x_j-x_i)=\prod_{1\leqslant i<j\leqslant n}(x_j-x_i).
$$

证毕

上面这些例子表明：行列式的计算是很灵活的，而且有些解法是带有技巧性的. 要想快速有效地计算一个行列式，需要做较多的练习，积累大量的经验.

*2.2.4　分块矩阵的行列式的性质

从第 1 章的学习可见，对矩阵适当分块可以简化矩阵的一些运算. 同样，对某些特殊方阵的行列式，也可通过适当分块简化行列式的计算.

定理 2.2.4　设 $\boldsymbol{A}=(a_{ij})_{k\times k}$，$\boldsymbol{B}=(b_{ij})_{n\times n}$，$\boldsymbol{C}=(c_{ij})_{k\times n}$，记 $\boldsymbol{D}=\begin{pmatrix}\boldsymbol{A} & \boldsymbol{C}\\ \boldsymbol{O} & \boldsymbol{B}\end{pmatrix}$，则 $|\boldsymbol{D}|=|\boldsymbol{A}|\cdot|\boldsymbol{B}|$.

证　利用互换两行及某一行的 λ 倍加到另一行上去，将 $\boldsymbol{A}$、$\boldsymbol{B}$ 化为上三角形矩阵，设

$$
\boldsymbol{A}\sim\begin{pmatrix}p_{11} & \cdots & p_{1k}\\ & \ddots & \vdots\\ & & p_{kk}\end{pmatrix}=\boldsymbol{A}_1,\boldsymbol{B}\sim\begin{pmatrix}q_{11} & \cdots & q_{1n}\\ & \ddots & \vdots\\ & & q_{nn}\end{pmatrix}=\boldsymbol{B}_1,
$$

则 $|\boldsymbol{A}|=(-1)^p p_{11}\cdots p_{kk}$，$|\boldsymbol{B}|=(-1)^q q_{11}\cdots q_{nn}$，其中 p，q 分别为 $\boldsymbol{A}$，$\boldsymbol{B}$ 通过初等行变换化为 $\boldsymbol{A}_1$，$\boldsymbol{B}_1$ 过程中互换两行的次数.

将化 $\boldsymbol{A}$，$\boldsymbol{B}$ 为上三角形矩阵的方法，依次用到 $\boldsymbol{D}$ 上，则有

$$
\boldsymbol{D}\sim\begin{pmatrix}\boldsymbol{A}_1 & \boldsymbol{C}_1\\ \boldsymbol{O} & \boldsymbol{B}_1\end{pmatrix},
$$

于是

$$|\boldsymbol{D}|=(-1)^{p}|\boldsymbol{A}_1|\cdot(-1)^{q}|\boldsymbol{B}_1|=|\boldsymbol{A}|\cdot|\boldsymbol{B}|.$$ 证毕

推论 2.2.7 设有分块对角矩阵 $\boldsymbol{A}=\begin{pmatrix}\boldsymbol{A}_1 & & & \\ & \boldsymbol{A}_2 & & \\ & & \ddots & \\ & & & \boldsymbol{A}_s\end{pmatrix}$，其中 $\boldsymbol{A}_i(i=1,2,\cdots,s)$ 均为方阵，省略未写出的子块均为零矩阵，则

$$|\boldsymbol{A}|=|\boldsymbol{A}_1||\boldsymbol{A}_2|\cdots|\boldsymbol{A}_s|.$$

例 2.2.11 设 $\boldsymbol{A}=\left(\begin{array}{ccc:cc:c}1 & 2 & 3 & 0 & 0 & 0\\ 0 & -1 & 2 & 0 & 0 & 0\\ 1 & 0 & 1 & 0 & 0 & 0\\ \hdashline 0 & 0 & 0 & 3 & 5 & 0\\ 0 & 0 & 0 & 1 & 4 & 0\\ \hdashline 0 & 0 & 0 & 0 & 0 & 2\end{array}\right)$，求 $|\boldsymbol{A}|$.

解 记 $\boldsymbol{A}_1=\begin{pmatrix}1 & 2 & 3\\ 0 & -1 & 2\\ 1 & 0 & 1\end{pmatrix}$，$\boldsymbol{A}_2=\begin{pmatrix}3 & 5\\ 1 & 4\end{pmatrix}$，$\boldsymbol{A}_3=(2)$，则 $\boldsymbol{A}=\begin{pmatrix}\boldsymbol{A}_1 & & \\ & \boldsymbol{A}_2 & \\ & & \boldsymbol{A}_3\end{pmatrix}$，

由推论 2.2.7，得

$$|\boldsymbol{A}|=|\boldsymbol{A}_1||\boldsymbol{A}_2||\boldsymbol{A}_3|=6\times7\times2=84.$$

定理 2.2.5 设 $\boldsymbol{A}$ 与 $\boldsymbol{B}$ 都是 n 阶方阵，则 $|\boldsymbol{AB}|=|\boldsymbol{A}||\boldsymbol{B}|$.

证 构造 $2n$ 阶行列式 $D=\begin{vmatrix}\boldsymbol{A} & \boldsymbol{O}\\ -\boldsymbol{E} & \boldsymbol{B}\end{vmatrix}$，则 $D=D^{\mathrm{T}}=\begin{vmatrix}\boldsymbol{A}^{\mathrm{T}} & -\boldsymbol{E}\\ \boldsymbol{O} & \boldsymbol{B}^{\mathrm{T}}\end{vmatrix}=|\boldsymbol{A}^{\mathrm{T}}||\boldsymbol{B}^{\mathrm{T}}|=|\boldsymbol{A}||\boldsymbol{B}|$.

设 $\boldsymbol{A}=(a_{ij})$，$\boldsymbol{B}=(b_{ij})$，即

$$D=\begin{vmatrix}a_{11} & a_{12} & \cdots & a_{1n} & 0 & 0 & \cdots & 0\\ a_{21} & a_{22} & \cdots & a_{2n} & 0 & 0 & \cdots & 0\\ \vdots & \vdots & & \vdots & \vdots & \vdots & & \vdots\\ a_{n1} & a_{n2} & \cdots & a_{nn} & 0 & 0 & \cdots & 0\\ -1 & 0 & \cdots & 0 & b_{11} & b_{12} & \cdots & b_{1n}\\ 0 & -1 & \cdots & 0 & b_{21} & b_{22} & \cdots & b_{2n}\\ \vdots & \vdots & & \vdots & \vdots & \vdots & & \vdots\\ 0 & 0 & \cdots & -1 & b_{n1} & b_{n2} & \cdots & b_{nn}\end{vmatrix}.$$

下面对 D 依次作如下初等变换:

（1）$r_1+a_{11}r_{n+1}$，$r_1+a_{12}r_{n+2}$，⋯，$r_1+a_{1n}r_{2n}$，则第一行的元素变成

$$0,0,\cdots,0,\sum_{i=1}^{n}a_{1i}b_{i1},\sum_{i=1}^{n}a_{1i}b_{i2},\cdots,\sum_{i=1}^{n}a_{1i}b_{in};$$

（2）$r_2+a_{21}r_{n+1}$，$r_2+a_{22}r_{n+2}$，⋯，$r_2+a_{2n}r_{2n}$，则第二行的元素变成

$$0,0,\cdots,0,\sum_{i=1}^{n}a_{2i}b_{i1},\sum_{i=1}^{n}a_{2i}b_{i2},\cdots,\sum_{i=1}^{n}a_{2i}b_{in};$$

$$\vdots$$

（n）$r_n+a_{n1}r_{n+1}$，$r_n+a_{n2}r_{n+2}$，⋯，$r_n+a_{nn}r_{2n}$，则第 n 行的元素变成

$$0,0,\cdots,0,\sum_{i=1}^{n}a_{ni}b_{i1},\sum_{i=1}^{n}a_{ni}b_{i2},\cdots,\sum_{i=1}^{n}a_{ni}b_{in}.$$

此时，$D=\begin{vmatrix}\boldsymbol{O} & \boldsymbol{AB}\\ -\boldsymbol{E} & \boldsymbol{B}\end{vmatrix}$，再依次作初等变换 $c_1\leftrightarrow c_{n+1}$，$c_2\leftrightarrow c_{n+2}$，⋯，$c_n\leftrightarrow c_{2n}$，得 $D=\begin{vmatrix}\boldsymbol{O} & \boldsymbol{AB}\\ -\boldsymbol{E} & \boldsymbol{B}\end{vmatrix}=(-1)^n\begin{vmatrix}\boldsymbol{AB} & \boldsymbol{O}\\ \boldsymbol{B} & -\boldsymbol{E}\end{vmatrix}=(-1)^n|\boldsymbol{AB}||-\boldsymbol{E}|=|\boldsymbol{AB}|$，所以 $|\boldsymbol{AB}|=|\boldsymbol{A}||\boldsymbol{B}|$.　证毕

该定理的结论容易推广到多个同阶方阵的乘积:

$$|\boldsymbol{A}_1\boldsymbol{A}_2\cdots\boldsymbol{A}_s|=|\boldsymbol{A}_1||\boldsymbol{A}_2|\cdots|\boldsymbol{A}_s|.$$

因此，对任意两个同阶方阵 $\boldsymbol{A}$ 和 $\boldsymbol{B}$，即使 $\boldsymbol{AB}\neq\boldsymbol{BA}$，但一定有 $|\boldsymbol{AB}|=|\boldsymbol{BA}|$.例如,

$$\boldsymbol{A}=\begin{pmatrix}1&0\\2&3\end{pmatrix},\boldsymbol{B}=\begin{pmatrix}3&1\\2&0\end{pmatrix},\text{则 }\boldsymbol{AB}=\begin{pmatrix}1&0\\2&3\end{pmatrix}\begin{pmatrix}3&1\\2&0\end{pmatrix}=\begin{pmatrix}3&1\\12&2\end{pmatrix},$$

$$\boldsymbol{BA}=\begin{pmatrix}3&1\\2&0\end{pmatrix}\begin{pmatrix}1&0\\2&3\end{pmatrix}=\begin{pmatrix}5&3\\2&0\end{pmatrix},$$

$\boldsymbol{AB}\neq\boldsymbol{BA}$，但 $|\boldsymbol{AB}|=|\boldsymbol{BA}|=-6$.

2.3　行列式在矩阵和线性方程组中的应用

2.3.1　克拉默（Cramer）法则

本节我们利用行列式来解线性方程组，这里只考虑方程个数与未知量的个数相等的情况.

定理 2.3.1（克拉默法则） **如果线性方程组**

$$\begin{cases}a_{11}x_1+a_{12}x_2+\cdots+a_{1n}x_n=b_1,\\a_{21}x_1+a_{22}x_2+\cdots+a_{2n}x_n=b_2,\\\quad\vdots\\a_{n1}x_1+a_{n2}x_2+\cdots+a_{nn}x_n=b_n\end{cases}\tag{2.3.1}$$

的系数矩阵 $\boldsymbol{A}=(a_{ij})_{n\times n}$ **的行列式**（称为系数行列式）$D=|\boldsymbol{A}|\neq 0$，**那么方程组**（2.3.1）**有唯一解，并且**

$$x_1=\frac{D_1}{D},x_2=\frac{D_2}{D},\cdots,x_n=\frac{D_n}{D}.$$

其中 D_j **是将系数行列式** D **中的第** j **列换成** $\begin{pmatrix}b_1\\b_2\\\vdots\\b_n\end{pmatrix}$ **所成的行列式，**

例如，$D_1=\begin{vmatrix}b_1&a_{12}&\cdots&a_{1n}\\b_2&a_{22}&\cdots&a_{2n}\\\vdots&\vdots&&\vdots\\b_n&a_{2n}&\cdots&a_{nn}\end{vmatrix}$.

证　将系数矩阵 $\boldsymbol{A}$ 按列分块，记 $\boldsymbol{A}=(\boldsymbol{\alpha}_1,\boldsymbol{\alpha}_2,\cdots,\boldsymbol{\alpha}_n)$，其中 $\boldsymbol{\alpha}_j=\begin{pmatrix}a_{1j}\\a_{2j}\\\vdots\\a_{nj}\end{pmatrix}$，$j=1,2,\cdots,n$，记 $\boldsymbol{b}=\begin{pmatrix}b_1\\b_2\\\vdots\\b_n\end{pmatrix}$，则线性方程组 (2.3.1) 可表示为

$$x_1\boldsymbol{\alpha}_1+x_2\boldsymbol{\alpha}_2+\cdots+x_n\boldsymbol{\alpha}_n=\boldsymbol{b}.$$

由行列式的性质知，

$$x_1|\boldsymbol{A}|=|(x_1\boldsymbol{\alpha}_1,\boldsymbol{\alpha}_2,\cdots,\boldsymbol{\alpha}_n)|=|(\boldsymbol{b}-x_2\boldsymbol{\alpha}_2-\cdots-x_n\boldsymbol{\alpha}_n,\boldsymbol{\alpha}_2,\cdots,\boldsymbol{\alpha}_n)|.$$

在右端的行列式中，将第 2 列，第 3 列，…，第 n 列分别乘以 x_2，x_3，…，x_n 后加到第 1 列，得

$$x_1|\boldsymbol{A}|=|(\boldsymbol{b},\boldsymbol{\alpha}_2,\cdots,\boldsymbol{\alpha}_n)|,\text{即 }x_1=\frac{D_1}{D}.$$

同理可得 $x_2=\dfrac{D_2}{D}$，…，$x_n=\dfrac{D_n}{D}$. 证毕

例 2.3.1　求解线性方程组

$$\begin{cases} x_1 - x_2 + x_3 - 2x_4 = 2, \\ 2x_1 - x_3 + 4x_4 = 4, \\ 3x_1 + 2x_2 + x_3 = -1, \\ -x_1 + 2x_2 - x_3 + 2x_4 = -4. \end{cases}$$

解　系数行列式

$$D = \begin{vmatrix} 1 & -1 & 1 & -2 \\ 2 & 0 & -1 & 4 \\ 3 & 2 & 1 & 0 \\ -1 & 2 & -1 & 2 \end{vmatrix} = -2 \neq 0,$$

且

$$D_1 = \begin{vmatrix} 2 & -1 & 1 & -2 \\ 4 & 0 & -1 & 4 \\ -1 & 2 & 1 & 0 \\ -4 & 2 & -1 & 2 \end{vmatrix} = -2, \quad D_2 = \begin{vmatrix} 1 & 2 & 1 & -2 \\ 2 & 4 & -1 & 4 \\ 3 & -1 & 1 & 0 \\ -1 & -4 & -1 & 2 \end{vmatrix} = 4,$$

$$D_3 = \begin{vmatrix} 1 & -1 & 2 & -2 \\ 2 & 0 & 4 & 4 \\ 3 & 2 & -1 & 0 \\ -1 & 2 & -4 & 2 \end{vmatrix} = 0, \quad D_4 = \begin{vmatrix} 1 & -1 & 1 & 2 \\ 2 & 0 & -1 & 4 \\ 3 & 2 & 1 & -1 \\ -1 & 2 & -1 & -4 \end{vmatrix} = -1,$$

故方程组有唯一解

$$x_1 = \frac{D_1}{D} = 1, \quad x_2 = \frac{D_2}{D} = -2, \quad x_3 = \frac{D_3}{D} = 0, \quad x_4 = \frac{D_4}{D} = \frac{1}{2}.$$

克拉默法则建立了解与系数及常数项之间的联系，对线性方程组的研究具有极其重要的理论意义. 但用于求解线性方程组并不方便. 如上例，用克拉默法则求解四元线性方程组需要计算 5 个 4 阶行列式，若求解五元线性方程组，其计算量更大. 更有效的求解方法我们将在第 3 章介绍.

定理 2.3.1 告诉我们，当系数行列式 $D \neq 0$ 时，线性方程组（2.3.1）必有解，且解唯一. 等价地，若线性方程组（2.3.1）有多个解或无解时，必有系数行列式 $D = 0$.

齐次线性方程组

$$\begin{cases} a_{11}x_1 + a_{12}x_2 + \cdots + a_{1n}x_n = 0, \\ a_{21}x_1 + a_{22}x_2 + \cdots + a_{2n}x_n = 0, \\ \qquad \vdots \\ a_{n1}x_1 + a_{n2}x_2 + \cdots + a_{nn}x_n = 0 \end{cases} \tag{2.3.2}$$

总有零解 $x_1 = x_2 = \cdots = x_n = 0$，但不一定有非零解. 由克拉默法则，齐次线性方程组（2.3.2）有非零解的必要条件是系数行列式 $D = 0$.

在定理 1.2.2 中已经证明，当系数矩阵 $\boldsymbol{A}$ 的秩 $R(\boldsymbol{A})<n$ 时，方程组（2.3.2）有非零解，结合推论 2.2.6 知，$D=0$ 也是方程组（2.3.2）有非零解的充分条件.

由此即得：

定理 2.3.2　齐次线性方程组（2.3.2）有非零解的充要条件是系数行列式 $D=0$.

例 2.3.2　当 k 取何值时，齐次线性方程组

$$\begin{cases} kx_1+x_2+x_3=0, \\ x_1+kx_2-x_3=0, \\ 2x_1-x_2+x_3=0 \end{cases}$$

有非零解？

解　方程组有非零解的充要条件是

$$D=\begin{vmatrix} k & 1 & 1 \\ 1 & k & -1 \\ 2 & -1 & 1 \end{vmatrix}=(k+1)(k-4)=0,$$

故当 $k=-1$ 或 $k=4$ 时有非零解.

例 2.3.3　若已知一元 n 次多项式

$$f(x)=a_0+a_1x+a_2x^2+\cdots+a_nx^n \quad (a_n\neq 0),$$

试证方程 $f(x)=0$ 至多只有 n 个不同的根.

证　反证法. 设 x_1，x_2，…，x_{n+1} 是方程 $f(x)=0$ 的 $n+1$ 个不同的根，即有

$$\begin{cases} a_0+a_1x_1+a_2x_1^2+\cdots+a_nx_1^n=0, \\ a_0+a_1x_2+a_2x_2^2+\cdots+a_nx_2^n=0, \\ \quad\vdots \\ a_0+a_1x_{n+1}+a_2x_{n+1}^2+\cdots+a_nx_{n+1}^n=0, \end{cases}$$

将上式看作关于 a_0，a_1，a_2，…，a_n 的齐次线性方程组，其系数行列式

$$\begin{vmatrix} 1 & x_1 & x_1^2 & \cdots & x_1^n \\ 1 & x_2 & x_2^2 & \cdots & x_2^n \\ \vdots & \vdots & \vdots & & \vdots \\ 1 & x_{n+1} & x_{n+1}^2 & \cdots & x_{n+1}^n \end{vmatrix}$$

是 $n+1$ 阶范德蒙德行列式的转置行列式，其值为 $\prod\limits_{1\leqslant i<j\leqslant n+1}(x_j-x_i)\neq 0$，于是方程组只有零解，即 $a_0=a_1=\cdots=a_n=0$，矛盾. 故 $f(x)=0$

至多只有 n 个不同的根.　　证毕

2.3.2 伴随矩阵与逆矩阵公式

伴随矩阵

定义 2.3.1　设 $\boldsymbol{A}=(a_{ij})_{n\times n}$，$A_{ij}$ 是元素 a_{ij} 的代数余子式，称

$$\begin{pmatrix} A_{11} & A_{21} & \cdots & A_{n1} \\ A_{12} & A_{22} & \cdots & A_{n2} \\ \vdots & \vdots & & \vdots \\ A_{1n} & A_{2n} & \cdots & A_{nn} \end{pmatrix}$$

为 $\boldsymbol{A}$ 的伴随矩阵，记作 $\boldsymbol{A}^*$ ⊖

例 2.3.4　已知 $\boldsymbol{A}=\begin{pmatrix} a & b \\ c & d \end{pmatrix}$，试求 $\boldsymbol{A}^*$.

解　求出各元素的代数余子式.

$$A_{11}=d, A_{12}=-c, A_{21}=-b, A_{22}=a,$$

得矩阵 $\boldsymbol{A}$ 的伴随矩阵

$$\boldsymbol{A}^*=\begin{pmatrix} A_{11} & A_{21} \\ A_{12} & A_{22} \end{pmatrix}=\begin{pmatrix} d & -b \\ -c & a \end{pmatrix}.$$

因此，二阶矩阵 $\boldsymbol{A}$ 的伴随矩阵 $\boldsymbol{A}^*$ 是将矩阵 $\boldsymbol{A}$ 的主对角线上的两个元素对调，而其他两个元素位置不变但变号得到的.

定理 2.3.3　设 $\boldsymbol{A}=(a_{ij})_{n\times n}$，则 $\boldsymbol{A}\boldsymbol{A}^*=\boldsymbol{A}^*\boldsymbol{A}=|\boldsymbol{A}|\boldsymbol{E}$.

证　由式（2.2.5）知，

$$a_{i1}A_{j1}+a_{i2}A_{j2}+\cdots+a_{in}A_{jn}=\begin{cases} |\boldsymbol{A}|, & i=j, \\ 0, & i\neq j, \end{cases}$$

从而

$$\boldsymbol{A}\boldsymbol{A}^*=\begin{pmatrix} a_{11} & a_{12} & \cdots & a_{1n} \\ a_{21} & a_{22} & \cdots & a_{2n} \\ \vdots & \vdots & & \vdots \\ a_{n1} & a_{n2} & \cdots & a_{nn} \end{pmatrix}\begin{pmatrix} A_{11} & A_{21} & \cdots & A_{n1} \\ A_{12} & A_{22} & \cdots & A_{n2} \\ \vdots & \vdots & & \vdots \\ A_{1n} & A_{2n} & \cdots & A_{nn} \end{pmatrix}$$

$$=\begin{pmatrix} |\boldsymbol{A}| & 0 & \cdots & 0 \\ 0 & |\boldsymbol{A}| & \cdots & 0 \\ \vdots & \vdots & & \vdots \\ 0 & 0 & \cdots & |\boldsymbol{A}| \end{pmatrix}=|\boldsymbol{A}|\boldsymbol{E},$$

⊖ 注意 A_{ij} 在伴随矩阵中位于第 j 行第 i 列. ——编辑注

同理也有

$$A^*A=|A|E.$$ 证毕

定理 2.3.4 **设 $A=(a_{ij})_{n\times n}$，则 A 可逆的充要条件是 $|A|\neq 0$.**

证 必要性. 若 A 可逆，即 A^{-1} 存在，则

$$AA^{-1}=E,|AA^{-1}|=|E|,$$

从而 $|A|\cdot|A^{-1}|=1$，故 $|A|\neq 0$.

充分性. 若 $|A|\neq 0$，由定理 2.3.3，有

$$A\frac{A^*}{|A|}=\frac{A^*}{|A|}A=E,A^{-1}=\frac{1}{|A|}A^*.$$ 证毕

推论 2.3.1 **设 $A=(a_{ij})_{n\times n}$ 可逆，则 $|A^{-1}|=\frac{1}{|A|}$.**

定理 2.3.4 不仅给出了矩阵可逆的条件，同时还提供了求逆矩阵的公式，即若 A 可逆，则 $A^{-1}=\frac{1}{|A|}A^*$.

特别地，对于二阶矩阵 $A=\begin{pmatrix}a&b\\c&d\end{pmatrix}$，若 $|A|=ad-bc\neq 0$，则有

$$A^{-1}=\frac{1}{ad-bc}\begin{pmatrix}d&-b\\-c&a\end{pmatrix}.$$

例 2.3.5

设 $A=\begin{pmatrix}1&3&0\\2&7&1\\3&6&5\end{pmatrix}$，求 A^{-1}.

解 $|A|=8\neq 0$，故 A 可逆. 求出各元素的代数余子式

$$A_{11}=\begin{vmatrix}7&1\\6&5\end{vmatrix}=29,\quad A_{12}=-\begin{vmatrix}2&1\\3&5\end{vmatrix}=-7,\quad A_{13}=\begin{vmatrix}2&7\\3&6\end{vmatrix}=-9,$$

$$A_{21}=-\begin{vmatrix}3&0\\6&5\end{vmatrix}=-15,\quad A_{22}=\begin{vmatrix}1&0\\3&5\end{vmatrix}=5,\quad A_{23}=-\begin{vmatrix}1&3\\3&6\end{vmatrix}=3,$$

$$A_{31}=\begin{vmatrix}3&0\\7&1\end{vmatrix}=3,\quad A_{32}=-\begin{vmatrix}1&0\\2&1\end{vmatrix}=-1,\quad A_{33}=\begin{vmatrix}1&3\\2&7\end{vmatrix}=1,$$

于是，有

$$A^{-1}=\frac{1}{|A|}A^*=\frac{1}{8}\begin{pmatrix}29&-15&3\\-7&5&-1\\-9&3&1\end{pmatrix}.$$

一般来说，用伴随矩阵求逆矩阵，计算量很大，需要计算 1 个 n 阶行列式及 n^2 个 $n-1$ 阶行列式，故阶数较高的矩阵不适合用伴随矩阵求逆矩阵，而会采用第 1 章所述的初等变换的方法.

例 2.3.6　设 $\boldsymbol{A}=(a_{ij})_{n\times n}$ 可逆，证明：(1) $(\boldsymbol{A}^*)^{-1}=(\boldsymbol{A}^{-1})^*$；(2) $|\boldsymbol{A}^*|=|\boldsymbol{A}|^{n-1}$.

证　(1) 因 $\boldsymbol{A}\boldsymbol{A}^*=\boldsymbol{A}^*\boldsymbol{A}=|\boldsymbol{A}|\boldsymbol{E}$，若 $\boldsymbol{A}$ 可逆，则有 $(\boldsymbol{A}^*\boldsymbol{A})^{-1}=(|\boldsymbol{A}|\boldsymbol{E})^{-1}$，即 $\boldsymbol{A}^{-1}(\boldsymbol{A}^*)^{-1}=\dfrac{1}{|\boldsymbol{A}|}\boldsymbol{E}$，同时也有 $\boldsymbol{A}^{-1}(\boldsymbol{A}^{-1})^*=|\boldsymbol{A}^{-1}|\boldsymbol{E}$，即 $\boldsymbol{A}^{-1}(\boldsymbol{A}^{-1})^*=\dfrac{1}{|\boldsymbol{A}|}\boldsymbol{E}$，从而 $(\boldsymbol{A}^*)^{-1}=(\boldsymbol{A}^{-1})^*$.

(2) 因 $|\boldsymbol{A}\boldsymbol{A}^*|=|\boldsymbol{A}|\cdot|\boldsymbol{A}^*|=||\boldsymbol{A}|\boldsymbol{E}|=|\boldsymbol{A}|^n$，从而 $|\boldsymbol{A}^*|=|\boldsymbol{A}|^{n-1}$.　证毕

2.3.3　利用行列式计算矩阵的秩

定义 2.3.2　$m\times n$ 矩阵 $\boldsymbol{A}$ 中任取 k 行 k 列，位于这 k 行 k 列交叉点上的元素按原位置次序构成的 k 阶行列式，称为矩阵 $\boldsymbol{A}$ 的一个 k 阶子式.

矩阵的秩

定义 2.3.3　矩阵 $\boldsymbol{A}$ 中阶数最高的非零子式称为 $\boldsymbol{A}$ 的**最高阶非零子式**.

定理 2.3.5　**设矩阵 $\boldsymbol{A}$ 经一次初等变换化为矩阵 $\boldsymbol{B}$，则 $\boldsymbol{A}$ 的最高阶非零子式的阶数等于 B 的最高阶非零子式的阶数.**

证　设 $\boldsymbol{A}$ 的最高阶非零子式的阶数为 r，$\boldsymbol{B}$ 的最高阶非零子式的阶数为 s. 记 M_r 为 $\boldsymbol{A}$ 的一个最高阶非零子式，下面对 A 作一次初等行变换化为矩阵 $\boldsymbol{B}$. 我们来证明 $s\geqslant r$.

(1) 若 $\boldsymbol{A}$ 经过 $r_i\leftrightarrow r_j$ 得到 $\boldsymbol{B}$，这时 M_r 或者是 $\boldsymbol{B}$ 的一个 r 阶非零子式，或者是经过互换两行后成为 $\boldsymbol{B}$ 的一个 r 阶非零子式，故 $s\geqslant r$.

(2) 若 $\boldsymbol{A}$ 经过 kr_i $(k\neq 0)$ 得到 $\boldsymbol{B}$，当 M_r 不含有 $\boldsymbol{A}$ 的第 i 行时，M_r 为矩阵 $\boldsymbol{B}$ 的一个 r 阶非零子式；当 M_r 含有第 i 行时，则 kM_r 为 $\boldsymbol{B}$ 的一个 r 阶非零子式，即也有 $s\geqslant r$.

(3) 若 $\boldsymbol{A}$ 经过 r_j+kr_i 得到 $\boldsymbol{B}$，即

$$A=\begin{pmatrix} a_{11} & a_{12} & \cdots & a_{1n} \\ \vdots & \vdots & & \vdots \\ a_{i1} & a_{i2} & \cdots & a_{in} \\ \vdots & \vdots & & \vdots \\ a_{j1} & a_{j2} & \cdots & a_{jn} \\ \vdots & \vdots & & \vdots \\ a_{m1} & a_{m2} & \cdots & a_{mn} \end{pmatrix} \sim \begin{pmatrix} a_{11} & a_{12} & \cdots & a_{1n} \\ \vdots & \vdots & & \vdots \\ a_{i1} & a_{i2} & \cdots & a_{in} \\ \vdots & \vdots & & \vdots \\ a_{j1}+ka_{i1} & a_{j2}+ka_{i2} & \cdots & a_{jn}+ka_{in} \\ \vdots & \vdots & & \vdots \\ a_{m1} & a_{m2} & \cdots & a_{mn} \end{pmatrix}=B.$$

1）若 M_r 不含有 A 的第 j 行，则 M_r 仍为 B 的一个 r 阶非零子式，此时 $s \geqslant r$.

2）若 M_r 含有 A 的第 j 行，也含有第 i 行，由行列式的性质知，B 中与 M_r 相同位置对应元素形成的 r 阶子式不为零，此时 $s \geqslant r$.

3）若 M_r 含有 A 的第 j 行，不含有第 i 行，记 B 中与 M_r 相同位置对应元素形成的 r 阶子式为 N_r，即

$$\begin{aligned} N_r &= \begin{vmatrix} \vdots & \vdots & & \vdots \\ a_{j1}+ka_{i1} & a_{j2}+ka_{i2} & \cdots & a_{jn}+ka_{in} \\ \vdots & \vdots & & \vdots \end{vmatrix} \\ &= \begin{vmatrix} \vdots & \vdots & & \vdots \\ a_{j1} & a_{j2} & \cdots & a_{jn} \\ \vdots & \vdots & & \vdots \end{vmatrix} + k \begin{vmatrix} \vdots & \vdots & & \vdots \\ a_{i1} & a_{i2} & \cdots & a_{in} \\ \vdots & \vdots & & \vdots \end{vmatrix} \\ &= M_r + kD_r. \end{aligned}$$

如果 $D_r=0$，则 $N_r=M_r\neq 0$，得 N_r 为 B 的一个 r 阶非零子式，从而 $s \geqslant r$；

如果 $D_r\neq 0$，则可将 D_r 进行适当的初等行变换使其成为 A 的一个不含第 j 行元素的 r 阶非零子式，亦是 B 的一个 r 阶非零子式，从而 $s \geqslant r$.

综上所述，$s \geqslant r$.

因为矩阵 B 也可以经过一个初等行变换化为 A，故也有 $r \geqslant s$，从而有 A 的最高阶非零子式的阶数等于 B 的最高阶非零子式的阶数.

对初等列变换同理也可以得到相应结论. 证毕

由定理 2.3.5 知，作一次初等变换不会改变最高阶非零子式的阶数，于是作有限次初等变换亦不会改变这个数值.

由于任何一个矩阵 A 都可经过有限次初等变换化为阶梯形矩

阵 $\boldsymbol{B}$，而 $\boldsymbol{B}$ 中最高阶非零子式的阶数恰好等于 $\boldsymbol{B}$ 中非零行的行数，所以有以下结论：

矩阵 A 的最高阶非零子式的阶数就是矩阵 A 的秩. 因此，我们今后也用符号 $R(\boldsymbol{A})$ 来表示矩阵 $\boldsymbol{A}$ 的最高阶非零子式的阶数. 定理 2.3.5 也告诉我们，初等变换不改变矩阵的秩，即矩阵的秩是矩阵初等变换的一个不变量.

定理 2.3.5 为我们提供了利用最高阶非零子式来求矩阵的秩的方法.

例 2.3.7　求矩阵 $\boldsymbol{A}$ 的秩，其中

$$\boldsymbol{A}=\begin{pmatrix}1&-1&-1&-1\\1&1&0&-1\\2&0&-1&-2\end{pmatrix}.$$

解　矩阵 $\boldsymbol{A}$ 的最高阶子式为三阶子式，$\boldsymbol{A}$ 的三阶子式共有 $C_4^3=4$ 个，分别是

$$\begin{array}{c}1\quad 2\quad 3\\ \begin{vmatrix}1&-1&-1\\1&1&0\\2&0&-1\end{vmatrix}\end{array},\quad \begin{array}{c}1\quad 2\quad 4\\ \begin{vmatrix}1&-1&-1\\1&1&-1\\2&0&-2\end{vmatrix}\end{array},\quad \begin{array}{c}1\quad 3\quad 4\\ \begin{vmatrix}1&-1&-1\\1&0&-1\\2&-1&-2\end{vmatrix}\end{array},\quad \begin{array}{c}2\quad 3\quad 4\\ \begin{vmatrix}-1&-1&-1\\1&0&-1\\0&-1&-2\end{vmatrix}\end{array}.$$

以上的 4 个三阶子式均为零，又由于二阶子式 $D=\begin{vmatrix}1&-1\\1&1\end{vmatrix}=2\neq 0$，从而 $R(\boldsymbol{A})=2$.

利用最高阶非零子式的阶数求矩阵的秩的方法只适用于行数或列数较小的矩阵，对于行数、列数较大的矩阵，其各阶子式众多而导致计算量较大，因而在多数情况下，我们仍然用初等行变换化矩阵为阶梯形矩阵的方法来求矩阵的秩.

例 2.3.8　求矩阵 $\boldsymbol{A}$ 的秩，其中

$$\boldsymbol{A}=\begin{pmatrix}1&1&-1&0&2\\1&0&-4&-3&1\\2&0&-8&-6&2\\1&2&2&3&3\end{pmatrix}.$$

解

$$\boldsymbol{A}=\begin{pmatrix}1&1&-1&0&2\\1&0&-4&-3&1\\2&0&-8&-6&2\\1&2&2&3&3\end{pmatrix}\xrightarrow[r_4-r_2]{\substack{r_1-r_2\\r_3-2r_2}}\begin{pmatrix}0&1&3&3&1\\1&0&-4&-3&1\\0&0&0&0&0\\0&2&6&6&2\end{pmatrix}\sim\begin{pmatrix}1&0&-4&-3&1\\0&1&3&3&1\\0&0&0&0&0\\0&0&0&0&0\end{pmatrix}=\boldsymbol{B}.$$

因行阶梯形矩阵 $\boldsymbol{B}$ 有两个非零行，从而 $R(\boldsymbol{A})=R(\boldsymbol{B})=2$.

假设 $\boldsymbol{A}$ 中最高阶非零子式是 M，则 M^{T} 是$\boldsymbol{A}^{\mathrm{T}}$ 中的最高阶非零子式. 因此也就有了下面的定理：

定理 2.3.6　$R(\boldsymbol{A})=R(\boldsymbol{A}^{\mathrm{T}})$.

在 1.4 节中已介绍，矩阵 $\boldsymbol{A}$ 左乘一个可逆矩阵 $\boldsymbol{P}$，相当于对 $\boldsymbol{A}$ 实施了一系列初等行变换；矩阵 $\boldsymbol{A}$ 右乘一个可逆矩阵 $\boldsymbol{Q}$，相当于对 $\boldsymbol{A}$ 实施了一系列初等列变换. 而初等变换并不改变矩阵的秩，因此有如下结论：

定理 2.3.7　**设 $\boldsymbol{P}$，$\boldsymbol{Q}$ 均为可逆矩阵，则** $R(\boldsymbol{A})=R(\boldsymbol{PA})=R(\boldsymbol{AQ})=R(\boldsymbol{PAQ})$.

2.4 应用实例

2.4.1 矩阵密码问题

矩阵密码可用于信息编码与解码，其中的一种是利用可逆矩阵. 先在 26 个英文字母与数字间建立起一一对应，例如可以是

$$\begin{array}{ccccc} \mathrm{A} & \mathrm{B} & \cdots & \mathrm{Y} & \mathrm{Z} \\ \updownarrow & \updownarrow & & \updownarrow & \updownarrow \\ 1 & 2 & \cdots & 25 & 26 \end{array}$$

若要发出信息“GIVEMONEY”，使用上述代码，则此信息的编码是 7，9，22，5，13，15，14，5，25，这是不加密的信息，其中 5 表示字母 E. 不幸的是，这种编码很容易被破译. 在一个较长的信息编码中，人们会根据那个出现频率最高的数值而猜出它代表的是哪个字母，比如上述编码中出现最多次的数值是 5，人们自然会想到它代表的是字母 E，因为统计规律告诉我们，字母 E 是英文单词中出现频率最高的.

我们可以利用矩阵乘法来对“明文”GIVEMONEY 进行加密，让其变成“密文”后再进行传送，以增加破译的难度. 如果一个矩阵 $\boldsymbol{A}$ 的元素均为整数，且其行列式 $|\boldsymbol{A}|=\pm1$，那么由 $\boldsymbol{A}^{-1}=\dfrac{1}{|\boldsymbol{A}|}\boldsymbol{A}^{*}$ 即知，$\boldsymbol{A}^{-1}$的元素均也为整数. 我们可以利用这样的矩阵 $\boldsymbol{A}$ 来对明文加密，使加密之后的密文很难破译. 现在取密钥矩阵

$$\boldsymbol{A}=\begin{pmatrix}1&2&1\\2&5&3\\2&3&2\end{pmatrix},$$

明文“GIVEMONEY”对应的 9 个数值按 3 列被排成矩阵

$$B=\begin{pmatrix}7&5&14\\9&13&5\\22&15&25\end{pmatrix},$$

矩阵乘积

$$AB=\begin{pmatrix}1&2&1\\2&5&3\\2&3&2\end{pmatrix}\begin{pmatrix}7&5&14\\9&13&5\\22&15&25\end{pmatrix}=\begin{pmatrix}47&46&49\\125&120&128\\85&79&93\end{pmatrix},$$

对应着将发出去的密文编码：

47, 125, 85, 46, 120, 79, 49, 128, 93,

合法用户用A^{-1}去左乘上述矩阵即可解密得到明文.

$$A^{-1}\begin{pmatrix}47&46&49\\125&120&128\\85&79&93\end{pmatrix}=\begin{pmatrix}1&-1&1\\2&0&-1\\-4&1&1\end{pmatrix}\begin{pmatrix}47&46&49\\125&120&128\\85&79&93\end{pmatrix}=\begin{pmatrix}7&5&14\\9&13&5\\22&15&25\end{pmatrix}.$$

为了构造密钥矩阵 A，我们可以从单位矩阵 E 开始，有限次地使用第三类初等行变换，而且只用某行的整数倍加到另一行. 当然，第一类初等行变换也能使用. 这样得到的矩阵 A，其元素均为整数，而且由于 $|A|=\pm1$ 可知，A^{-1}的元素必然均为整数.

2.4.2　联合收入问题

已知三家公司 X, Y, Z 具有图 2-4-1 所示的股份关系，即 X 公司掌握 Z 公司 50%的股份，Z 公司掌握 X 公司 30%的股份，而 X 公司 70%的股份不受另两家公司控制，等等.

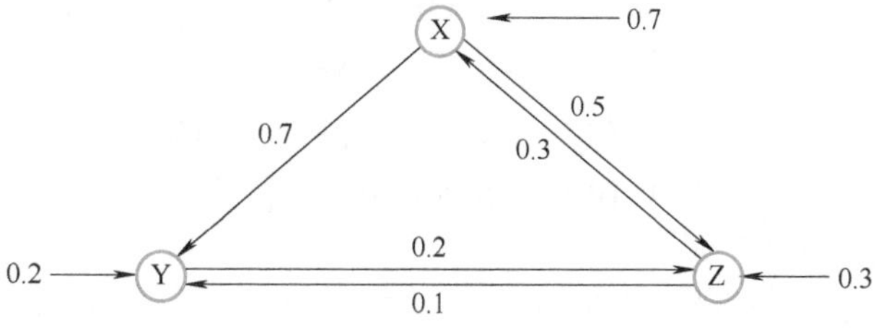

图 2-4-1

现设 X, Y 和 Z 公司各自的营业净收入分别是 12 万元、10 万元、8 万元，每家公司的联合收入是其净收入加上该公司在其他公司按股份的提成收入，每家公司的实际收入为其联合收入减去其他公司在该公司按股份的提成收入. 试确定各公司的联合收入及实际收入.

依照图 2-4-1 所示各个公司的股份比例可知，若设 X、Y、Z 三公司的联合收入分别为 x，y，z，则其实际收入分别为 $0.7x$，

0.2y，0.3z，故而现在应先求出各个公司的联合收入.

因为联合收入由两个部分组成，即营业净收入和在其他公司的提成收入，故对每个公司可列出一个方程.

X 公司的联合收入为

$$x=120000+0.7y+0.5z,$$

Y 公司的联合收入为

$$y=100000+0.2z,$$

Z 公司的联合收入为

$$z=80000+0.3x+0.1y,$$

故得线性方程组

$$\begin{cases} x-0.7y-0.5z=120000, \\ y-0.2z=100000, \\ -0.3x-0.1y+z=80000. \end{cases}$$

因系数行列式

$$|\boldsymbol{A}|=\begin{vmatrix} 1 & -0.7 & -0.5 \\ 0 & 1 & -0.2 \\ -0.3 & -0.1 & 1 \end{vmatrix}=0.788\neq 0,$$

故由克拉默法则知，此方程组有唯一解. 结合

$$|\boldsymbol{A}_1|=\begin{vmatrix} 120000 & -0.7 & -0.5 \\ 100000 & 1 & -0.2 \\ 80000 & -0.1 & 1 \end{vmatrix}=243800,$$

$$|\boldsymbol{A}_2|=\begin{vmatrix} 1 & 120000 & -0.5 \\ 0 & 100000 & -0.2 \\ -0.3 & 80000 & 1 \end{vmatrix}=108200,$$

$$|\boldsymbol{A}_3|=\begin{vmatrix} 1 & -0.7 & 120000 \\ 0 & 1 & 100000 \\ -0.3 & -0.1 & 80000 \end{vmatrix}=147000,$$

解得 $x=\dfrac{|\boldsymbol{A}_1|}{|\boldsymbol{A}|}\approx 309390.86$（元），$y=\dfrac{|\boldsymbol{A}_2|}{|\boldsymbol{A}|}\approx 137309.64$（元），$z=\dfrac{|\boldsymbol{A}_3|}{|\boldsymbol{A}|}\approx 186548.22$（元），

于是 X 公司的联合收入为 309390.86 元，实际收入为

$$0.7\times 309390.86\approx 216573.60(\text{元}).$$

Y 公司的联合收入为 137309.64（元），实际收入为

$$0.2\times 137309.64\approx 27461.93(\text{元}).$$

Z 公司的联合收入为 186548.22（元），实际收入为

$$0.3\times 186548.22\approx 55964.47(\text{元}).$$

2.5 MATLAB 实验 2

2.5.1 符号运算

MATLAB 不仅具有数值运算功能，还开发了在 MATLAB 环境下实现符号计算的工具包 Symbolic Math Toolbox，通过这个工具包，可以实现以符号表示的各类数据的运算. 符号运算与数值运算的区别在于：①数值运算的变量不需要定义，但是要赋值才能参与运算. 符号运算中的符号不需要赋值，但是要声明，运算结果以符号的形式表示. ②数值运算的结果是以小数的形式表示，精度有限制，而符号运算可以获得任意精度的结果.

1. 符号矩阵的创建

```
>> A=sym('[a, 2* b ; 3* a, 0]')
A =
[   a, 2* b]                   % 符号矩阵,注意与数值矩阵在表现形
                                 式上的差异
[ 3* a,   0]
```

2. 数值矩阵和符号矩阵相互转换

```
>> A=[1/4,2.3;1/0.6,2/7]% 数值矩阵
A =
    0.2500    2.3000
    1.6667    0.2857
>> B=sym(A)                    % 数值矩阵转换为符号矩阵
B =
[ 1/4, 23/10]
[ 5/3,   2/7]
>> C=double(B)                 % 符号矩阵转换为数值矩阵
C =
    0.2500    2.3000
    1.6667    0.2857
```

3. 符号变量的声明和使用

```
>> syms p                      % 声明符号变量
>> A=[0 1;-2 -3];
>> B=(p* eye(2)-A)             % 生成符号矩阵
B =
[ p,    -1]
[ 2, p + 3]
>> C=inv(B)                    % 求符号矩阵的逆矩阵
```

```
C =
[ (p + 3)/(p^2 + 3* p + 2), 1/(p^2 + 3* p + 2)]
[       -2/(p^2 + 3* p + 2), p/(p^2 + 3* p + 2)]
```

2.5.2 行列式的计算

```
>> A=round(rand(4)* 10)
A =
    8    6    10    10
    9    1    10     5
    1    3     2     8
    9    5    10     1
>> D1=det(A)                % 计算数值矩阵的行列式
D1 =
    -72.0000
>> syms a b c x             % 定义符号变量
>> B=[a b; c x]
B =                         % 定义符号矩阵
[ a, b]
[ c, x]
>> D2=det(B)                % 计算符号矩阵的行列式
D2 =
    a* x - b* c
```

2.5.3 求解线性方程组

1. 已知非齐次线性方程组$\begin{cases} x_1-x_2+x_3-2x_4=2, \\ 2x_1-x_3+4x_4=4, \\ 3x_1+2x_2+x_3=-1, \\ -x_1+2x_2-x_3+2x_4=-4, \end{cases}$请用下列方法求解该方程组：

（1）求逆矩阵法；（2）矩阵左除法；（3）初等行变换法；（4）克拉默法则.

```
>>A=[1 -1 1 -2;2 0 -1 4;3 2 1 0;-1 2 -1 2];
>> b=[2;4;-1;-4];
```

（1）求逆矩阵法

```
>> x=inv(A)* b
x =
     1.0000
    -2.0000
          0
```

```
    0.5000
```

（2）矩阵左除法

```
>> x=A\b
x =
    1.0000
   -2.0000
   -0.0000
    0.5000
```

（3）初等行变换法

```
U=rref([A,b])
U =
    1.0000         0         0         0    1.0000
         0    1.0000         0         0   -2.0000
         0         0    1.0000         0         0
         0         0         0    1.0000    0.5000
```

说明：矩阵 $\boldsymbol{U}$ 为方程增广矩阵的行最简形矩阵，矩阵最后一列为方程组的解.

（4）克拉默法则

```
>> D=det(A);
>> D1=det([2 -1 1 -2;4 0 -1 4;-1 2 1 0;-4 2 -1 2])
>> D2=det([1 2 1 -2;2 4 -1 4;3 -1 1 0;-1 -4 -1 2])
>> D3=det([1 -1 2 -2;2 0 4 4;3 2 -1 0;-1 2 -4 2])
>> D4=det([1 -1 1 2;2 0 -1 4;3 2 1 -1;-1 2 -1 -4])
>> x1=D1/D;x2=D2/D;x3=D3/D;x4=D4/D;
>> x=[x1;x2;x3;x4]
x =
    1.0000
   -2.0000
   -0.0000
    0.5000
```

2. 求解行列式方程

$$\begin{vmatrix} 3 & 2 & 1 & 1 \\ 3 & 2 & 2-x^2 & 1 \\ 5 & 1 & 3 & 2 \\ 7-x^2 & 1 & 3 & 2 \end{vmatrix} = 0.$$

```
>> syms x
>> A=[3 2 1 1;3 2 2-x^2,1;5 1 3 2;7-x^2,1 3 2]
A =
[      3, 2,      1, 1]
```

```
[       3, 2, 2 - x^2, 1]
[       5, 1,       3, 2]
[ 7 - x^2, 1,       3, 2]
>> D=det(A)
D =-3* (x^2 - 1)* (x^2 - 2)
>>  f=factor(D)
f =[ -3, x - 1, x + 1, x^2 - 2]
>> X=solve(D)
X =
    -1
     1
     2^(1/2)
    -2^(1/2)
```

2.5.4 MATLAB 练习 2

请读者在 MATLAB 软件中完成以下练习：

1. 用 MATLAB 软件生成以下符号矩阵：

(1) $\boldsymbol{M}=\begin{pmatrix} m & a & t \\ l & a & b \\ c & n & s \end{pmatrix}$；　　(2) $\boldsymbol{N}=\begin{pmatrix} 8 & 2 & 3 \\ 1 & 5 & 4 \\ 6 & 1 & 5 \end{pmatrix}$.

2. 行列式计算：

(1) 分别求第 1 题中矩阵 $\boldsymbol{M}$, $\boldsymbol{N}$ 的行列式；

(2) 求下列含符号变量的行列式：

$$\boldsymbol{M}=\begin{pmatrix} 1-x & x & 0 & 0 & 0 \\ -1 & 1-x & x & 0 & 0 \\ 0 & -1 & 1-x & x & 0 \\ 0 & 0 & -1 & 1-x & x \\ 0 & 0 & 0 & -1 & 1-x \end{pmatrix}.$$

3. 已知非齐次线性方程组

$$\begin{cases} 12x_1+4x_2+6x_3+8x_4+10x_5=160, \\ 4x_1-6x_2+14x_3+20x_4+26x_5=118, \\ 6x_1+10x_2+22x_3-32x_4+42x_5=180, \\ -4x_1+14x_2-14x_3-14x_4-4x_5=-44, \\ 14x_1+6x_2-10x_3+6x_4+20x_5=170, \end{cases}$$

第 2 章复习

使用 MATLAB 软件分别用下列方法求解该方程组：

(1) 求逆矩阵法；(2) 矩阵左除法；(3) 初等行变换法；(4) 克拉默法则.

习题 2

1. 填空题：

（1）若 $\begin{vmatrix} k & 2 & 1 \\ 2 & k & 0 \\ 1 & -1 & 1 \end{vmatrix}=0$，则 $k=$ ________.

（2）在行列式 $\begin{vmatrix} 1 & 2 & a \\ 2 & 0 & 3 \\ 3 & 6 & 9 \end{vmatrix}$ 中，余子式 $M_{21}=3$，则 $a=$ ________.

（3）已知方程 $x^3+px+q=0$ 的三个根 x_1，x_2，x_3 满足 $x_1+x_2+x_3=0$，$x_1x_2x_3=-q$，则 $\begin{vmatrix} x_1 & x_2 & x_3 \\ x_3 & x_1 & x_2 \\ x_2 & x_3 & x_1 \end{vmatrix}=$ ________.

（4）已知 $\begin{vmatrix} a_{11} & a_{12} & a_{13} \\ a_{21} & a_{22} & a_{23} \\ a_{31} & a_{32} & a_{33} \end{vmatrix}=2$，则 $\begin{vmatrix} -2a_{11} & -2a_{12} & -2a_{13} \\ -2a_{31} & -2a_{32} & -2a_{33} \\ -2a_{21} & -2a_{22} & -2a_{23} \end{vmatrix}=$ ________.

（5）已知 3 阶行列式 D 中第 3 列元素依次为 1，3，−2，且对应的余子式依次为 3，−2，1，则 $D=$ ________.

（6）4 阶行列式 $\begin{vmatrix} 3 & 2 & 0 & 0 \\ 4 & 3 & 0 & 0 \\ 0 & 0 & 2 & 1 \\ 0 & 0 & 3 & 2 \end{vmatrix}=$ ________.

（7）若 $\boldsymbol{A}$，$\boldsymbol{B}$ 均为 3 阶方阵，且 $|\boldsymbol{A}|=2$，$\boldsymbol{B}=-2\boldsymbol{E}$，则 $|\boldsymbol{AB}|=$ ________.

（8）方程组 $\begin{cases} \lambda x_1+x_2+x_3=0, \\ x_1+\lambda x_2+x_3=0, \\ 3x_1-x_2+x_3=0 \end{cases}$ 有非零解，则 $\lambda=$ ________.

（9）设 2 阶矩阵 $\boldsymbol{A}=\begin{pmatrix} 2 & 0 \\ 2 & 3 \end{pmatrix}$，则 $\boldsymbol{A}^*\boldsymbol{A}=$ ________.

（10）当 $ad\neq bc$ 时，$\begin{pmatrix} a & b \\ c & d \end{pmatrix}^{-1}=$ ________.

2. 计算下列 3 阶行列式：

（1）$\begin{vmatrix} 1 & 1 & 1 \\ 3 & 1 & 4 \\ 8 & 9 & 5 \end{vmatrix}$；

（2）$\begin{vmatrix} 1+a_1 & 2+a_1 & 3+a_1 \\ 1+a_2 & 2+a_2 & 3+a_2 \\ 1+a_3 & 2+a_3 & 3+a_3 \end{vmatrix}$；

（3）$\begin{vmatrix} -ab & ac & ae \\ bd & -cd & de \\ bf & cf & -ef \end{vmatrix}$；

（4）$\begin{vmatrix} x-1 & -1 & 0 \\ -1 & x & -1 \\ 0 & -1 & x-1 \end{vmatrix}$.

3. 计算下列 4 阶行列式：

（1）$\begin{vmatrix} 2 & 1 & 4 & 1 \\ 3 & -1 & 2 & 1 \\ 1 & 2 & 3 & 2 \\ 5 & 0 & 6 & 2 \end{vmatrix}$；

（2）$\begin{vmatrix} 2 & 1 & 1 & 1 \\ 4 & 2 & 1 & -1 \\ 201 & 102 & -99 & 98 \\ 1 & 2 & 1 & -2 \end{vmatrix}$；

（3）$\begin{vmatrix} 0 & 0 & a & 0 \\ b & 0 & 0 & 0 \\ 0 & c & 0 & d \\ 0 & 0 & e & f \end{vmatrix}$；

（4）$\begin{vmatrix} 1 & 2 & 3 & 4 \\ -a & a & 0 & 0 \\ -a & 0 & a & 0 \\ -a & 0 & 0 & a \end{vmatrix}$.

4. 设 $\begin{vmatrix} 0 & a & x & a \\ a & 0 & a & x \\ x & a & 0 & a \\ a & x & a & 0 \end{vmatrix}=0$，求 x.

5. 计算下列 n 阶行列式：

(1) $\begin{vmatrix} a & & & & 1 \\ & a & & & \\ & & \ddots & & \\ & & & a & \\ 1 & & & & a \end{vmatrix}$（未列出的元素均为0）；

(2) $\begin{vmatrix} 1 & 1 & 1 & \cdots & 1 \\ 2 & 2^2 & 2^3 & \cdots & 2^n \\ 3 & 3^2 & 3^3 & \cdots & 3^n \\ \vdots & \vdots & \vdots & & \vdots \\ n & n^2 & n^3 & \cdots & n^n \end{vmatrix}$.

6. 设行列式 $D=\begin{vmatrix} 1 & 5 & 7 & 8 \\ 1 & 1 & 1 & 1 \\ 2 & 0 & 3 & 6 \\ 1 & 2 & 3 & 4 \end{vmatrix}$，设 M_{ij}，A_{ij} 分别表示 a_{ij} 的余子式和代数余子式，求 $A_{41}+A_{42}+A_{43}+A_{44}$ 及 $M_{41}+M_{42}+M_{43}+M_{44}$.

7. 已知 $\boldsymbol{A}$ 为 3 阶方阵且 $|\boldsymbol{A}|=5$，$\boldsymbol{B}$ 为 2 阶方阵且 $|\boldsymbol{B}|=3$，计算 $\begin{vmatrix} -2\boldsymbol{A} & \boldsymbol{O} \\ \boldsymbol{O} & -\boldsymbol{B} \end{vmatrix}$.

8. 判定齐次线性方程组 $\begin{cases} x_1+3x_2+2x_3=0, \\ 2x_1-x_2+3x_3=0, \\ 3x_1+2x_2-x_3=0 \end{cases}$ 有无非零解.

9. 设非齐次线性方程组 $\begin{cases} 3x_1+kx_2-x_3=1, \\ 4x_2+x_3=2, \\ kx_1-5x_2-x_3=3 \end{cases}$ 有多个解或无解，求常数 k.

10. 已知 $\boldsymbol{A}$ 为 3 阶方阵，且 $|\boldsymbol{A}|=\dfrac{1}{2}$，求 $|(2\boldsymbol{A})^{-1}-5\boldsymbol{A}^*|$.

11. 试求下列矩阵的逆矩阵：

(1) $\begin{pmatrix} 1 & 0 & 0 \\ 1 & 1 & 0 \\ 1 & -1 & 1 \end{pmatrix}$；　(2) $\begin{pmatrix} 0 & 0 & 3 \\ 0 & 2 & 0 \\ 1 & 0 & 0 \end{pmatrix}$.

12. 已知

$$\boldsymbol{A}=\begin{pmatrix} 0 & 0 & 0 & 1 & -1 \\ 1 & 1 & 3 & -2 & -1 \\ 2 & 4 & 6 & -8 & 0 \\ -1 & -1 & -3 & 1 & 2 \end{pmatrix},$$

试求 $\boldsymbol{A}$ 的秩 $R(\boldsymbol{A})$.

13. 设 $\boldsymbol{A}$ 为 n（$n\geqslant 2$）阶矩阵，且 $R(\boldsymbol{A})<n-1$，证明 $\boldsymbol{A}^*=\boldsymbol{O}$.

第 3 章 线性方程组解的结构

线性方程组的应用是非常广泛的，例如，化学反应方程的配平问题、网络流的管理问题、投入产出问题、产品的调配问题等，在经济、科学和工程中所涉及的诸如此类的线性模型，都可以用线性方程组来描述. 即使是非线性的数学模型，我们也常用线性模型来近似. 因此，研究线性方程组的解及解的结构就很重要，它可以帮助我们科学地解决实际问题. 由前两章的知识可知，齐次线性方程组可能有唯一解、无穷多解；非齐次线性方程组可能有唯一解、无穷多解或是无解. 本章我们将借助向量空间中向量组的线性相关性理论来讨论线性方程组解的结构，即讨论在增广矩阵满足什么样的条件下，这三种情况中哪种情形会发生，且当此方程组有无穷多个解时，这些解之间有什么样的代数结构. 本章所讨论的向量如无特别说明均指列向量.

3.1 向量组的线性相关性

非齐次线性方程组有解与否与列向量组的线性相关性有密切联系，故本节将讨论与列向量组的线性相关性有关的概念及性质.

3.1.1 线性方程组的向量表示

如果把线性方程组

$$\begin{cases} a_{11}x_1+a_{12}x_2+\cdots+a_{1n}x_n=b_1, \\ a_{21}x_1+a_{22}x_2+\cdots+a_{2n}x_n=b_2, \\ \qquad \vdots \\ a_{m1}x_1+a_{m2}x_2+\cdots+a_{mn}x_n=b_m \end{cases} \tag{3.1.1}$$

的系数矩阵

$$\boldsymbol{A}=\begin{pmatrix} a_{11} & a_{12} & \cdots & a_{1n} \\ a_{21} & a_{22} & \cdots & a_{2n} \\ \vdots & \vdots & & \vdots \\ a_{m1} & a_{m2} & \cdots & a_{mn} \end{pmatrix}$$

表示成列向量组，即 $\boldsymbol{A}=(\boldsymbol{\alpha}_1,\boldsymbol{\alpha}_2,\cdots,\boldsymbol{\alpha}_n)$，则方程组（3.1.1）既可以表示成矩阵方程 $\boldsymbol{Ax}=\boldsymbol{b}$，也可以表示成向量形式

$$x_1\boldsymbol{\alpha}_1+x_2\boldsymbol{\alpha}_2+\cdots+x_n\boldsymbol{\alpha}_n=\boldsymbol{b}, \tag{3.1.2}$$

其中

$$\boldsymbol{\alpha}_i=\begin{pmatrix}a_{1i}\\a_{2i}\\\vdots\\a_{mi}\end{pmatrix},\ i=1,2,\cdots,n,\ \boldsymbol{x}=\begin{pmatrix}x_1\\x_2\\\vdots\\x_m\end{pmatrix},\ \boldsymbol{b}=\begin{pmatrix}b_1\\b_2\\\vdots\\b_m\end{pmatrix}.$$ 此时我们称式（3.1.2）为线性方程组（3.1.1）的**向量表示**. 称和 $x_1\boldsymbol{\alpha}_1+x_2\boldsymbol{\alpha}_2+\cdots+x_n\boldsymbol{\alpha}_n$ 为向量组 $\boldsymbol{\alpha}_1,\boldsymbol{\alpha}_2,\cdots,\boldsymbol{\alpha}_n$ 的**线性组合**. 此时也称**向量 $\boldsymbol{b}$ 能被向量组 $\boldsymbol{\alpha}_1,\boldsymbol{\alpha}_2,\cdots,\boldsymbol{\alpha}_n$ 线性表示**，表示系数为 $x_1,x_2,\cdots,x_n$. 于是，方程组（3.1.1）有解等价于向量 $\boldsymbol{b}$ 可以表示成 $\boldsymbol{A}$ 的列向量组的一个线性组合，表示系数即为方程组（3.1.1）的解.

线性相关性

例 3.1.1 写出线性方程组 $\begin{cases}x_1+x_2+x_3=3,\\2x_1+3x_2+4x_3=8,\\-x_1+x_2+3x_3=1\end{cases}$ 的向量表示.

解 所给方程组的系数矩阵 $\boldsymbol{A}=(\boldsymbol{\alpha}_1,\boldsymbol{\alpha}_2,\boldsymbol{\alpha}_3)=\begin{pmatrix}1&1&1\\2&3&4\\-1&1&3\end{pmatrix}$，$\boldsymbol{b}=\begin{pmatrix}3\\8\\1\end{pmatrix}$，向量表示为

$$x_1\begin{pmatrix}1\\2\\-1\end{pmatrix}+x_2\begin{pmatrix}1\\3\\1\end{pmatrix}+x_3\begin{pmatrix}1\\4\\3\end{pmatrix}=\begin{pmatrix}3\\8\\1\end{pmatrix}.$$

例 3.1.2 设向量 $\boldsymbol{\alpha}_1,\boldsymbol{\alpha}_2,\boldsymbol{\alpha}_3,\boldsymbol{b}_1,\boldsymbol{b}_2$ 分别为

$$\boldsymbol{\alpha}_1=\begin{pmatrix}1\\2\\-1\end{pmatrix},\ \boldsymbol{\alpha}_2=\begin{pmatrix}1\\3\\1\end{pmatrix},\ \boldsymbol{\alpha}_3=\begin{pmatrix}1\\4\\3\end{pmatrix},\ \boldsymbol{b}_1=\begin{pmatrix}3\\8\\1\end{pmatrix},\ \boldsymbol{b}_2=\begin{pmatrix}2\\5\\1\end{pmatrix},$$

试将向量 $\boldsymbol{b}_1,\boldsymbol{b}_2$ 分别表示成向量组 $\boldsymbol{\alpha}_1,\boldsymbol{\alpha}_2,\boldsymbol{\alpha}_3$ 的线性组合.

解 如果 $\boldsymbol{A}=(\boldsymbol{\alpha}_1,\boldsymbol{\alpha}_2,\boldsymbol{\alpha}_3)=\begin{pmatrix}1&1&1\\2&3&4\\-1&1&3\end{pmatrix}$，把 $\boldsymbol{b}_1$ 表示成向量组 $\boldsymbol{\alpha}_1,\boldsymbol{\alpha}_2,\boldsymbol{\alpha}_3$ 的线性组合等价于求解非齐次线性方程组

$$\begin{cases} x_1+x_2+x_3=3, \\ 2x_1+3x_2+4x_3=8, \\ -x_1+x_2+3x_3=1. \end{cases}$$

对该方程组的增广矩阵作初等行变换化为行最简形矩阵，得

$$\boldsymbol{B}_1=(\boldsymbol{A} \vdots \boldsymbol{b}_1)=\begin{pmatrix} 1 & 1 & 1 & 3 \\ 2 & 3 & 4 & 8 \\ -1 & 1 & 3 & 1 \end{pmatrix} \sim \begin{pmatrix} 1 & 0 & -1 & 1 \\ 0 & 1 & 2 & 2 \\ 0 & 0 & 0 & 0 \end{pmatrix},$$

对应的方程组为

$$\begin{cases} x_1=1+x_3, \\ x_2=2-2x_3, \end{cases}$$

其中 x_3 是自由未知量. 于是该方程组有无穷多解，因此$\boldsymbol{b}_1$ 可以用无穷多种方法表示成$\boldsymbol{\alpha}_1$，$\boldsymbol{\alpha}_2$，$\boldsymbol{\alpha}_3$ 的线性组合.

例如，取 $x_3=1$ 得到 $x_1=2$，$x_2=0$，即

$$\boldsymbol{b}_1=2\boldsymbol{\alpha}_1+0\boldsymbol{\alpha}_2+\boldsymbol{\alpha}_3,$$

亦即

$$\begin{pmatrix} 3 \\ 8 \\ 1 \end{pmatrix}=2\begin{pmatrix} 1 \\ 2 \\ -1 \end{pmatrix}+0\begin{pmatrix} 1 \\ 3 \\ 1 \end{pmatrix}+\begin{pmatrix} 1 \\ 4 \\ 3 \end{pmatrix}.$$

同样地，把 $\boldsymbol{b}_2$ 表示成向量$\boldsymbol{\alpha}_1$，$\boldsymbol{\alpha}_2$，$\boldsymbol{\alpha}_3$ 的线性组合，实质是求解非齐次线性方程组 $\boldsymbol{Ax}=\boldsymbol{b}_2$，对其增广矩阵作初等行变换，得

$$\boldsymbol{B}_2=(\boldsymbol{A} \vdots \boldsymbol{b}_2)=\begin{pmatrix} 1 & 1 & 1 & 2 \\ 2 & 3 & 4 & 5 \\ -1 & 1 & 3 & -1 \end{pmatrix} \sim \begin{pmatrix} 1 & 0 & -1 & 1 \\ 0 & 1 & 2 & 1 \\ 0 & 0 & 0 & -1 \end{pmatrix}.$$

于是得到矛盾方程 $0=-1$，即方程组 $\boldsymbol{Ax}=\boldsymbol{b}_2$ 无解. 因此$\boldsymbol{b}_2$ 不能表示成向量$\boldsymbol{\alpha}_1$，$\boldsymbol{\alpha}_2$，$\boldsymbol{\alpha}_3$ 的线性组合.

从上述例子可以看出，非齐次线性方程组 $\boldsymbol{Ax}=\boldsymbol{b}$ 无解、有唯一解、有无穷多解对应着：向量 $\boldsymbol{b}$ 不能被向量组$\boldsymbol{\alpha}_1$，$\boldsymbol{\alpha}_2$，…，$\boldsymbol{\alpha}_n$ 线性表示；向量 $\boldsymbol{b}$ 能被向量组$\boldsymbol{\alpha}_1$，$\boldsymbol{\alpha}_2$，…，$\boldsymbol{\alpha}_n$ 线性表示，且表示系数唯一；向量 $\boldsymbol{b}$ 能被向量组$\boldsymbol{\alpha}_1$，$\boldsymbol{\alpha}_2$，…，$\boldsymbol{\alpha}_n$ 线性表示，且表示系数不唯一. 而这些关系与下面要介绍的向量组的线性相关性概念有本质的联系.

3.1.2 向量组线性相关与线性无关的概念

为避免零向量与数值零之间混淆，用 $\boldsymbol{0}$ 记 m 维的零向量，其分量全为零，即

$$\mathbf{0}=\begin{pmatrix}0\\0\\\vdots\\0\end{pmatrix}.$$

于是，齐次线性方程组

$$\begin{cases}a_{11}x_1+a_{12}x_2+\cdots+a_{1n}x_n=0,\\a_{21}x_1+a_{22}x_2+\cdots+a_{2n}x_n=0,\\\qquad\vdots\\a_{m1}x_1+a_{m2}x_2+\cdots+a_{mn}x_n=0\end{cases}\tag{3.1.3}$$

可以表示成矩阵方程 $\boldsymbol{Ax}=\mathbf{0}$，其中 $\boldsymbol{A}=(\boldsymbol{\alpha}_1,\boldsymbol{\alpha}_2,\cdots,\boldsymbol{\alpha}_n)$，于是式(3.1.3)也可以表示成向量形式

$$x_1\boldsymbol{\alpha}_1+x_2\boldsymbol{\alpha}_2+\cdots+x_n\boldsymbol{\alpha}_n=\mathbf{0}.\tag{3.1.4}$$

齐次线性方程组(3.1.3)总有零解(也称为平凡解) $x_1=x_2=\cdots=x_n=0$. 故在式(3.1.4)中，通过取 $x_1=x_2=\cdots=x_n=0$，$\mathbf{0}$ 总可以表示成矩阵 $\boldsymbol{A}$ 的列向量组的线性组合. 但也有可能有非零解，由此引出下面的定义.

定义 3.1.1 已知一组含 n 个 m 维向量的向量组 $\boldsymbol{\alpha}_1$，$\boldsymbol{\alpha}_2$，…，$\boldsymbol{\alpha}_n$，如果方程组

$$x_1\boldsymbol{\alpha}_1+x_2\boldsymbol{\alpha}_2+\cdots+x_n\boldsymbol{\alpha}_n=\mathbf{0}$$

只有零解 $x_1=x_2=\cdots=x_n=0$，则称这个向量组是**线性无关的**；否则称这个向量组是**线性相关的**，即方程组

$$x_1\boldsymbol{\alpha}_1+x_2\boldsymbol{\alpha}_2+\cdots+x_n\boldsymbol{\alpha}_n=\mathbf{0}$$

有非零解，换言之，就是存在一组不全为零的数 x_1，x_2，…，x_n 使上式成立.

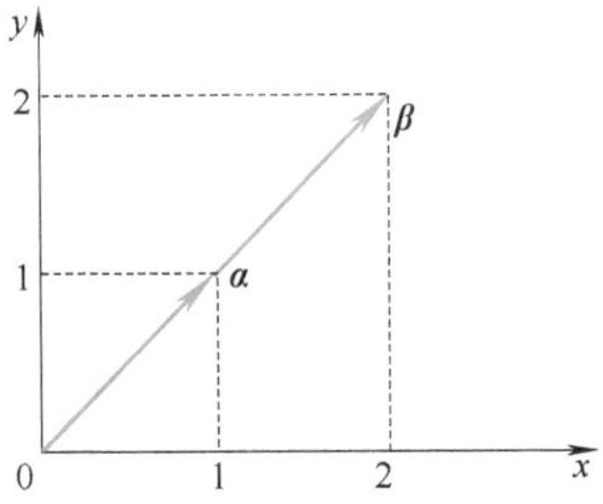

图 3-1-1

注意：(1) 若平面上的两个向量线性相关，例如，$\boldsymbol{\alpha}=\begin{pmatrix}1\\1\end{pmatrix}$，$\boldsymbol{\beta}=\begin{pmatrix}2\\2\end{pmatrix}=2\boldsymbol{\alpha}$ 是线性相关的，从数值情况来看，二者对应分量成比例. 从几何直观上看，$\boldsymbol{\alpha}$ 与 $\boldsymbol{\beta}$ 是共线的(见图 3-1-1). 而若两个向量线性无关，例如，$\boldsymbol{\alpha}=\begin{pmatrix}1\\2\end{pmatrix}$，$\boldsymbol{\beta}=\begin{pmatrix}2\\0\end{pmatrix}$ 是线性无关的，从数值情况来看，二者对应分量不成比例. 从几何直观上看，二者不共线(见图 3-1-2).

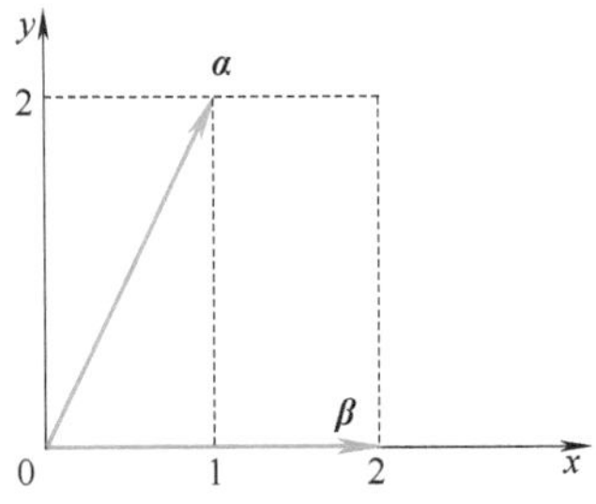

图 3-1-2

(2) 若空间中的三个向量线性相关，例如，$\boldsymbol{\alpha}_1=\begin{pmatrix}1\\1\\0\end{pmatrix}$，$\boldsymbol{\beta}_1=$

$\begin{pmatrix}2\\2\\0\end{pmatrix}$，$\boldsymbol{\gamma}_1=\begin{pmatrix}0\\0\\1\end{pmatrix}$线性相关，从数值上看，以这三个向量为列构成的行列式

$$D_1=\begin{vmatrix}1&2&0\\1&2&0\\0&0&1\end{vmatrix}=0.$$

从几何的角度看，这三个向量共面（见图 3-1-3）. 而若三个向量线性无关，例如，$\boldsymbol{\alpha}_2=\begin{pmatrix}1\\0\\0\end{pmatrix}$，$\boldsymbol{\beta}_2=\begin{pmatrix}0\\2\\0\end{pmatrix}$，$\boldsymbol{\gamma}_2=\begin{pmatrix}0\\0\\1\end{pmatrix}$线性无关，对应的行列式

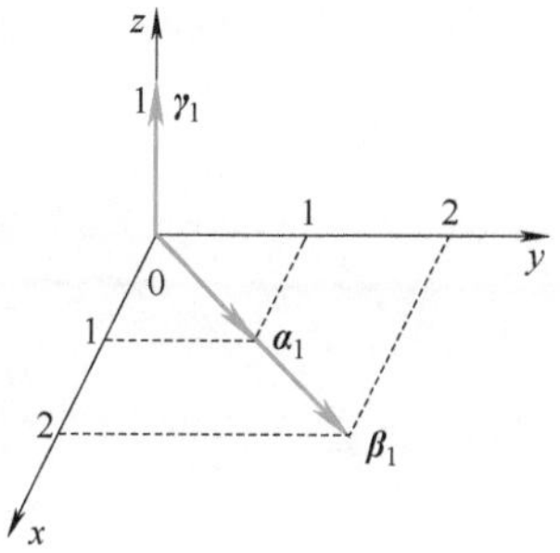

图 3-1-3

$$D_2=\begin{vmatrix}1&0&0\\0&2&0\\0&0&1\end{vmatrix}=2\neq0,$$

从几何的角度看，这三个向量不共面（见图 3-1-4）.

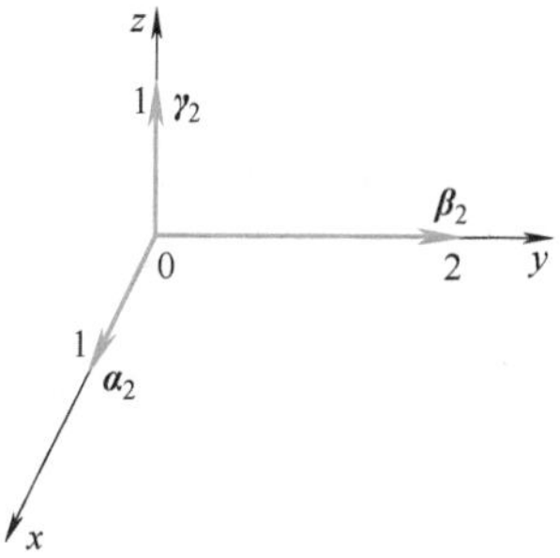

图 3-1-4

例 3.1.3　判断下列向量组是线性相关还是线性无关的：

（1）$\boldsymbol{\alpha}_1=\begin{pmatrix}1\\1\\1\\1\end{pmatrix}$，$\boldsymbol{\alpha}_2=\begin{pmatrix}1\\1\\-1\\-1\end{pmatrix}$，$\boldsymbol{\alpha}_3=\begin{pmatrix}1\\-1\\1\\-1\end{pmatrix}$，$\boldsymbol{\alpha}_4=\begin{pmatrix}1\\-1\\-1\\1\end{pmatrix}$；

（2）$\boldsymbol{\alpha}_1=\begin{pmatrix}1\\1\\1\\1\end{pmatrix}$，$\boldsymbol{\alpha}_2=\begin{pmatrix}1\\1\\-1\\-1\end{pmatrix}$，$\boldsymbol{\alpha}_3=\begin{pmatrix}1\\-1\\1\\-1\end{pmatrix}$，$\boldsymbol{\alpha}_4=\begin{pmatrix}1\\-1\\-1\\1\end{pmatrix}$，$\boldsymbol{\alpha}_5=\begin{pmatrix}1\\2\\1\\1\end{pmatrix}$；

（3）$\boldsymbol{\alpha}_1=\begin{pmatrix}1\\a\\a^2\\a^3\end{pmatrix}$，$\boldsymbol{\alpha}_2=\begin{pmatrix}1\\b\\b^2\\b^3\end{pmatrix}$，$\boldsymbol{\alpha}_3=\begin{pmatrix}1\\c\\c^2\\c^3\end{pmatrix}$，$\boldsymbol{\alpha}_4=\begin{pmatrix}1\\d\\d^2\\d^3\end{pmatrix}$，其中 a，b，c，d 互不相同.

解　（1）考虑齐次线性方程组 $x_1\boldsymbol{\alpha}_1+x_2\boldsymbol{\alpha}_2+x_3\boldsymbol{\alpha}_3+x_4\boldsymbol{\alpha}_4=\boldsymbol{0}$，其系数矩阵经过一系列的初等行变换

$$\boldsymbol{A}=\begin{pmatrix}1&1&1&1\\1&1&-1&-1\\1&-1&1&-1\\1&-1&-1&1\end{pmatrix}\overset{r}{\sim}\begin{pmatrix}1&0&0&0\\0&1&0&0\\0&0&1&0\\0&0&0&1\end{pmatrix}$$

所以原方程组的等价方程组为 $x_1=0$，$x_2=0$，$x_3=0$，$x_4=0$，故上述方程组只有零解 $x_1=0$，$x_2=0$，$x_3=0$，$x_4=0$，即所给向量组线性无关.

(2) 考虑齐次线性方程组 $x_1\boldsymbol{\alpha}_1+x_2\boldsymbol{\alpha}_2+x_3\boldsymbol{\alpha}_3+x_4\boldsymbol{\alpha}_4+x_5\boldsymbol{\alpha}_5=\mathbf{0}$，其系数矩阵经过一系列的初等行变换，得

$$\boldsymbol{B}=\begin{pmatrix}1&1&1&1&1\\1&1&-1&-1&2\\1&-1&1&-1&1\\1&-1&-1&1&1\end{pmatrix}\overset{r}{\sim}\begin{pmatrix}1&0&0&0&\frac{5}{4}\\0&1&0&0&\frac{1}{4}\\0&0&1&0&-\frac{1}{4}\\0&0&0&1&-\frac{1}{4}\end{pmatrix},$$

于是，上述齐次线性方程组等价于

$$\begin{cases}x_1=-\frac{5}{4}x_5,\\x_2=-\frac{1}{4}x_5,\\x_3=\frac{1}{4}x_5,\\x_4=\frac{1}{4}x_5,\end{cases}$$

其中 x_5 是自由未知量. 于是该方程组有非零解. 例如，取 $x_5=1$得到

$x_1=-\frac{5}{4}$，$x_2=-\frac{1}{4}$，$x_3=\frac{1}{4}$，$x_4=\frac{1}{4}$，故所给向量组线性相关.

(3) 考虑齐次线性方程组 $x_1\boldsymbol{\alpha}_1+x_2\boldsymbol{\alpha}_2+x_3\boldsymbol{\alpha}_3+x_4\boldsymbol{\alpha}_4=\mathbf{0}$，其系数矩阵为

$$\boldsymbol{C}=\begin{pmatrix}1&1&1&1\\a&b&c&d\\a^2&b^2&c^2&d^2\\a^3&b^3&c^3&d^3\end{pmatrix},$$

且行列式$|\boldsymbol{C}|$为范德蒙德行列式，故

$$|\boldsymbol{C}|=(b-a)(c-a)(d-a)(c-b)(d-b)(d-c)\neq 0.$$

由克拉默法则知，齐次线性方程组 $x_1\boldsymbol{\alpha}_1+x_2\boldsymbol{\alpha}_2+x_3\boldsymbol{\alpha}_3+x_4\boldsymbol{\alpha}_4=\mathbf{0}$ 只有零解，即所给向量组线性无关.

注：由定理 1.2.3，例 3.1.3 各小题的解题过程也可以由所给列向量构成的矩阵 $\boldsymbol{A}$，$\boldsymbol{B}$，$\boldsymbol{C}$ 的秩 $R(\boldsymbol{A})$，$R(\boldsymbol{B})$，$R(\boldsymbol{C})$来判断向

量组的线性相关性. 于是在例 3.1.3 中,

(1) $R(\boldsymbol{A})=4$, 相应齐次线性方程组只有零解, 所给向量组线性无关;

(2) $R(\boldsymbol{B})=4<5$, 相应齐次线性方程组有非零解, 所给向量组线性相关;

(3) $R(\boldsymbol{C})=4$, 相应齐次线性方程组只有零解, 所给向量组线性无关.

下面列出几个常见的事实, 证明请读者自行完成.

(1) 一个向量组若只含一个向量 $\boldsymbol{\alpha}$, 则 $\boldsymbol{\alpha}$ 线性相关的充要条件是 $\boldsymbol{\alpha}=\boldsymbol{0}$; 而 $\boldsymbol{\alpha}$ 线性无关的充要条件是 $\boldsymbol{\alpha}\neq\boldsymbol{0}$.

(2) m 个 m 维的单位向量组

$$\boldsymbol{e}_1=\begin{pmatrix}1\\0\\0\\\vdots\\0\end{pmatrix},\boldsymbol{e}_2=\begin{pmatrix}0\\1\\0\\\vdots\\0\end{pmatrix},\cdots,\boldsymbol{e}_m=\begin{pmatrix}0\\0\\0\\\vdots\\1\end{pmatrix}$$

是线性无关的.

(3) 含有零向量的向量组必然线性相关.

(4) 任意两个向量线性相关的充要条件是这两个向量对应的分量成比例.

(5) 任意向量组中, 若有一部分向量线性相关, 则整个向量组线性相关.

例如, 向量组

$$\boldsymbol{\alpha}_1=\begin{pmatrix}1\\2\\0\\-1\end{pmatrix},\boldsymbol{\alpha}_2=\begin{pmatrix}2\\4\\0\\-2\end{pmatrix},\boldsymbol{\alpha}_3=\begin{pmatrix}1\\-3\\-4\\6\end{pmatrix},\boldsymbol{\alpha}_4=\begin{pmatrix}2\\1\\-1\\0\end{pmatrix},$$

易知 $\boldsymbol{\alpha}_1$, $\boldsymbol{\alpha}_2$ 是线性相关的, 则该向量组一定是线性相关的.

(6) 若向量组 $\boldsymbol{\alpha}_1$, $\boldsymbol{\alpha}_2$, $\cdots$, $\boldsymbol{\alpha}_n$ 线性无关, 则其中的任意 $r(r<n)$ 个向量构成的向量组也线性无关.

3.1.3 线性相关与线性无关的性质

定理 3.1.1 设 $\boldsymbol{\alpha}_1$, $\boldsymbol{\alpha}_2$, $\cdots$, $\boldsymbol{\alpha}_p$ 是 p 个 n 维向量构成的向量组. 如果 $p>n$, 则该向量组线性相关.

该定理表明: 当向量组中所含向量个数大于向量的维数时, 该向量组线性相关.

证 因为当 $p>n$ 时，设矩阵 $\boldsymbol{A}=(\boldsymbol{\alpha}_1,\boldsymbol{\alpha}_2,\cdots,\boldsymbol{\alpha}_p)$，则 $\boldsymbol{A}$ 的秩 $R(\boldsymbol{A})\leqslant\min\{p,n\}<n$，由第 1 章定理 1.2.3 知方程组 $\boldsymbol{Ax}=\boldsymbol{0}$ 有非零解，故向量组 $\boldsymbol{\alpha}_1$，$\boldsymbol{\alpha}_2$，…，$\boldsymbol{\alpha}_p$ 是线性相关的.

为了理解此定理，我们对 $p=3$，$n=2$ 进行举例分析.

设 $\boldsymbol{\alpha}_1=\begin{pmatrix}a_{11}\\a_{21}\end{pmatrix}$，$\boldsymbol{\alpha}_2=\begin{pmatrix}a_{12}\\a_{22}\end{pmatrix}$，$\boldsymbol{\alpha}_3=\begin{pmatrix}a_{13}\\a_{23}\end{pmatrix}$为 3 个 2 维向量组.

（1）若 $\boldsymbol{\alpha}_1$，$\boldsymbol{\alpha}_2$，$\boldsymbol{\alpha}_3$ 中有两个向量线性相关，则这个向量组线性相关. 例如，$\boldsymbol{\alpha}_1=\begin{pmatrix}1\\1\end{pmatrix}$，$\boldsymbol{\alpha}_2=\begin{pmatrix}-1\\-1\end{pmatrix}$，$\boldsymbol{\alpha}_3=\begin{pmatrix}2\\3\end{pmatrix}$线性相关，这是因为 $1\cdot\boldsymbol{\alpha}_1+1\cdot\boldsymbol{\alpha}_2+0\cdot\boldsymbol{\alpha}_3=\begin{pmatrix}1\\1\end{pmatrix}+\begin{pmatrix}-1\\-1\end{pmatrix}+0\cdot\begin{pmatrix}2\\3\end{pmatrix}=\begin{pmatrix}0\\0\end{pmatrix}$.

（2）若 $\boldsymbol{\alpha}_1$，$\boldsymbol{\alpha}_2$，$\boldsymbol{\alpha}_3$ 中有任意两个向量线性无关，则该向量组线性无关. 不妨设 $\boldsymbol{\alpha}_1$，$\boldsymbol{\alpha}_2$ 线性无关，即 $\dfrac{a_{11}}{a_{12}}\neq\dfrac{a_{21}}{a_{22}}$，有 $\begin{vmatrix}a_{11}&a_{12}\\a_{21}&a_{22}\end{vmatrix}=a_{11}a_{22}-a_{12}a_{21}\neq0$. 于是由克拉默法则知方程组 $x_1\boldsymbol{\alpha}_1+x_2\boldsymbol{\alpha}_2=\boldsymbol{\alpha}_3$ 有唯一解，即 $x_1\boldsymbol{\alpha}_1+x_2\boldsymbol{\alpha}_2-\boldsymbol{\alpha}_3=\boldsymbol{0}$ 有非零解，故 $\boldsymbol{\alpha}_1$，$\boldsymbol{\alpha}_2$，$\boldsymbol{\alpha}_3$ 线性相关. 例如，$\boldsymbol{\alpha}_1=\begin{pmatrix}1\\2\end{pmatrix}$，$\boldsymbol{\alpha}_2=\begin{pmatrix}1\\3\end{pmatrix}$，$\boldsymbol{\alpha}_3=\begin{pmatrix}1\\4\end{pmatrix}$，三者两两线性无关，但$(-1)\cdot\boldsymbol{\alpha}_1+2\boldsymbol{\alpha}_2-\boldsymbol{\alpha}_3=\boldsymbol{0}$ 成立，故 $\boldsymbol{\alpha}_1$，$\boldsymbol{\alpha}_2$，$\boldsymbol{\alpha}_3$ 线性相关.

该定理也表明：当 $p>n$ 时，n 个方程 p 个未知量的齐次线性方程组必有非零解.

定理 3.1.2 $\boldsymbol{R}^n$ 中的向量组 $\boldsymbol{\alpha}_1$，$\boldsymbol{\alpha}_2$，…，$\boldsymbol{\alpha}_p$ 线性相关的充要条件是至少有一个向量能被其余的向量线性表示，即存在 i（$1\leqslant i\leqslant p$），使得 $\boldsymbol{\alpha}_i$ 能被 $\boldsymbol{\alpha}_1$，$\boldsymbol{\alpha}_2$，…，$\boldsymbol{\alpha}_{i-1}$，$\boldsymbol{\alpha}_{i+1}$，…，$\boldsymbol{\alpha}_p$ 线性表示.

证 必要性. 若向量组 $\boldsymbol{\alpha}_1$，$\boldsymbol{\alpha}_2$，…，$\boldsymbol{\alpha}_p$ 线性相关，则存在不全为零的数 x_1，x_2，…，x_p，不妨设 $x_1\neq0$，使得

$$x_1\boldsymbol{\alpha}_1+x_2\boldsymbol{\alpha}_2+\cdots+x_p\boldsymbol{\alpha}_p=\boldsymbol{0}，或\ \boldsymbol{\alpha}_1=-\frac{x_2}{x_1}\boldsymbol{\alpha}_2-\cdots-\frac{x_p}{x_1}\boldsymbol{\alpha}_p,$$

即 $\boldsymbol{\alpha}_1$ 能被 $\boldsymbol{\alpha}_2$，…，$\boldsymbol{\alpha}_p$ 线性表示.

充分性. 若向量组中有 $\boldsymbol{\alpha}_i$ 能被 $\boldsymbol{\alpha}_1$，$\boldsymbol{\alpha}_2$，…，$\boldsymbol{\alpha}_{i-1}$，$\boldsymbol{\alpha}_{i+1}$，…，$\boldsymbol{\alpha}_p$ 线性表示，设表示系数为 x_1，x_2，…，x_{i-1}，x_{i+1}，…，x_p，则

$$\boldsymbol{\alpha}_i = x_1\boldsymbol{\alpha}_1 + x_2\boldsymbol{\alpha}_2 + \cdots + x_{i-1}\boldsymbol{\alpha}_{i-1} + x_{i+1}\boldsymbol{\alpha}_{i+1} + \cdots + x_p\boldsymbol{\alpha}_p.$$

于是

$$x_1\boldsymbol{\alpha}_1 + x_2\boldsymbol{\alpha}_2 + \cdots + x_{i-1}\boldsymbol{\alpha}_{i-1} + (-1)\boldsymbol{\alpha}_i + x_{i+1}\boldsymbol{\alpha}_{i+1} + \cdots + x_p\boldsymbol{\alpha}_p = \mathbf{0},$$

亦即向量组 $\boldsymbol{\alpha}_1$，$\boldsymbol{\alpha}_2$，…，$\boldsymbol{\alpha}_p$ 线性相关.

定理 3.1.2 明确了向量组线性相关的本质含义，可以作为线性相关的定义. 其否命题则揭示了向量组线性无关的本质，也可作为线性无关的定义.

定理 3.1.2′　$\mathbf{R}^n$ 中的向量组 $\boldsymbol{\alpha}_1$，$\boldsymbol{\alpha}_2$，…，$\boldsymbol{\alpha}_p$ 线性无关的充要条件是其中任何一个向量都不能被其余的向量线性表示.

定理 3.1.2 和定理 3.1.2′都是判别向量组线性相关性的重要工具.

定理 3.1.3　设

$$\boldsymbol{\alpha}_1 = \begin{pmatrix} a_{11} \\ a_{21} \\ \vdots \\ a_{r1} \end{pmatrix}, \boldsymbol{\alpha}_2 = \begin{pmatrix} a_{12} \\ a_{22} \\ \vdots \\ a_{r2} \end{pmatrix}, \cdots, \boldsymbol{\alpha}_p = \begin{pmatrix} a_{1p} \\ a_{2p} \\ \vdots \\ a_{rp} \end{pmatrix}; \boldsymbol{\beta}_1 = \begin{pmatrix} a_{11} \\ a_{21} \\ \vdots \\ a_{r1} \\ a_{r+1,1} \end{pmatrix}, \boldsymbol{\beta}_2 = \begin{pmatrix} a_{12} \\ a_{22} \\ \vdots \\ a_{r2} \\ a_{r+1,2} \end{pmatrix}, \cdots, \boldsymbol{\beta}_p = \begin{pmatrix} a_{1p} \\ a_{2p} \\ \vdots \\ a_{rp} \\ a_{r+1,p} \end{pmatrix}.$$

（1）若向量组 $\boldsymbol{\alpha}_1$，$\boldsymbol{\alpha}_2$，…，$\boldsymbol{\alpha}_p$ 线性无关，则向量组 $\boldsymbol{\beta}_1$，$\boldsymbol{\beta}_2$，…，$\boldsymbol{\beta}_p$ 也线性无关；

（2）若向量组 $\boldsymbol{\beta}_1$，$\boldsymbol{\beta}_2$，…，$\boldsymbol{\beta}_p$ 线性相关，则向量组 $\boldsymbol{\alpha}_1$，$\boldsymbol{\alpha}_2$，…，$\boldsymbol{\alpha}_p$ 也线性相关.

证　（1）（反证法）若向量组 $\boldsymbol{\beta}_1$，$\boldsymbol{\beta}_2$，…，$\boldsymbol{\beta}_p$ 线性相关，则存在 p 个不全为零的数 x_1，x_2，…，x_p 使

$$x_1\boldsymbol{\beta}_1 + x_2\boldsymbol{\beta}_2 + \cdots + x_p\boldsymbol{\beta}_p = \mathbf{0}$$

成立，即

$$\begin{cases} x_1 a_{11} + x_2 a_{12} + \cdots + x_p a_{1p} = 0, \\ x_1 a_{21} + x_2 a_{22} + \cdots + x_p a_{2p} = 0, \\ \qquad\vdots \\ x_1 a_{r1} + x_2 a_{r2} + \cdots + x_p a_{rp} = 0, \\ x_1 a_{r+1,1} + x_2 a_{r+1,2} + \cdots + x_p a_{r+1,p} = 0. \end{cases}$$

由前 r 个方程得到

$$x_1\boldsymbol{\alpha}_1+x_2\boldsymbol{\alpha}_2+\cdots+x_p\boldsymbol{\alpha}_p=\mathbf{0},$$

亦即向量组 $\boldsymbol{\alpha}_1$，$\boldsymbol{\alpha}_2$，…，$\boldsymbol{\alpha}_p$ 线性相关，与题设矛盾，故向量组 $\boldsymbol{\beta}_1$，$\boldsymbol{\beta}_2$，…，$\boldsymbol{\beta}_p$ 也线性无关.

（2）这是（1）的逆否命题，故显然成立.

注意：（1）定理 3.1.3 表明，由线性无关的向量组扩充一维后得到的新向量组仍然线性无关，进而推广到扩充有限维数后得到的新向量组仍然线性无关；由线性相关的向量组缩减一维后得到的新向量组仍然线性相关，进而推广到缩减有限维数后得到的新向量组仍然线性相关.

（2）方程组

$$\begin{cases} x_1a_{11}+x_2a_{12}+\cdots+x_pa_{1p}=0, \\ x_1a_{21}+x_2a_{22}+\cdots+x_pa_{2p}=0, \\ \quad\vdots \\ x_1a_{r1}+x_2a_{r2}+\cdots+x_pa_{rp}=0, \\ x_1a_{r+1,1}+x_2a_{r+1,2}+\cdots+x_pa_{r+1,p}=0 \end{cases}$$

中，若前 r 个方程只有零解，则这 $r+1$ 个方程也只有零解；若这 $r+1$个方程有非零解，则其中的 r 个方程也有非零解.

由线性相关性的概念及定理 3.1.2 我们可得如下推论.

推论 3.1.1 n 个 n 维向量构成的向量组 $\boldsymbol{\alpha}_1$，$\boldsymbol{\alpha}_2$，…，$\boldsymbol{\alpha}_n$ 线性相关（无关）的充要条件是其对应的行列式等于（不等于）零.

从向量组 $\boldsymbol{\alpha}_1$，$\boldsymbol{\alpha}_2$，…，$\boldsymbol{\alpha}_n$，$\boldsymbol{b}$ 线性相关性的讨论中可得到如下结论：

（1）若向量 $\boldsymbol{b}$ 能被向量 $\boldsymbol{\alpha}_1$，$\boldsymbol{\alpha}_2$，…，$\boldsymbol{\alpha}_n$ 线性表示，则方程组 $x_1\boldsymbol{\alpha}_1+x_2\boldsymbol{\alpha}_2+\cdots+x_p\boldsymbol{\alpha}_p=\boldsymbol{b}$ 有解，此时称该方程组是相容的. 相反，若向量 $\boldsymbol{b}$ 不能被向量 $\boldsymbol{\alpha}_1$，$\boldsymbol{\alpha}_2$，…，$\boldsymbol{\alpha}_n$ 线性表示，则方程组 $x_1\boldsymbol{\alpha}_1+x_2\boldsymbol{\alpha}_2+\cdots+x_p\boldsymbol{\alpha}_p=\boldsymbol{b}$ 无解，称该方程组不相容. 例如，取

$$\boldsymbol{b}=\begin{pmatrix}1\\1\end{pmatrix},\boldsymbol{\alpha}_1=\begin{pmatrix}1\\1\end{pmatrix},\boldsymbol{\alpha}_2=\begin{pmatrix}1\\-1\end{pmatrix},\boldsymbol{b}=1\cdot\boldsymbol{\alpha}_1+0\cdot\boldsymbol{\alpha}_2,$$

即 $\boldsymbol{b}$ 能被 $\boldsymbol{\alpha}_1$，$\boldsymbol{\alpha}_2$ 线性表示，表示系数 $x_1=1$，$x_2=0$ 刚好是相容二元一次方程组 $\begin{cases}x_1+x_2=1,\\x_1-x_2=1\end{cases}$ 的解；若取 $\boldsymbol{b}=\begin{pmatrix}1\\2\end{pmatrix}$，$\boldsymbol{\alpha}_1=\begin{pmatrix}1\\1\end{pmatrix}$，$\boldsymbol{\alpha}_2=$

$\begin{pmatrix}2\\2\end{pmatrix}$，$\boldsymbol{b}$ 不能被 $\boldsymbol{\alpha}_1$，$\boldsymbol{\alpha}_2$ 线性表示，对应的线性方程组 $\begin{cases}x_1+2x_2=1,\\x_1+2x_2=2\end{cases}$ 等价地变为 $\begin{cases}x_1+2x_2=1,\\0+0=1,\end{cases}$ 该方程组无解，原方程组不相容.

（2）在方程组 $x_1\boldsymbol{\alpha}_1+x_2\boldsymbol{\alpha}_2+\cdots+x_p\boldsymbol{\alpha}_p=\boldsymbol{b}$ 是相容（有解）的条件下，若 $\boldsymbol{\alpha}_1$，$\boldsymbol{\alpha}_2$，…，$\boldsymbol{\alpha}_p$ 是线性相关的，则该方程组是冗余的. 通俗地说，此时所给的方程组一定存在多余的方程. 例如，方程组

$$\begin{cases}x_1+x_2+x_3=1,\\2x_1+2x_2+2x_3=2\end{cases}$$

中的第二个方程就是多余的方程.

由本节的讨论可知，线性方程组的解与向量组的线性相关性之间有着密不可分的联系，而向量组的线性相关性也由下一节我们要介绍的向量组的秩所决定.

3.2　向量组的秩

由上节的讨论知，一个有解（相容）的方程组中会有多余的方程，那么这样的方程组会有多少个“有用（或独立）”的方程呢？这一指标由方程组所对应的向量组的秩确定，本节讨论向量组的秩.

3.2.1　向量组间的相互线性表示

定义 3.2.1　给定两个 n 维向量组 A：$\boldsymbol{\alpha}_1$，$\boldsymbol{\alpha}_2$，…，$\boldsymbol{\alpha}_r$ 和 B：$\boldsymbol{\beta}_1$，$\boldsymbol{\beta}_2$，…，$\boldsymbol{\beta}_s$. 若向量组 A 中的每个向量 $\boldsymbol{\alpha}_i(i=1,2,\cdots,r)$ 都能由向量组 B 中的向量线性表示，即存在实数 x_{1i}，x_{2i}，…，x_{si} 使

$$\boldsymbol{\alpha}_i=x_{1i}\boldsymbol{\beta}_1+x_{2i}\boldsymbol{\beta}_2+\cdots+x_{si}\boldsymbol{\beta}_s\quad(i=1,2,\cdots,r)$$

成立，则称向量组 A 能由向量组 B 线性表示. 若向量组 B 也能由向量组 A 线性表示，则称向量组 A 与向量组 B 等价，记为 $A\cong B$.

例 3.2.1 向量组 A：$\boldsymbol{\alpha}_1=\begin{pmatrix}1\\0\end{pmatrix}$，$\boldsymbol{\alpha}_2=\begin{pmatrix}0\\1\end{pmatrix}$；$B$：$\boldsymbol{\beta}_1=\begin{pmatrix}1\\2\end{pmatrix}$，$\boldsymbol{\beta}_2=\begin{pmatrix}0\\-1\end{pmatrix}$中，$\boldsymbol{\alpha}_1=\boldsymbol{\beta}_1+2\cdot\boldsymbol{\beta}_2$，$\boldsymbol{\alpha}_2=0\cdot\boldsymbol{\beta}_1-\boldsymbol{\beta}_2$；$\boldsymbol{\beta}_1=\boldsymbol{\alpha}_1+2\cdot\boldsymbol{\alpha}_2$，$\boldsymbol{\beta}_2=0\cdot\boldsymbol{\alpha}_1-\boldsymbol{\alpha}_2$. 即向量组 A 与向量组 B 可以互相线性表示，故 $A\cong B$. 记可逆矩阵 $\boldsymbol{C}=\begin{pmatrix}1&0\\2&-1\end{pmatrix}$，则 $A\cong B$ 意味着

$$\boldsymbol{A}=(\boldsymbol{\alpha}_1,\boldsymbol{\alpha}_2)=(\boldsymbol{\beta}_1,\boldsymbol{\beta}_2)\begin{pmatrix}1&0\\2&-1\end{pmatrix}=\boldsymbol{BC}\text{ 及 }\boldsymbol{B}=(\boldsymbol{\beta}_1,\boldsymbol{\beta}_2)=\boldsymbol{AC}^{-1}=(\boldsymbol{\alpha}_1,\boldsymbol{\alpha}_2)\begin{pmatrix}1&0\\2&-1\end{pmatrix}.$$

容易验证，向量组等价具有如下性质：

（1）自反性：$A\cong A$；

（2）对称性：若 $A\cong B$，则 $B\cong A$；

（3）传递性：若 $A\cong B$，$B\cong C$，则 $A\cong C$.

由定理 1.4.1 和向量组等价概念和性质及解齐次线性方程组的高斯消元法得到：

定理 3.2.1 若向量组 A 与向量组 B 等价，则以它们为系数矩阵的齐次线性方程组同解.

例如，齐次线性方程组 $\begin{cases}x_1+0\cdot x_2=0,\\0\cdot x_1+x_2=0\end{cases}$ 与 $\begin{cases}x_1+0\cdot x_2=0,\\2x_1-x_2=0\end{cases}$ 同解.

3.2.2 向量组的极大无关组与向量组的秩

向量的极大无关组

定义 3.2.2 若向量组 A 的部分向量组 B 为 $\boldsymbol{\alpha}_1$，$\boldsymbol{\alpha}_2$，…，$\boldsymbol{\alpha}_r$，满足如下条件：

（1）向量组 B 线性无关；

（2）向量组 A 中的任何一个向量都能被部分组 B 线性表示，则称部分组 B 是向量组 A 的一个极大线性无关向量组（简称为极大无关组）.

换言之，若 n 维向量组 A：$\boldsymbol{\alpha}_1$，$\boldsymbol{\alpha}_2$，…，$\boldsymbol{\alpha}_r$，$\boldsymbol{\alpha}_{r+1}$，…，$\boldsymbol{\alpha}_s$ 的极大无关组为 B：$\boldsymbol{\alpha}_1$，$\boldsymbol{\alpha}_2$，…，$\boldsymbol{\alpha}_r$，则

（1）$\boldsymbol{\alpha}_1$，$\boldsymbol{\alpha}_2$，…，$\boldsymbol{\alpha}_r$ 线性无关；

（2）$\boldsymbol{\alpha}_1$，$\boldsymbol{\alpha}_2$，…，$\boldsymbol{\alpha}_r$，$\boldsymbol{\alpha}_k$（$\boldsymbol{\alpha}_k \in A$）线性相关，即任意 $r+1$ 个向量一定线性相关；

（3）$A \cong B$.

例 3.2.2 对于向量组 A：$\boldsymbol{\alpha}_1=\begin{pmatrix}1\\0\\0\end{pmatrix}$，$\boldsymbol{\alpha}_2=\begin{pmatrix}1\\1\\0\end{pmatrix}$，$\boldsymbol{\alpha}_3=\begin{pmatrix}1\\2\\0\end{pmatrix}$，$\boldsymbol{\alpha}_4=\begin{pmatrix}0\\2\\0\end{pmatrix}$，$\boldsymbol{\alpha}_5=\begin{pmatrix}2\\2\\0\end{pmatrix}$，其只含一个向量的线性无关组为

$$\boldsymbol{\alpha}_1;\ \boldsymbol{\alpha}_2;\ \boldsymbol{\alpha}_3;\ \boldsymbol{\alpha}_4;\ \boldsymbol{\alpha}_5.$$

含两个向量的线性无关组为

$$\boldsymbol{\alpha}_1,\boldsymbol{\alpha}_2;\ \boldsymbol{\alpha}_1,\boldsymbol{\alpha}_3;\ \boldsymbol{\alpha}_1,\boldsymbol{\alpha}_4;\ \boldsymbol{\alpha}_1,\boldsymbol{\alpha}_5;\ \boldsymbol{\alpha}_2,\boldsymbol{\alpha}_3;\ \boldsymbol{\alpha}_2,\boldsymbol{\alpha}_4;\ \boldsymbol{\alpha}_3,\boldsymbol{\alpha}_4;\ \boldsymbol{\alpha}_3,\boldsymbol{\alpha}_5;\ \boldsymbol{\alpha}_4,\boldsymbol{\alpha}_5.$$

而任意三个向量都线性相关，原因是以它们为列构成的矩阵的行列式均为 0.

于是，向量组 A 的极大线性无关组含两个向量，至于是哪两个向量，结果并不唯一，使用时可根据问题需要进行选择. 例如，取 $\boldsymbol{\alpha}_1$，$\boldsymbol{\alpha}_2$ 为 A 的极大无关组，则

$$\boldsymbol{\alpha}_1=\boldsymbol{\alpha}_1+0\boldsymbol{\alpha}_2,\boldsymbol{\alpha}_2=0\boldsymbol{\alpha}_1+\boldsymbol{\alpha}_2,\boldsymbol{\alpha}_3=-\boldsymbol{\alpha}_1+2\boldsymbol{\alpha}_2,\boldsymbol{\alpha}_4=-2\boldsymbol{\alpha}_1+2\boldsymbol{\alpha}_2,\boldsymbol{\alpha}_5=0\boldsymbol{\alpha}_1+2\boldsymbol{\alpha}_2.$$

另一方面，$\boldsymbol{\alpha}_1$，$\boldsymbol{\alpha}_2$ 能被向量组 A 线性表示. 事实上 $\boldsymbol{\alpha}_1=\boldsymbol{\alpha}_1+0\boldsymbol{\alpha}_2+0\boldsymbol{\alpha}_3+0\boldsymbol{\alpha}_4+0\boldsymbol{\alpha}_5$，$\boldsymbol{\alpha}_2=0\boldsymbol{\alpha}_1+\boldsymbol{\alpha}_2+0\boldsymbol{\alpha}_3+0\boldsymbol{\alpha}_4+0\boldsymbol{\alpha}_5$. 故向量组 $\boldsymbol{\alpha}_1$，$\boldsymbol{\alpha}_2$ 与向量组 A 等价.

由极大无关组的定义易知：

（1）只含零向量的向量组一定线性相关，从而没有极大无关组.

（2）向量组的极大无关组不唯一，但所含向量个数相同.

（3）线性无关的向量组本身就是自己的极大无关组.

（4）由等价向量组的传递性知，同一向量组的任意两个极大无关组等价.

为给出向量组的秩的定义，我们先给出如下定理.

定理 3.2.2 给定两个 n 维向量组 A：$\boldsymbol{\alpha}_1$，$\boldsymbol{\alpha}_2$，…，$\boldsymbol{\alpha}_r$；B：$\boldsymbol{\beta}_1$，$\boldsymbol{\beta}_2$，…，$\boldsymbol{\beta}_s$. 如果

（1）向量组 A 能被向量组 B 线性表示；

（2）$r>s$，

则向量组 A 线性相关.

证　由（1）知存在矩阵

$$C=\begin{pmatrix} c_{11} & c_{12} & \cdots & c_{1r} \\ c_{21} & c_{22} & \cdots & c_{2r} \\ \vdots & \vdots & & \vdots \\ c_{s1} & c_{s2} & \cdots & c_{sr} \end{pmatrix} \overset{\Delta}{=} (C_1, C_2, \cdots, C_r),\ C_i=\begin{pmatrix} c_{1i} \\ c_{2i} \\ \vdots \\ c_{si} \end{pmatrix}\ (i=1,2,\cdots,r),$$

使

$$(\boldsymbol{\alpha}_1,\boldsymbol{\alpha}_2,\cdots,\boldsymbol{\alpha}_r)=(\boldsymbol{\beta}_1,\boldsymbol{\beta}_2,\cdots,\boldsymbol{\beta}_s)C$$

成立. 又由 $r>s$ 及定理 3.1.1 可知，C 中的 r 个列向量C_1，C_2，…，C_r 线性相关，即存在 r 个不全为零的数 x_1，x_2，…，x_r，使

$$x_1 C_1+x_2 C_2+\cdots+x_r C_r=(C_1,C_2,\cdots,C_r)\begin{pmatrix} x_1 \\ x_2 \\ \vdots \\ x_r \end{pmatrix}=\mathbf{0}$$

成立. 进而

$$\begin{aligned} x_1 \boldsymbol{\alpha}_1+x_2 \boldsymbol{\alpha}_2+\cdots+x_r \boldsymbol{\alpha}_r &= (\boldsymbol{\alpha}_1,\boldsymbol{\alpha}_2,\cdots,\boldsymbol{\alpha}_r)\begin{pmatrix} x_1 \\ x_2 \\ \vdots \\ x_r \end{pmatrix} \\ &= (\boldsymbol{\beta}_1,\boldsymbol{\beta}_2,\cdots,\boldsymbol{\beta}_s)(C_1,C_2,\cdots,C_r)\begin{pmatrix} x_1 \\ x_2 \\ \vdots \\ x_r \end{pmatrix}=\mathbf{0} \end{aligned}$$

也成立，即向量组 A 线性相关.

该定理的逆否命题为：

定理 3.2.3　给定两个 n 维向量组 A：$\boldsymbol{\alpha}_1$，$\boldsymbol{\alpha}_2$，…，$\boldsymbol{\alpha}_r$；B：$\boldsymbol{\beta}_1$，$\boldsymbol{\beta}_2$，…，$\boldsymbol{\beta}_s$. 如果

（1）向量组 A 能被向量组 B 线性表示；

（2）向量组 A 线性无关，

则 $r \leqslant s$.

由定理 3.2.2 和定理 3.2.3 容易得到如下推论和定理.

推论 3.2.1　两个等价的线性无关的向量组所含向量个数相同.

定理 3.2.4　一个向量组的任意两个极大无关组所含向量个数相等.

由上述讨论及定理 3.2.4 可知，一个向量组可以有几个极大无关组，但每个极大无关组所含向量个数相同，我们把这个数定义为向量组的秩.

定义 3.2.3　一个向量组 A 的极大线性无关组所含向量个数就称为这个向量组的**秩**，记为 $R(A)$.

关于等价向量组的秩，易得到如下结论.

向量组的秩

定理 3.2.5　若 $A\cong B$，则 $R(A)=R(B)$，即等价向量组有相同的秩.

反之不然，若两向量组具有相同的秩，它们未必等价. 例如，两向量组

$$A:\ \boldsymbol{\alpha}_1=\begin{pmatrix}1\\0\\0\end{pmatrix},\ \boldsymbol{\alpha}_2=\begin{pmatrix}0\\2\\0\end{pmatrix};\ B:\ \boldsymbol{\beta}_1=\begin{pmatrix}1\\0\\0\end{pmatrix},\ \boldsymbol{\beta}_2=\begin{pmatrix}0\\0\\1\end{pmatrix};$$

虽有 $R(A)=R(B)=2$，但是 $\boldsymbol{\beta}_2$ 不能被向量组 A 线性表示. 即向量组 A，B 不等价.

定理 3.2.5 表明，向量组的秩是向量组的数值特征，如同矩阵的秩是矩阵在矩阵等价关系下的不变量一样，向量组的秩也是等价关系下的不变量. 有时我们也可以用向量组的秩来刻画矩阵的秩. 为方便叙述，记向量组

$$I:\ \boldsymbol{\alpha}_1=\begin{pmatrix}a_{11}\\a_{12}\\\vdots\\a_{1n}\end{pmatrix},\ \boldsymbol{\alpha}_2=\begin{pmatrix}a_{21}\\a_{22}\\\vdots\\a_{2n}\end{pmatrix},\ \cdots,\ \boldsymbol{\alpha}_m=\begin{pmatrix}a_{m1}\\a_{m2}\\\vdots\\a_{mn}\end{pmatrix},\ \text{矩阵}\ \boldsymbol{A}=(\boldsymbol{\alpha}_1,\boldsymbol{\alpha}_2,\cdots,$$

$$\boldsymbol{\alpha}_m),\boldsymbol{B}=\begin{pmatrix}\boldsymbol{\alpha}_1^{\mathrm{T}}\\\boldsymbol{\alpha}_2^{\mathrm{T}}\\\vdots\\\boldsymbol{\alpha}_m^{\mathrm{T}}\end{pmatrix},\ \text{则}\ \boldsymbol{A}=\boldsymbol{B}^{\mathrm{T}}\ \text{且由矩阵秩的性质知，}R(\boldsymbol{A})=R(\boldsymbol{B}).$$

为说明 $R(I)$ 与 $R(\boldsymbol{A})$ 间的关系，先给出矩阵的行秩和列秩的概念.

定义 3.2.4　矩阵的行向量组的秩称为矩阵的**行秩**，列向量组的秩称为**列秩**.

由上述讨论知，矩阵的行秩等于列秩. 例如，矩阵

$$B=\begin{pmatrix}0&0&0&0\\-1&0&-3&0\\0&-1&1&0\\0&0&0&0\end{pmatrix}\begin{matrix}\gamma_1\\\gamma_2\\\gamma_3\\\gamma_4\end{matrix}$$

$$\quad\boldsymbol{\omega}_1\quad\boldsymbol{\omega}_2\quad\boldsymbol{\omega}_3\quad\boldsymbol{\omega}_4$$

的行向量组

$\boldsymbol{\gamma}_1=(0,0,0,0)$, $\boldsymbol{\gamma}_2=(-1,0,-3,0)$, $\boldsymbol{\gamma}_3=(0,-1,1,0)$, $\boldsymbol{\gamma}_4=(0,0,0,0)$

中，极大无关组为$\boldsymbol{\gamma}_2$，$\boldsymbol{\gamma}_3$，即其行向量组的秩为 2. 其列向量组为

$$\boldsymbol{\omega}_1=\begin{pmatrix}0\\-1\\0\\0\end{pmatrix},\ \boldsymbol{\omega}_2=\begin{pmatrix}0\\0\\-1\\0\end{pmatrix},\ \boldsymbol{\omega}_3=\begin{pmatrix}0\\-3\\1\\0\end{pmatrix},\ \boldsymbol{\omega}_4=\begin{pmatrix}0\\0\\0\\0\end{pmatrix},$$

$\boldsymbol{\omega}_1$，$\boldsymbol{\omega}_2$为其一个极大无关组，即其列秩也为 2.

由矩阵有关初等变换和子式的知识易知，矩阵的行秩与列秩相等，且等于矩阵的秩. 若向量组的秩为 s，则任意 s 个线性无关的向量都是其极大无关组. 若把所给向量组按列写成一个矩阵 $\boldsymbol{A}$，且 $\boldsymbol{A}\overset{r}{\sim}\boldsymbol{B}$（行最简形矩阵），则 $\boldsymbol{Ax}=\boldsymbol{0}$，$\boldsymbol{Bx}=\boldsymbol{0}$ 同解，这样可以给出不在极大无关组中的任一向量 $\boldsymbol{\alpha}_i$ 的线性表示，表示系数即为矩阵 $\boldsymbol{B}$ 中第 i 列元素. 下面用一个例子来说明给定向量组秩的求解过程.

例 3.2.3　已知向量组

$$A:\boldsymbol{\alpha}_1=\begin{pmatrix}2\\-1\\3\\1\end{pmatrix},\boldsymbol{\alpha}_2=\begin{pmatrix}4\\-2\\5\\4\end{pmatrix},\boldsymbol{\alpha}_3=\begin{pmatrix}2\\-1\\4\\-1\end{pmatrix},\boldsymbol{\alpha}_4=\begin{pmatrix}0\\0\\0\\0\end{pmatrix},$$

求其一个极大无关组及秩，并把其余向量用极大无关组线性表示.

解　对矩阵 $\boldsymbol{A}=(\boldsymbol{\alpha}_1,\boldsymbol{\alpha}_2,\boldsymbol{\alpha}_3,\boldsymbol{\alpha}_4)$ 作初等行变换化为行最简形矩阵.

$$\boldsymbol{A}=\begin{pmatrix}2&4&2&0\\-1&-2&-1&0\\3&5&4&0\\1&4&-1&0\end{pmatrix}\xrightarrow[r_4+r_2]{\substack{r_1+2r_2\\r_3+3r_2}}\begin{pmatrix}0&0&0&0\\-1&-2&-1&0\\0&-1&1&0\\0&2&-2&0\end{pmatrix}\xrightarrow[r_4+2r_3]{r_2-2r_3}$$

$$\begin{pmatrix}0&0&0&0\\-1&0&-3&0\\0&-1&1&0\\0&0&0&0\end{pmatrix}\underset{(-1)r_3}{\overset{(-1)r_2}{\sim}}\begin{pmatrix}0&0&0&0\\1&0&3&0\\0&1&-1&0\\0&0&0&0\end{pmatrix}\underset{r_2\leftrightarrow r_3}{\overset{r_1\leftrightarrow r_2}{\sim}}\begin{pmatrix}1&0&3&0\\0&1&-1&0\\0&0&0&0\\0&0&0&0\end{pmatrix}$$

$=(\boldsymbol{\beta}_1,\boldsymbol{\beta}_2,\boldsymbol{\beta}_3,\boldsymbol{\beta}_4)=\boldsymbol{B}.$

由行最简形矩阵知 $R(\boldsymbol{A})=R(\boldsymbol{B})=2$，故 $R(\boldsymbol{\alpha}_1,\boldsymbol{\alpha}_2,\boldsymbol{\alpha}_3,\boldsymbol{\alpha}_4)=2$. 由于 $x_1\boldsymbol{\alpha}_1+x_2\boldsymbol{\alpha}_2+x_3\boldsymbol{\alpha}_3+x_4\boldsymbol{\alpha}_4=\boldsymbol{0}$ 与 $x_1\boldsymbol{\beta}_1+x_2\boldsymbol{\beta}_2+x_3\boldsymbol{\beta}_3+x_4\boldsymbol{\beta}_4=\boldsymbol{0}$ 同解且 $\boldsymbol{\beta}_3=3\boldsymbol{\beta}_1-\boldsymbol{\beta}_2$ 知 $\boldsymbol{\alpha}_3=3\boldsymbol{\alpha}_1-\boldsymbol{\alpha}_2$，于是可得该向量组的任意三个向量线性相关，但 $\boldsymbol{\alpha}_1$，$\boldsymbol{\alpha}_2$；$\boldsymbol{\alpha}_1$，$\boldsymbol{\alpha}_3$；$\boldsymbol{\alpha}_2$，$\boldsymbol{\alpha}_3$ 分别是三组线性无关的向量组. 若取 $\boldsymbol{\alpha}_1$，$\boldsymbol{\alpha}_2$ 为极大线性无关组，则 $\boldsymbol{\alpha}_3=3\boldsymbol{\alpha}_1-\boldsymbol{\alpha}_2$，$\boldsymbol{\alpha}_4=0\boldsymbol{\alpha}_1+0\boldsymbol{\alpha}_2$.

下面给出求一个已知向量组的秩、极大无关组及把其余向量用极大无关组线性表示的一般步骤：

第一步，把所给向量组按列写成一个矩阵 $\boldsymbol{A}$；

第二步，用初等行变换把 $\boldsymbol{A}$ 化成行最简形矩阵；

第三步，由 $\boldsymbol{A}$ 的行最简形求出 $\boldsymbol{A}$ 的秩 $R(\boldsymbol{A})=s$ 及一个极大无关组 $\boldsymbol{\alpha}_1$，$\boldsymbol{\alpha}_2$，…，$\boldsymbol{\alpha}_s$；

第四步，取一个不在极大无关组中的向量 $\boldsymbol{b}$ 与 $\boldsymbol{A}$ 的所给极大无关组 $\boldsymbol{\alpha}_1$，$\boldsymbol{\alpha}_2$，…，$\boldsymbol{\alpha}_s$ 构成一个非齐次线性方程组 $x_1\boldsymbol{\alpha}_1+x_2\boldsymbol{\alpha}_2+\cdots+x_s\boldsymbol{\alpha}_s=\boldsymbol{b}$，求出该方程的解 x_1，x_2，…，x_s，$\boldsymbol{b}$ 就被极大无关组 $\boldsymbol{\alpha}_1$，$\boldsymbol{\alpha}_2$，…，$\boldsymbol{\alpha}_s$ 线性表示，且表示系数 x_1，x_2，…，x_s 就是行最简形矩阵中 $\boldsymbol{b}$ 对应列的元素. 依次把 $\boldsymbol{A}$ 中不在极大无关组中的向量取出重复该过程，就把 $\boldsymbol{A}$ 中不在极大无关组中的向量用极大无关组线性表示出来了.

由上述步骤可知：求给定向量组的秩、极大无关组及把其余向量用极大无关组表示出来的过程，就是用初等行变换化简方程组，求解非齐次线性方程组的过程. 一般地，我们取第二步中行最简形的首元素 1 所在列对应的原列向量组为极大无关组，而这些首元素所在的行就对应了最简方程组. 这些最简方程组的解就是把某向量表示为极大无关组线性组合的表出系数.

由以上分析，结合第 1 章中关于线性方程组解的讨论，从向量组的秩与线性相关性看线性方程组解的结论亦可得到如下事实.

1. 给定齐次线性方程组

$$x_1\boldsymbol{\alpha}_1+x_2\boldsymbol{\alpha}_2+\cdots+x_p\boldsymbol{\alpha}_p=\boldsymbol{0}\text{，即 }\boldsymbol{A}\boldsymbol{x}=\boldsymbol{0}\text{，}$$

其中 $\boldsymbol{A}=(\boldsymbol{\alpha}_1,\boldsymbol{\alpha}_2,\cdots,\boldsymbol{\alpha}_p)$，$\boldsymbol{\alpha}_i=\begin{pmatrix}a_{1i}\\a_{2i}\\\vdots\\a_{ni}\end{pmatrix}$，$i=1,2,\cdots,p$，$\boldsymbol{x}=\begin{pmatrix}x_1\\x_2\\\vdots\\x_p\end{pmatrix}$，

若 $R(\boldsymbol{A})=s$，则必有 $s\leqslant\min\{n,p\}$，此时向量组 $\boldsymbol{\alpha}_1$，$\boldsymbol{\alpha}_2$，…，$\boldsymbol{\alpha}_p$ 的极大线性无关组含 s 个向量，不妨设为 $\boldsymbol{\alpha}_1$，$\boldsymbol{\alpha}_2$，…，$\boldsymbol{\alpha}_s$，则

（1）齐次线性方程组只有零解的充要条件是 $\boldsymbol{\alpha}_1$，$\boldsymbol{\alpha}_2$，…，$\boldsymbol{\alpha}_p$ 线性无关（即 $s=p$）；

（2）齐次线性方程组有非零解的充要条件是 $\boldsymbol{\alpha}_1$，$\boldsymbol{\alpha}_2$，…，$\boldsymbol{\alpha}_p$ 线性相关（即 $s<p$）. 此时方程组有 $p-s$ 个自由未知量，它们对应着 $p-s$ 个线性无关的解.

2. 对于给定的非齐次线性方程组

$$x_1\boldsymbol{\alpha}_1+x_2\boldsymbol{\alpha}_2+\cdots+x_p\boldsymbol{\alpha}_p=\boldsymbol{b},\text{即 }\boldsymbol{Ax}=\boldsymbol{b},$$

其中 $\boldsymbol{A}$，$\boldsymbol{x}$ 同上，$\boldsymbol{b}=\begin{pmatrix}b_1\\b_2\\\vdots\\b_p\end{pmatrix}$. 若 $R(\boldsymbol{A})=s_1$，$R(\boldsymbol{A}\vdots\boldsymbol{b})=s_2$，则必有 $s_1\leqslant s_2\leqslant\min\{n,p\}$. 设 $\boldsymbol{A}$ 的一个极大线性无关组为 $\boldsymbol{\alpha}_1$，$\boldsymbol{\alpha}_2$，…，$\boldsymbol{\alpha}_s$，则

（1）非齐次线性方程组有唯一解的充要条件是 $\boldsymbol{\alpha}_1$，$\boldsymbol{\alpha}_2$，…，$\boldsymbol{\alpha}_p$ 线性无关而 $\boldsymbol{\alpha}_1$，$\boldsymbol{\alpha}_2$，…，$\boldsymbol{\alpha}_p$，$\boldsymbol{b}$ 线性相关且 $\boldsymbol{b}$ 能被 $\boldsymbol{\alpha}_1$，$\boldsymbol{\alpha}_2$，…,$\boldsymbol{\alpha}_p$ 线性表示，表示系数唯一（对应于 $s_1=s_2=p$）；

（2）非齐次线性方程组有无穷多解的充要条件是 $\boldsymbol{\alpha}_1$，$\boldsymbol{\alpha}_2$，…,$\boldsymbol{\alpha}_p$ 线性相关，而 $\boldsymbol{\alpha}_1$，$\boldsymbol{\alpha}_2$，…，$\boldsymbol{\alpha}_s$，$\boldsymbol{b}$ 也线性相关且 $\boldsymbol{b}$ 能被 $\boldsymbol{\alpha}_1$，$\boldsymbol{\alpha}_2$，…，$\boldsymbol{\alpha}_p$ 线性表示，表示系数不唯一（$s_1=s_2<p$）；

（3）非齐次线性方程组无解的充要条件是 $s_1<s_2$. 此时，$\boldsymbol{\alpha}_1$，$\boldsymbol{\alpha}_2$，…，$\boldsymbol{\alpha}_s$，$\boldsymbol{b}$ 线性无关且向量 $\boldsymbol{b}$ 不能由向量组 $\boldsymbol{\alpha}_1$，$\boldsymbol{\alpha}_2$，…，$\boldsymbol{\alpha}_s$ 线性表示，即 $\boldsymbol{b}$ 不能由向量组 $\boldsymbol{\alpha}_1$，$\boldsymbol{\alpha}_2$，…，$\boldsymbol{\alpha}_s$，$\boldsymbol{\alpha}_{s+1}$，…，$\boldsymbol{\alpha}_p$ 线性表示，于是所给非齐次线性方程组无解（不相容）.

从上述结论中可知，当线性方程组相容（即有解）时，其系数矩阵和增广矩阵的秩就是原方程组中“有用（或独立）的”方程个数. 而且，由增广矩阵的行最简形我们可以得到：非零行所对应的方程组决定了原方程组中哪些方程是“有用（或独立）的”.

3.3 向量空间

向量空间

3.3.1 向量空间的概念

n 维实数空间 $\mathbf{R}^n$ 中的向量可以定义加法和数乘运算，二者统称为线性运算. 例如，在 $\mathbf{R}^3$ 中，记任意三个向量和零向量分别为

$$\boldsymbol{\alpha}=\begin{pmatrix}a_1\\b_1\\c_1\end{pmatrix},\boldsymbol{\beta}=\begin{pmatrix}a_2\\b_2\\c_2\end{pmatrix},\boldsymbol{\gamma}=\begin{pmatrix}a_3\\b_3\\c_3\end{pmatrix},\mathbf{0}=\begin{pmatrix}0\\0\\0\end{pmatrix}.$$

设 k，l 是任意两个实数，则两个向量加法运算和数乘运算分别为

$$\boldsymbol{\alpha}+\boldsymbol{\beta}=\begin{pmatrix}a_1+a_2\\b_1+b_2\\c_1+c_2\end{pmatrix},\qquad k\boldsymbol{\alpha}=\begin{pmatrix}ka_1\\kb_1\\kc_1\end{pmatrix}.$$

且容易验证此线性运算有如下性质：

1. 封闭性质

（1）$\boldsymbol{\alpha}+\boldsymbol{\beta}\in\mathbf{R}^3$；（加法运算封闭）

（2）$k\boldsymbol{\alpha}\in\mathbf{R}^3$.（数乘运算封闭）

2. 加法性质

（1）$\boldsymbol{\alpha}+\boldsymbol{\beta}=\boldsymbol{\beta}+\boldsymbol{\alpha}$；

（2）$\boldsymbol{\alpha}+(\boldsymbol{\beta}+\boldsymbol{\gamma})=(\boldsymbol{\alpha}+\boldsymbol{\beta})+\boldsymbol{\gamma}$；

（3）$\boldsymbol{\alpha}+\mathbf{0}=\boldsymbol{\alpha}$；

（4）$\boldsymbol{\alpha}+(-\boldsymbol{\alpha})=\mathbf{0}$.

3. 数乘性质

（1）$k(l\boldsymbol{\alpha})=(kl)\boldsymbol{\alpha}$；

（2）$k(\boldsymbol{\alpha}+\boldsymbol{\beta})=k\boldsymbol{\alpha}+k\boldsymbol{\beta}$；

（3）$(k+l)\boldsymbol{\alpha}=k\boldsymbol{\alpha}+l\boldsymbol{\alpha}$；

（4）$1\boldsymbol{\alpha}=\boldsymbol{\alpha}$.

在 $\mathbf{R}^n$ 中，若向量加法或数乘运算满足类似如上 10 条运算规律，则称 $\mathbf{R}^n$ 是一个**向量空间**.

除了 $\mathbf{R}^n$，还有很多集合，例如，以 2 行 3 列的矩阵为元素的集合，以多项式为元素的集合等，其上也定义了相应的加法和数乘两种运算，这两种线性运算也满足如上的 10 条规则，这些定义了加法运算和数乘运算的集合统称为**线性空间**. 向量空间是集合中的元素为向量的一种线性空间. 为了方便验证，下面给出向量空间这一概念的等价定义.

定义 3.3.1　设 S 为以定义在实数集 $\mathbf{R}$ 上的 n 维向量为元素的集合，对任意的两个向量 $\boldsymbol{\alpha}$，$\boldsymbol{\beta}\in S$，k，l 是任意两个实数. 若 $k\boldsymbol{\alpha}+l\boldsymbol{\beta}\in S$ 成立，则称 S 是一个**向量空间**.

注 1：定义 3.3.1 中的条件 $k\boldsymbol{\alpha}+l\boldsymbol{\beta}\in S$ 本质上是 S 对加法运算和数乘运算的封闭性，即

（1）加法运算封闭：当向量 $\boldsymbol{\alpha}$，$\boldsymbol{\beta}\in S$ 时，有 $\boldsymbol{\alpha}+\boldsymbol{\beta}\in S$；

（2）数乘运算封闭：当 $\boldsymbol{\alpha} \in S$ 时，有 $k\boldsymbol{\alpha} \in S$.

注 2：由定义 3.3.1 中的条件 $k\boldsymbol{\alpha}+l\boldsymbol{\beta} \in S$ 也可以推出 $\mathbf{R}^n$ 中的 10 条规则，因此，线性空间的定义也可以由定义 3.3.1 给出.

例 3.3.1 设 n 元齐次线性方程组 $\boldsymbol{Ax}=\mathbf{0}$ 的解集为 $N(\boldsymbol{A})=\{\boldsymbol{x} \mid \boldsymbol{Ax}=\mathbf{0}\}$，在其上定义加法和数乘运算后构成向量空间.

证 要证 $N(\boldsymbol{A})$ 是一个向量空间，只需证对任意的 $\boldsymbol{\alpha}$，$\boldsymbol{\beta} \in N(\boldsymbol{A})$，$k$，$l$ 是任意两个实数，$k\boldsymbol{\alpha}+l\boldsymbol{\beta} \in N(\boldsymbol{A})$ 成立.

事实上，由 $\boldsymbol{\alpha}, \boldsymbol{\beta} \in N(\boldsymbol{A})$，有 $\boldsymbol{A\alpha}=\mathbf{0}$，$\boldsymbol{A\beta}=\mathbf{0}$. 而 $\boldsymbol{A}(k\boldsymbol{\alpha}+l\boldsymbol{\beta})=\boldsymbol{A}k\boldsymbol{\alpha}+\boldsymbol{A}l\boldsymbol{\beta}=k\boldsymbol{A\alpha}+l\boldsymbol{A\beta}=\mathbf{0}$. 即 $k\boldsymbol{\alpha}+l\boldsymbol{\beta} \in N(\boldsymbol{A})$.

在实际问题中，往往只需要在一个向量空间的子空间内讨论问题，故先给出子空间的定义.

定义 3.3.2 设 S 是向量空间，H 是集合 S 的一个子集. 若 H 对 S 中定义的加法与数乘满足：

（1）当向量 $\boldsymbol{\alpha}, \boldsymbol{\beta} \in H$ 时，有 $\boldsymbol{\alpha}+\boldsymbol{\beta} \in H$；（加法运算封闭）

（2）当 $\boldsymbol{\alpha} \in H$ 时，有 $k\boldsymbol{\alpha} \in H$，（数乘运算封闭）

则称 H 是向量空间 S 的一个**子空间**.

由此定义可知，零向量必在子空间中，即 $\mathbf{0} \in H$.

若 $\boldsymbol{\alpha}_1$，$\boldsymbol{\alpha}_2$，…，$\boldsymbol{\alpha}_p$ 是 S 中的向量，记

$$\mathrm{Span}\{\boldsymbol{\alpha}_1,\boldsymbol{\alpha}_2,\cdots,\boldsymbol{\alpha}_p\}=\{\boldsymbol{\beta} \mid \boldsymbol{\beta}=k_1\boldsymbol{\alpha}_1+k_2\boldsymbol{\alpha}_2+\cdots+k_p\boldsymbol{\alpha}_p\}, k_i \in \mathbf{R}, i=1,2,\cdots,p,$$

并在该集合上考虑向量空间 S 的加法和数乘运算，则有如下定理.

定理 3.3.1 $\mathrm{Span}\{\boldsymbol{\alpha}_1,\boldsymbol{\alpha}_2,\cdots,\boldsymbol{\alpha}_p\}$ 是 S 的一个子空间.

证 记 $H=\mathrm{Span}\{\boldsymbol{\alpha}_1,\boldsymbol{\alpha}_2,\cdots,\boldsymbol{\alpha}_p\}$. 对任意的 $\boldsymbol{h}_1$，$\boldsymbol{h}_2 \in H$，有 $\boldsymbol{h}_1=k_1\boldsymbol{\alpha}_1+k_2\boldsymbol{\alpha}_2+\cdots+k_p\boldsymbol{\alpha}_p$，$\boldsymbol{h}_2=k_1'\boldsymbol{\alpha}_1+k_2'\boldsymbol{\alpha}_2+\cdots+k_p'\boldsymbol{\alpha}_p$，$k_i$，$k_i' \in \mathbf{R}$，$i=1$，2，…，$p$，于是

$\boldsymbol{h}_1+\boldsymbol{h}_2=(k_1+k_1')\boldsymbol{\alpha}_1+(k_2+k_2')\boldsymbol{\alpha}_2+\cdots+(k_p+k_p')\boldsymbol{\alpha}_p \in H$，且对任意实数 l，$l\boldsymbol{h}_1 \in H$.

由子空间的定义知：$\mathrm{Span}\{\boldsymbol{\alpha}_1,\boldsymbol{\alpha}_2,\cdots,\boldsymbol{\alpha}_p\}$ 是 S 的一个子空间.

我们称 $H=\mathrm{Span}\{\boldsymbol{\alpha}_1,\boldsymbol{\alpha}_2,\cdots,\boldsymbol{\alpha}_p\}$ 是**由 $\{\boldsymbol{\alpha}_1,\boldsymbol{\alpha}_2,\cdots,\boldsymbol{\alpha}_p\}$ 生成的子空间**. 下面看几个关于子空间的例子.

例 3.3.2 已知 $\mathbf{R}^2$ 中的单位向量组 $\boldsymbol{e}_1=\begin{pmatrix}1\\0\end{pmatrix}$，$\boldsymbol{e}_2=\begin{pmatrix}0\\1\end{pmatrix}$ 可以生成向量空间 $\mathbf{R}^2$，即

$$\mathbf{R}^2=\mathrm{Span}\{\boldsymbol{e}_1,\boldsymbol{e}_2\}.$$

因为 $\mathbf{R}^2$ 中的任意一个二维向量 $\boldsymbol{\alpha}$ 均可表示为

$$\boldsymbol{\alpha}=\begin{pmatrix}a_1\\a_2\end{pmatrix}=a_1\begin{pmatrix}1\\0\end{pmatrix}+a_2\begin{pmatrix}0\\1\end{pmatrix}=a_1\boldsymbol{e}_1+a_2\boldsymbol{e}_2.$$

例 3.3.3　已知 $\mathbf{R}^3$ 中的向量 $\boldsymbol{\alpha}_1=\begin{pmatrix}1\\1\\0\end{pmatrix}$，$\boldsymbol{\alpha}_2=\begin{pmatrix}1\\3\\-1\end{pmatrix}$，$\boldsymbol{\alpha}_3=\begin{pmatrix}5\\3\\t\end{pmatrix}$. 问：

(1) $\{\boldsymbol{\alpha}_1,\boldsymbol{\alpha}_2\}$ 中有多少个向量?

(2) $H=\mathrm{Span}\{\boldsymbol{\alpha}_1,\boldsymbol{\alpha}_2\}$ 中有多少个向量?

(3) 当 t 取何值时，$\boldsymbol{\alpha}_3$ 在由 $\boldsymbol{\alpha}_1$，$\boldsymbol{\alpha}_2$ 生成的 $\mathbf{R}^3$ 的子空间 H 中?

解　$H=\mathrm{Span}\{\boldsymbol{\alpha}_1,\boldsymbol{\alpha}_2\}=\{\boldsymbol{\alpha}\mid\boldsymbol{\alpha}=k\boldsymbol{\alpha}_1+l\boldsymbol{\alpha}_2\}$.

(1) $\{\boldsymbol{\alpha}_1,\boldsymbol{\alpha}_2\}$ 中有 2 个向量;

(2) $H=\mathrm{Span}\{\boldsymbol{\alpha}_1,\boldsymbol{\alpha}_2\}$ 中有无穷多个向量;

(3) 原问题相当于问当 t 取何值时，$\boldsymbol{\alpha}_3$ 能被 $\boldsymbol{\alpha}_1$，$\boldsymbol{\alpha}_2$ 线性表示. 由初等行变换

$$(\boldsymbol{\alpha}_1,\boldsymbol{\alpha}_2,\boldsymbol{\alpha}_3)=\begin{pmatrix}1&1&5\\1&3&3\\0&-1&t\end{pmatrix}\overset{r}{\sim}\begin{pmatrix}1&0&6\\0&1&-1\\0&0&t-1\end{pmatrix},$$

当 $t\neq1$ 时，$\boldsymbol{\alpha}_3$ 不能由 $\boldsymbol{\alpha}_1$，$\boldsymbol{\alpha}_2$ 线性表示. 当 $t=1$ 时，$\boldsymbol{\alpha}_3=6\boldsymbol{\alpha}_1-\boldsymbol{\alpha}_2$，即 $\boldsymbol{\alpha}_3\in H$.

例 3.3.4　$\mathbf{R}^2$ 的子集对加法及数乘运算不构成子空间的例子.

令 $W=\left\{\begin{pmatrix}x\\y\end{pmatrix}:\ xy>0\right\}$，则 W 对加法及数乘运算不构成子空间. 事实上，$\mathbf{0}\notin W$，故 W 对加法及数乘运算不构成子空间.

注：考察一个集合的子集对该空间中的加法及数乘运算是否构成子空间时，首先检验零元素是否在该集合中，若不在，则无须考虑另外的两个条件便可以得到否定的结论，即子集对所给加法与数乘运算不构成子空间.

例 3.3.5　(零子空间) 在向量空间 $\mathbf{R}^n$ 中，由单个的零向量所组成的子集合是一个线性子空间，称其为零子空间.

例 3.3.6　线性空间 V 本身也是 V 的一个子空间.

在线性空间中，零子空间和线性空间本身这两个子空间也叫作平凡子空间，而其他的线性子空间称作非平凡子空间.

例 3.3.7　在全体实函数组成的空间中，所有的实系数多项式对加法和数乘运算构成一个子空间.

例 3.3.8 在线性空间 $\mathbf{R}^n$ 中，齐次线性方程组

$$\begin{cases} a_{11}x_1+a_{12}x_2+\cdots+a_{1n}x_n=0, \\ a_{21}x_1+a_{22}x_2+\cdots+a_{2n}x_n=0, \\ \quad\vdots \\ a_{r1}x_1+a_{r2}x_2+\cdots+a_{rn}x_n=0 \end{cases}$$

的全部解向量组成 $\mathbf{R}^n$ 的一个子空间，这个子空间称为齐次线性方程组的解空间. 为探索这个解空间的结构，我们先讨论一般向量空间的结构化表示.

3.3.2 向量空间中向量的结构化表示

向量空间 $\mathbf{R}^n$ 中有无穷多个向量，但任一个向量 $\boldsymbol{\alpha}$ 都可以被单位向量组 $\boldsymbol{e}_1$，$\boldsymbol{e}_2$，…，$\boldsymbol{e}_n$ 线性表示. 例如，在 $\mathbf{R}^2$ 中，

$$\boldsymbol{\alpha}=\begin{pmatrix} a \\ b \end{pmatrix}=a\begin{pmatrix} 1 \\ 0 \end{pmatrix}+b\begin{pmatrix} 0 \\ 1 \end{pmatrix};$$

在 $\mathbf{R}^3$ 中，$\boldsymbol{\beta}=\begin{pmatrix} c \\ d \\ f \end{pmatrix}=c\begin{pmatrix} 1 \\ 0 \\ 0 \end{pmatrix}+d\begin{pmatrix} 0 \\ 1 \\ 0 \end{pmatrix}+f\begin{pmatrix} 0 \\ 0 \\ 1 \end{pmatrix}$. 对于向量空间 $\mathbf{R}^n$ 的子空间 H 中的任一向量 $\boldsymbol{\alpha}$，是否也能找到 H 中的 p（$p<n$）个线性无关的向量组 $\boldsymbol{\alpha}_1$，$\boldsymbol{\alpha}_2$，…，$\boldsymbol{\alpha}_p$，使 $\boldsymbol{\alpha}=x_1\boldsymbol{\alpha}_1+x_2\boldsymbol{\alpha}_2+\cdots+x_p\boldsymbol{\alpha}_p$，$x_i\in\mathbf{R}$，$i=1,2,\cdots,p$? 为了回答此问题，先给出向量空间的基的定义.

定义 3.3.3 令 H 是 n 维向量空间 S 的一个子空间，设 $B=\{\boldsymbol{\alpha}_1,\boldsymbol{\alpha}_2,\cdots,\boldsymbol{\alpha}_p\}$ 是 H 中的一组向量，若

（1）B 是一个线性无关的向量组；

（2）H 中的任意向量都能被 B 线性表示，即 $H=\text{Span}\{\boldsymbol{\alpha}_1,\boldsymbol{\alpha}_2,\cdots,\boldsymbol{\alpha}_p\}$，

则称 B 是 H 的一组基.

例 3.3.9 单位向量组 $\boldsymbol{e}_1$，$\boldsymbol{e}_2$，…，$\boldsymbol{e}_n$ 是 $\mathbf{R}^n$ 的一组基.

例 3.3.10 令 $\boldsymbol{\alpha}_1=\begin{pmatrix} 1 \\ 0 \\ 2 \end{pmatrix}$，$\boldsymbol{\alpha}_2=\begin{pmatrix} -4 \\ 1 \\ 7 \end{pmatrix}$，$\boldsymbol{\alpha}_3=\begin{pmatrix} -2 \\ 1 \\ 5 \end{pmatrix}$，判断 $\{\boldsymbol{\alpha}_1,\boldsymbol{\alpha}_2,\boldsymbol{\alpha}_3\}$ 是否是 $\mathbf{R}^3$ 的一组基.

解 记 $\boldsymbol{A}=(\boldsymbol{\alpha}_1,\boldsymbol{\alpha}_2,\boldsymbol{\alpha}_3)$，则 $|\boldsymbol{A}|=-6\neq0$，由此可得 $\{\boldsymbol{\alpha}_1,\boldsymbol{\alpha}_2,\boldsymbol{\alpha}_3\}$ 线性无关，且对 $\mathbf{R}^3$ 中的任意向量 $\boldsymbol{\beta}$，由克拉默法则可知，存

在唯一实数组 k_1，k_2，k_3，使 $\boldsymbol{\beta}=k_1\boldsymbol{\alpha}_1+k_2\boldsymbol{\alpha}_2+k_3\boldsymbol{\alpha}_3$ 成立. 即 $\{\boldsymbol{\alpha}_1,\boldsymbol{\alpha}_2,\boldsymbol{\alpha}_3\}$ 是 $\mathbf{R}^3$ 的一组基.

在定义 3.3.3 中，向量组 B 中所含向量的个数 p 是个常数，并称这个常数 p 为向量空间 H 的维数，记为 $\dim(H)=p$. 且对任意的 $\boldsymbol{\alpha}\in H$，$\boldsymbol{\alpha}_1$，$\boldsymbol{\alpha}_2$，…，$\boldsymbol{\alpha}_p$，$\boldsymbol{\alpha}$ 必线性相关，因此，有

$$\boldsymbol{\alpha}=x_1\boldsymbol{\alpha}_1+x_2\boldsymbol{\alpha}_2+\cdots+x_p\boldsymbol{\alpha}_p,x_i\in\mathbf{R},i=1,2,\cdots,p,$$

且这样的 x_1，x_2，…，x_p 是唯一的. 我们称 $(x_1,x_2,\cdots,x_p)$ 为 $\boldsymbol{\alpha}$ 在基 $(\boldsymbol{\alpha}_1,\boldsymbol{\alpha}_2,\cdots,\boldsymbol{\alpha}_p)$ 下的坐标.

从该定义中可以看出，要求 $\boldsymbol{\alpha}$ 在基 $(\boldsymbol{\alpha}_1,\boldsymbol{\alpha}_2,\cdots,\boldsymbol{\alpha}_p)$ 下的坐标，就是要求非齐次线性方程组

$$x_1\boldsymbol{\alpha}_1+x_2\boldsymbol{\alpha}_2+\cdots+x_p\boldsymbol{\alpha}_p=\boldsymbol{\alpha}$$

的解. 这样，向量空间中向量的结构便清楚了.

例 3.3.11　已知向量 $\boldsymbol{\alpha}=\begin{pmatrix}1\\2\\3\end{pmatrix}$，分别求其在 $\mathbf{R}^3$ 的两组基

$$B_1:\boldsymbol{e}_1=\begin{pmatrix}1\\0\\0\end{pmatrix},\boldsymbol{e}_2=\begin{pmatrix}0\\1\\0\end{pmatrix},\boldsymbol{e}_3=\begin{pmatrix}0\\0\\1\end{pmatrix};B_2:\boldsymbol{b}_1=\begin{pmatrix}1\\0\\0\end{pmatrix},\boldsymbol{b}_2=\begin{pmatrix}1\\1\\0\end{pmatrix},\boldsymbol{b}_3=\begin{pmatrix}1\\1\\1\end{pmatrix}$$

下的坐标.

解　由于 $\boldsymbol{\alpha}=\boldsymbol{e}_1+2\boldsymbol{e}_2+3\boldsymbol{e}_3$ 及 $\boldsymbol{\alpha}=-\boldsymbol{b}_1-\boldsymbol{b}_2+3\boldsymbol{b}_3$，容易得到向量 $\boldsymbol{\alpha}$ 在基 B_1，B_2 下的坐标分别为 $(1,2,3)$，$(-1,-1,3)$.

例 3.3.12　若能找到有限个线性无关的解 $\boldsymbol{\alpha}_1$，$\boldsymbol{\alpha}_2$，…，$\boldsymbol{\alpha}_p$，使 $\mathrm{Span}\{\boldsymbol{\alpha}_1,\boldsymbol{\alpha}_2,\cdots,\boldsymbol{\alpha}_p\}$ 就是方程组

$$\begin{cases}a_{11}x_1+a_{12}x_2+\cdots+a_{1n}x_n=0,\\a_{21}x_1+a_{22}x_2+\cdots+a_{2n}x_n=0,\\\quad\vdots\\a_{r1}x_1+a_{r2}x_2+\cdots+a_{rn}x_n=0\end{cases}$$

的所有解，则 $\boldsymbol{\alpha}_1$，$\boldsymbol{\alpha}_2$，…，$\boldsymbol{\alpha}_p$ 就是解空间 $\mathrm{Span}\{\boldsymbol{\alpha}_1,\boldsymbol{\alpha}_2,\cdots,\boldsymbol{\alpha}_p\}$ 的基.

例 3.3.13　对于线性方程 $x_1+x_2+x_3=0$，可以证明 $\boldsymbol{\alpha}_1=\begin{pmatrix}-1\\1\\0\end{pmatrix}$，$\boldsymbol{\alpha}_2=\begin{pmatrix}-1\\0\\1\end{pmatrix}$ 是其两个线性无关的解，且其解空间（所有解）为

span$\{\boldsymbol{\alpha}_1,\boldsymbol{\alpha}_2\}$，即解空间的基为$\boldsymbol{\alpha}_1$，$\boldsymbol{\alpha}_2$. 从几何上看，方程的解在由向量$\boldsymbol{\alpha}_1$，$\boldsymbol{\alpha}_2$所确定的平面上（见图 3-3-1). 若把这两个向量“掰直”，便是我们习惯的“直角坐标系”了（见图 3-3-2). 基于此出发点，我们讨论向量组的正交问题.

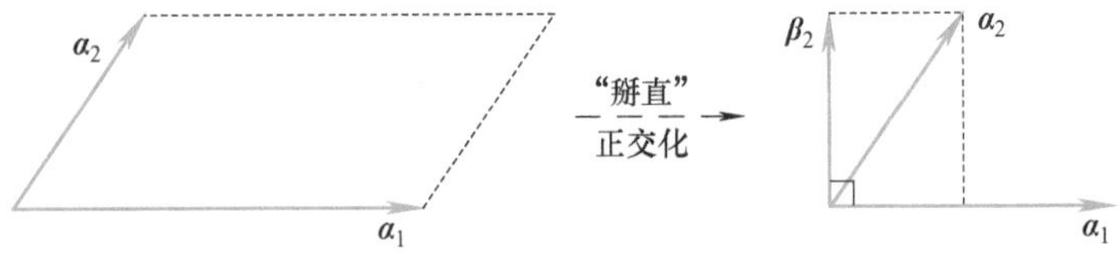

图 3-3-1　　图 3-3-2

3.3.3 向量组的正交性与正交矩阵

向量组的正交性与正交矩阵

要讨论向量组的正交性，首先讨论向量的内积及相关性质.

定义 3.3.4 设 $\mathbf{R}^n$ 中的两个向量 $\boldsymbol{\alpha}=(a_1,a_2,\cdots,a_n)^{\mathrm{T}}$，$\boldsymbol{\beta}=(b_1,b_2,\cdots,b_n)^{\mathrm{T}}$，称

$$[\boldsymbol{\alpha},\boldsymbol{\beta}]=a_1b_1+a_2b_2+\cdots+a_nb_n$$

为 $\boldsymbol{\alpha}$ 与 $\boldsymbol{\beta}$ 的内积（或数量积).

内积是向量间的一种运算，也可用矩阵乘法的形式表示为

$$[\boldsymbol{\alpha},\boldsymbol{\beta}]=\boldsymbol{\alpha}^{\mathrm{T}}\boldsymbol{\beta}.$$

例如，设 $\boldsymbol{\alpha}=(1,0,-1,2)^{\mathrm{T}}$，$\boldsymbol{\beta}=(2,0,-2,2)^{\mathrm{T}}$，则

$$[\boldsymbol{\alpha},\boldsymbol{\beta}]=\boldsymbol{\alpha}^{\mathrm{T}}\boldsymbol{\beta}=(1,0,-1,2)\begin{pmatrix}2\\0\\-2\\2\end{pmatrix}=1\times2+0\times0+(-1)\times(-2)+2\times2=8.$$

若设 $\boldsymbol{\xi}$，$\boldsymbol{\eta}$，$\boldsymbol{\gamma}$ 分别为 n 维向量，k 为实数，则内积有如下性质：

(1) 交换律　$[\boldsymbol{\xi},\boldsymbol{\eta}]=[\boldsymbol{\eta},\boldsymbol{\xi}]$；

(2) 齐次性　$[k\boldsymbol{\xi},\boldsymbol{\eta}]=k[\boldsymbol{\xi},\boldsymbol{\eta}]$；

(3) 对加法的分配律　$[\boldsymbol{\xi}+\boldsymbol{\gamma},\boldsymbol{\eta}]=[\boldsymbol{\xi},\boldsymbol{\eta}]+[\boldsymbol{\gamma},\boldsymbol{\eta}]$.

定义 3.3.5 令 $\|\boldsymbol{\xi}\|=\sqrt{[\boldsymbol{\xi},\boldsymbol{\xi}]}=\sqrt{\xi_1^2+\xi_2^2+\cdots+\xi_n^2}$，称非负实数 $\|\boldsymbol{\xi}\|$ 为 n 维向量 $\boldsymbol{\xi}$ 的长度（或范数).

称满足 $\|\boldsymbol{\xi}\|=1$ 的 n 维向量 $\boldsymbol{\xi}$ 为单位向量；对 n 维非零向

量$\boldsymbol{\xi}$，称向量$\boldsymbol{\varepsilon}=\dfrac{\boldsymbol{\xi}}{\|\boldsymbol{\xi}\|}$为$\boldsymbol{\xi}$的单位化向量，这个过程称为向量的单位化.

向量的长度具有下列性质：

(1) 非负性　当$\boldsymbol{\xi}\neq\mathbf{0}$时，$\|\boldsymbol{\xi}\|>0$；当且仅当$\boldsymbol{\xi}=\mathbf{0}$时，$\|\boldsymbol{\xi}\|=0$；

(2) 齐次性　$\|k\boldsymbol{\xi}\|=|k|\,\|\boldsymbol{\xi}\|$；

(3) 三角不等式　$\|\boldsymbol{\xi}+\boldsymbol{\eta}\|\leqslant\|\boldsymbol{\xi}\|+\|\boldsymbol{\eta}\|$.

内积也可以定义如下.

定义 3.3.6　$[\boldsymbol{\xi},\boldsymbol{\eta}]=\|\boldsymbol{\xi}\|\cdot\|\boldsymbol{\eta}\|\cdot\cos\theta$，其中当向量$\boldsymbol{\xi}$，$\boldsymbol{\eta}$都不是零向量时，定义向量$\boldsymbol{\xi}$，$\boldsymbol{\eta}$间的夹角为

$$\theta=\arccos\frac{[\boldsymbol{\xi},\boldsymbol{\eta}]}{\|\boldsymbol{\xi}\|\,\|\boldsymbol{\eta}\|},\theta\in[0,\pi].$$

由定义 3.3.6 知，向量的内积满足以下施瓦茨（Schwarz）不等式

$$[\boldsymbol{\xi},\boldsymbol{\eta}]^2\leqslant[\boldsymbol{\xi},\boldsymbol{\xi}]\cdot[\boldsymbol{\eta},\boldsymbol{\eta}].$$

由定义 3.3.6 还可知，当$[\boldsymbol{\xi},\boldsymbol{\eta}]=\|\boldsymbol{\xi}\|\cdot\|\boldsymbol{\eta}\|\cdot\cos\theta=0$时，$\boldsymbol{\xi}$与$\boldsymbol{\eta}$的夹角为$\dfrac{\pi}{2}$，此时称两向量$\boldsymbol{\xi}$与$\boldsymbol{\eta}$正交或垂直，记为$\boldsymbol{\xi}\perp\boldsymbol{\eta}$. 显然，当向量$\boldsymbol{\xi}$为零向量时，它与任何向量都正交.

下面讨论正交向量组.

定义 3.3.7　设$\mathbf{R}^n$中的两个向量$\boldsymbol{\alpha}=(a_1,a_2,\cdots,a_n)^{\mathrm{T}}$，$\boldsymbol{\beta}=(b_1,b_2,\cdots,b_n)^{\mathrm{T}}$，若它们之间的内积为零，即

$$[\boldsymbol{\alpha},\boldsymbol{\beta}]=\boldsymbol{\alpha}^{\mathrm{T}}\boldsymbol{\beta}=a_1b_1+a_2b_2+\cdots+a_nb_n=0,$$

则称这两个向量正交（见图 3-3-3），记为$\boldsymbol{\alpha}\perp\boldsymbol{\beta}$.

图 3-3-3

定义 3.3.8　若一n维向量组$\boldsymbol{\alpha}_1$，$\boldsymbol{\alpha}_2$，$\cdots$，$\boldsymbol{\alpha}_r$两两正交，则称这组向量组为正交向量组.

例如，三维空间中的单位向量$\boldsymbol{e}_1=\begin{pmatrix}1\\0\\0\end{pmatrix}$，$\boldsymbol{e}_2=\begin{pmatrix}0\\1\\0\end{pmatrix}$，$\boldsymbol{e}_3=\begin{pmatrix}0\\0\\1\end{pmatrix}$两两正交，$\boldsymbol{e}_1$，$\boldsymbol{e}_2$，$\boldsymbol{e}_3$是正交向量组（见图 3-3-4）.

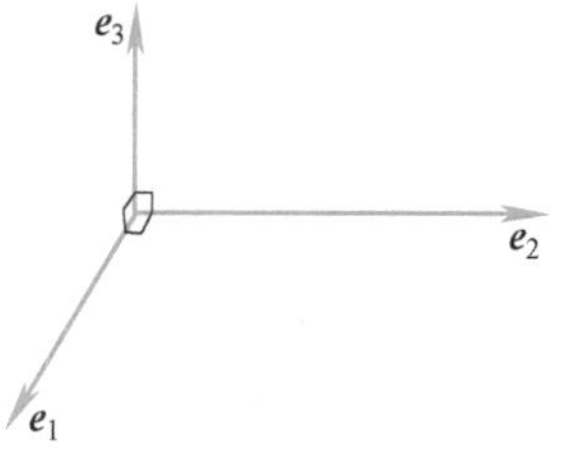

图 3-3-4

正交的向量组有如下性质.

定理 3.3.2 若一 n 维非零向量组$\boldsymbol{\alpha}_1$，$\boldsymbol{\alpha}_2$，…，$\boldsymbol{\alpha}_r$ 是正交向量组，则该向量组必线性无关.

证 设有常数 k_1，k_2，…，k_r，使

$$k_1\boldsymbol{\alpha}_1+k_2\boldsymbol{\alpha}_2+\cdots+k_r\boldsymbol{\alpha}_r=\mathbf{0}, \quad (*)$$

首先用 $\boldsymbol{\alpha}_1^{\mathrm{T}}$ 乘以该式的两端得

$$k_1\boldsymbol{\alpha}_1^{\mathrm{T}}\boldsymbol{\alpha}_1+k_2\boldsymbol{\alpha}_1^{\mathrm{T}}\boldsymbol{\alpha}_2+\cdots+k_r\boldsymbol{\alpha}_1^{\mathrm{T}}\boldsymbol{\alpha}_r=\boldsymbol{\alpha}_1^{\mathrm{T}}\mathbf{0}=0.$$

再由向量组两两正交得

$$k_1\boldsymbol{\alpha}_1^{\mathrm{T}}\boldsymbol{\alpha}_1=k_1[\boldsymbol{\alpha}_1,\boldsymbol{\alpha}_1]=k_1\|\boldsymbol{\alpha}_1\|^2=0,$$

于是 $k_1=0$.

依次用$\boldsymbol{\alpha}_i^{\mathrm{T}}(i=2,3,\cdots,r)$乘式（$*$）两端，分别得$k_2=k_3=\cdots=k_r=0$，即所给向量组线性无关.

由此定理可知道，正交的向量组必线性无关，但线性无关的向量组未必正交.

例如，二维向量组 $\boldsymbol{\alpha}=\begin{pmatrix}1\\1\end{pmatrix}$，$\boldsymbol{\beta}=\begin{pmatrix}1\\2\end{pmatrix}$线性无关，但由于$[\boldsymbol{\alpha},\boldsymbol{\beta}]=1\times1+1\times2=3\neq0$，故二者不正交.

对于一个线性无关的向量组，我们都可以用下列施密特正交化方法将其化为与之等价的正交向量组，这一过程称为向量组的正交化方法.

定理 3.3.3（施密特正交化方法） 设$\boldsymbol{\alpha}_1$，$\boldsymbol{\alpha}_2$，…，$\boldsymbol{\alpha}_r$ 是一线性无关的向量组. 若令

$$\boldsymbol{\beta}_1=\boldsymbol{\alpha}_1,$$

$$\boldsymbol{\beta}_2=\boldsymbol{\alpha}_2-\frac{[\boldsymbol{\alpha}_2,\boldsymbol{\beta}_1]}{[\boldsymbol{\beta}_1,\boldsymbol{\beta}_1]}\boldsymbol{\beta}_1,$$

$$\vdots$$

$$\boldsymbol{\beta}_r=\boldsymbol{\alpha}_r-\frac{[\boldsymbol{\alpha}_r,\boldsymbol{\beta}_1]}{[\boldsymbol{\beta}_1,\boldsymbol{\beta}_1]}\boldsymbol{\beta}_1-\frac{[\boldsymbol{\alpha}_r,\boldsymbol{\beta}_2]}{[\boldsymbol{\beta}_2,\boldsymbol{\beta}_2]}\boldsymbol{\beta}_2-\cdots-\frac{[\boldsymbol{\alpha}_r,\boldsymbol{\beta}_{r-1}]}{[\boldsymbol{\beta}_{r-1},\boldsymbol{\beta}_{r-1}]}\boldsymbol{\beta}_{r-1},$$

则$\boldsymbol{\beta}_1$，$\boldsymbol{\beta}_2$，…，$\boldsymbol{\beta}_r$ 是正交向量组，且$\boldsymbol{\alpha}_1$，$\boldsymbol{\alpha}_2$，…，$\boldsymbol{\alpha}_r$ 与$\boldsymbol{\beta}_1$，$\boldsymbol{\beta}_2$，…，$\boldsymbol{\beta}_r$ 等价.

定理的证明从略. 若进一步对 $i=1$，2，…，r，令$\boldsymbol{\varepsilon}_i=\dfrac{\boldsymbol{\beta}_i}{\|\boldsymbol{\beta}_i\|}$，则称$\boldsymbol{\varepsilon}_1$，$\boldsymbol{\varepsilon}_2$，…，$\boldsymbol{\varepsilon}_r$ 为标准正交向量组或规范正交向量组.

施密特正交化方法的几何直观如图 3-3-5、图 3-3-6 所示，用

解析几何的术语解释如下.

$\boldsymbol{\beta}_2=\boldsymbol{\alpha}_2-\boldsymbol{c}_2$，而 $\boldsymbol{c}_2$ 为 $\boldsymbol{\alpha}_2$ 在 $\boldsymbol{\beta}_1$ 上的投影向量，即 $\boldsymbol{c}_2=\dfrac{[\boldsymbol{\alpha}_2,\boldsymbol{\beta}_1]}{[\boldsymbol{\beta}_1,\boldsymbol{\beta}_1]}\boldsymbol{\beta}_1$；$\boldsymbol{\beta}_3=\boldsymbol{\alpha}_3-\boldsymbol{c}_3$，而 $\boldsymbol{c}_3$ 为 $\boldsymbol{\alpha}_3$ 在 $\boldsymbol{\beta}_1$，$\boldsymbol{\beta}_2$ 平面上的投影向量，由于 $\boldsymbol{\beta}_1\perp\boldsymbol{\beta}_2$，故而 $\boldsymbol{c}_3$ 等于 $\boldsymbol{\alpha}_3$ 分别在 $\boldsymbol{\beta}_1$，$\boldsymbol{\beta}_2$ 上的投影向量 $\boldsymbol{c}_{31}$，$\boldsymbol{c}_{32}$ 之和，即

$$\boldsymbol{c}_3=\boldsymbol{c}_{31}+\boldsymbol{c}_{32}=\frac{[\boldsymbol{\alpha}_3,\boldsymbol{\beta}_1]}{[\boldsymbol{\beta}_1,\boldsymbol{\beta}_1]}\boldsymbol{\beta}_1+\frac{[\boldsymbol{\alpha}_3,\boldsymbol{\beta}_2]}{[\boldsymbol{\beta}_2,\boldsymbol{\beta}_2]}\boldsymbol{\beta}_2.$$

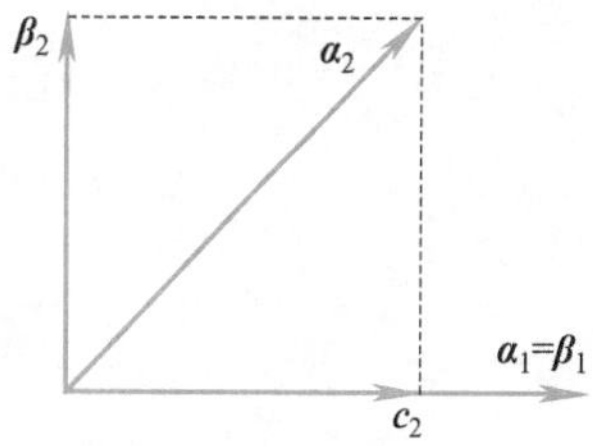

图 3-3-5

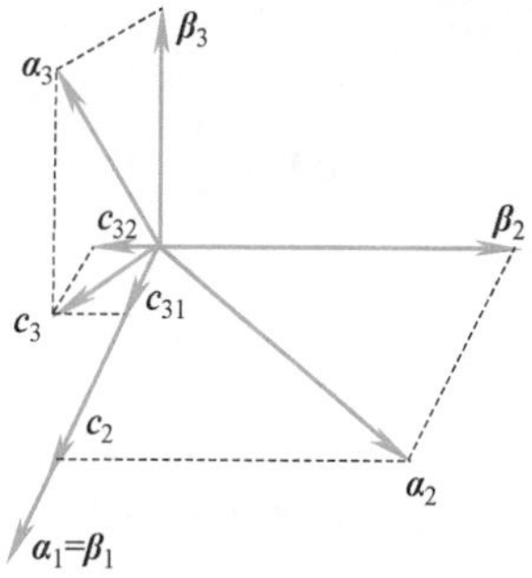

图 3-3-6

例 3.3.14

已知向量组 $\boldsymbol{\alpha}_1=\begin{pmatrix}1\\0\\1\\0\end{pmatrix}$，$\boldsymbol{\alpha}_2=\begin{pmatrix}0\\1\\2\\1\end{pmatrix}$，$\boldsymbol{\alpha}_3=\begin{pmatrix}1\\1\\0\\1\end{pmatrix}$，用施密特方法将其化为标准正交向量组.

解　令 $\boldsymbol{\beta}_1=\boldsymbol{\alpha}_1=\begin{pmatrix}1\\0\\1\\0\end{pmatrix}$，$\boldsymbol{\beta}_2=\boldsymbol{\alpha}_2-\dfrac{[\boldsymbol{\alpha}_2,\boldsymbol{\beta}_1]}{[\boldsymbol{\beta}_1,\boldsymbol{\beta}_1]}\boldsymbol{\beta}_1=\begin{pmatrix}0\\1\\2\\1\end{pmatrix}-\dfrac{2}{2}\begin{pmatrix}1\\0\\1\\0\end{pmatrix}=\begin{pmatrix}-1\\1\\1\\1\end{pmatrix}$，

$$\boldsymbol{\beta}_3=\boldsymbol{\alpha}_3-\frac{[\boldsymbol{\alpha}_3,\boldsymbol{\beta}_1]}{[\boldsymbol{\beta}_1,\boldsymbol{\beta}_1]}\boldsymbol{\beta}_1-\frac{[\boldsymbol{\alpha}_3,\boldsymbol{\beta}_2]}{[\boldsymbol{\beta}_2,\boldsymbol{\beta}_2]}\boldsymbol{\beta}_2=\begin{pmatrix}1\\1\\0\\1\end{pmatrix}-\frac{1}{2}\begin{pmatrix}1\\0\\1\\0\end{pmatrix}-\frac{1}{4}\begin{pmatrix}-1\\1\\1\\1\end{pmatrix}=\frac{3}{4}\begin{pmatrix}1\\1\\-1\\1\end{pmatrix}.$$

即 $\boldsymbol{\beta}_1$，$\boldsymbol{\beta}_2$，$\boldsymbol{\beta}_3$ 为正交的向量组. 再令

$$\boldsymbol{\gamma}_1=\frac{\boldsymbol{\beta}_1}{\|\boldsymbol{\beta}_1\|}=\frac{1}{\sqrt{2}}\begin{pmatrix}1\\0\\1\\0\end{pmatrix},\ \boldsymbol{\gamma}_2=\frac{\boldsymbol{\beta}_2}{\|\boldsymbol{\beta}_2\|}=\frac{1}{2}\begin{pmatrix}-1\\1\\1\\1\end{pmatrix},\ \boldsymbol{\gamma}_3=\frac{\boldsymbol{\beta}_3}{\|\boldsymbol{\beta}_3\|}=\frac{3}{2}\begin{pmatrix}1\\1\\-1\\1\end{pmatrix},$$

则 $\boldsymbol{\gamma}_1$，$\boldsymbol{\gamma}_2$，$\boldsymbol{\gamma}_3$ 即为所求的标准正交向量组.

例 3.3.15

已知 $\boldsymbol{\alpha}_1=\begin{pmatrix}1\\1\\-1\end{pmatrix}$，求非零向量 $\boldsymbol{\alpha}_2$，$\boldsymbol{\alpha}_3$，使向量组 $\boldsymbol{\alpha}_1$，$\boldsymbol{\alpha}_2$，$\boldsymbol{\alpha}_3$ 是正交向量组.

解　依题意，向量 $\boldsymbol{\alpha}_2$，$\boldsymbol{\alpha}_3$ 要满足方程 $\boldsymbol{\alpha}_1^{\mathrm{T}}\boldsymbol{x}=0$，$\boldsymbol{x}=\begin{pmatrix}x_1\\x_2\\x_3\end{pmatrix}$，即 $x_1+x_2-x_3=0$，其基础解系为 $\boldsymbol{\xi}_1=\begin{pmatrix}1\\0\\1\end{pmatrix}$，$\boldsymbol{\xi}_2=\begin{pmatrix}0\\1\\1\end{pmatrix}$. 将此基础解系正交

化即得所求，亦即取

$$\boldsymbol{\alpha}_2=\begin{pmatrix}1\\0\\1\end{pmatrix},\boldsymbol{\alpha}_3=\boldsymbol{\xi}_2-\frac{[\boldsymbol{\xi}_2,\boldsymbol{\alpha}_2]}{[\boldsymbol{\alpha}_2,\boldsymbol{\alpha}_2]}\boldsymbol{\alpha}_2=\begin{pmatrix}0\\1\\1\end{pmatrix}-\frac{1}{2}\begin{pmatrix}1\\0\\1\end{pmatrix}=\frac{1}{2}\begin{pmatrix}-1\\2\\1\end{pmatrix}.$$

这些标准正交向量组为列构成的方阵，就是下述定义中的正交矩阵.

定义 3.3.9 如果 n 阶方阵 $\boldsymbol{A}$ 满足$\boldsymbol{A}^{\mathrm{T}}\boldsymbol{A}=\boldsymbol{E}$，即$\boldsymbol{A}^{\mathrm{T}}=\boldsymbol{A}^{-1}$，则称 $\boldsymbol{A}$ 为**正交矩阵**.

若记 $\boldsymbol{A}=(\boldsymbol{\alpha}_1,\boldsymbol{\alpha}_2,\cdots,\boldsymbol{\alpha}_n)$，则上式亦可表示为

$$\begin{pmatrix}\boldsymbol{\alpha}_1^{\mathrm{T}}\\\boldsymbol{\alpha}_2^{\mathrm{T}}\\\vdots\\\boldsymbol{\alpha}_n^{\mathrm{T}}\end{pmatrix}(\boldsymbol{\alpha}_1,\boldsymbol{\alpha}_2,\cdots,\boldsymbol{\alpha}_n)=\boldsymbol{E}=\begin{pmatrix}1&0&\cdots&0\\0&1&\cdots&0\\\vdots&\vdots&&\vdots\\0&0&\cdots&1\end{pmatrix},$$

亦即

$$\boldsymbol{\alpha}_i^{\mathrm{T}}\boldsymbol{\alpha}_j=\begin{cases}0,i\neq j,\\1,i=j\end{cases},(i,j=1,2,\cdots,n).$$

于是得到如下定理.

定理 3.3.4 方阵 $\boldsymbol{A}$ 为正交矩阵的充要条件是 $\boldsymbol{A}$ 的列（行）向量组是单位正交向量组.

上述结论对行向量组成立是因为 $\boldsymbol{A}^{\mathrm{T}}\boldsymbol{A}=\boldsymbol{E}$ 与 $\boldsymbol{A}\boldsymbol{A}^{\mathrm{T}}=\boldsymbol{E}$ 等价.

于是，正交矩阵 $\boldsymbol{A}$ 的列（行）向量组构成 $\mathbf{R}^n$ 空间的单位正交基；反之，以 $\mathbf{R}^n$ 空间的单位正交基为列构成的矩阵是正交矩阵.

由正交矩阵的定义可直接证明正交矩阵有如下性质：

（1）正交矩阵的行列式为±1；

（2）正交矩阵的转置仍是正交矩阵；

（3）正交矩阵的逆矩阵仍是正交矩阵；

（4）两个正交矩阵的乘积仍是正交矩阵.

读者可以自行证明.

3.4 线性方程组解的结构

在第 1 章中，我们介绍了用矩阵的初等行变换解线性方程组，得到了两个重要的定理：

（1）有 m 个方程的 n 元齐次线性方程组 $\boldsymbol{Ax}=\boldsymbol{0}$ 有无穷多个解的充分必要条件是其系数矩阵的秩 $R(\boldsymbol{A})<n$，且通解中含有 $n-R(\boldsymbol{A})$ 个任意常数；

（2）有 m 个方程的 n 元非齐次线性方程组 $\boldsymbol{Ax}=\boldsymbol{b}$ 有解的充分必要条件是其系数矩阵 $\boldsymbol{A}$ 的秩 $R(\boldsymbol{A})$ 等于增广矩阵 $\boldsymbol{B}=(\boldsymbol{A}\,\vdots\,\boldsymbol{b})$ 的秩 $R(\boldsymbol{B})$，且当 $R(\boldsymbol{A})=R(\boldsymbol{B})=n$ 时方程组有唯一解；当 $R(\boldsymbol{A})=R(\boldsymbol{B})<n$ 时方程组有无穷多个解，且通解中含有 $n-R(\boldsymbol{A})$ 个任意常数.

下面我们用向量组线性相关的理论来讨论线性方程组解的结构. 先讨论齐次线性方程组的情形.

3.4.1 齐次线性方程组的解空间

设有齐次线性方程组

$$\begin{cases} a_{11}x_1+a_{12}x_2+\cdots+a_{1n}x_n=0, \\ a_{21}x_1+a_{22}x_2+\cdots+a_{2n}x_n=0, \\ \qquad\qquad\vdots \\ a_{m1}x_1+a_{m2}x_2+\cdots+a_{mn}x_n=0, \end{cases} \tag{3.4.1}$$

齐次线性方程组

或写成矩阵形式

$$\boldsymbol{Ax}=\boldsymbol{0}, \tag{3.4.2}$$

其中 $\boldsymbol{A}=(a_{ij})_{m\times n}$ 为方程组的系数矩阵，$\boldsymbol{x}=(x_1,x_2,\cdots,x_n)^{\mathrm{T}}$ 是 n 维未知向量，$\boldsymbol{0}$ 是 m 维零向量.

为直观理解齐次线性方程组解的结构，我们给出下面的例子.

例 3.4.1　求下列齐次线性方程组 $\boldsymbol{Ax}=\boldsymbol{0}$ 的通解，并指出这些解所构成的子空间，其中系数矩阵 $\boldsymbol{A}$ 分别为

（1）$\boldsymbol{A}=\begin{pmatrix}1 & 1\\ 1 & -1\end{pmatrix}$；　（2）$\boldsymbol{A}=\begin{pmatrix}1 & 1\\ 2 & 2\end{pmatrix}$；　（3）$\boldsymbol{A}=\begin{pmatrix}1 & 1 & 1\\ 1 & 2 & 3\\ 1 & 4 & 9\end{pmatrix}$；

（4）$\boldsymbol{A}=\begin{pmatrix}1 & 1 & 1\\ 1 & 2 & 3\\ 2 & 4 & 6\end{pmatrix}$；（5）$\boldsymbol{A}=\begin{pmatrix}1 & 1 & 1\\ 2 & 2 & 2\\ 3 & 3 & 3\end{pmatrix}$.

解　分别将 $\boldsymbol{A}$ 通过初等行变换化为最简形求解.

(1) $A=\begin{pmatrix}1&1\\1&-1\end{pmatrix}\overset{r}{\sim}\begin{pmatrix}1&0\\0&1\end{pmatrix}$.

所给方程组的解为 $\boldsymbol{x}=(x_1,x_2)^{\mathrm{T}}=(0,0)^{\mathrm{T}}$，即该方程组只有零解，这在平面上是原点，是二维欧氏空间的平凡子空间、零子空间（见图 3-4-1）.

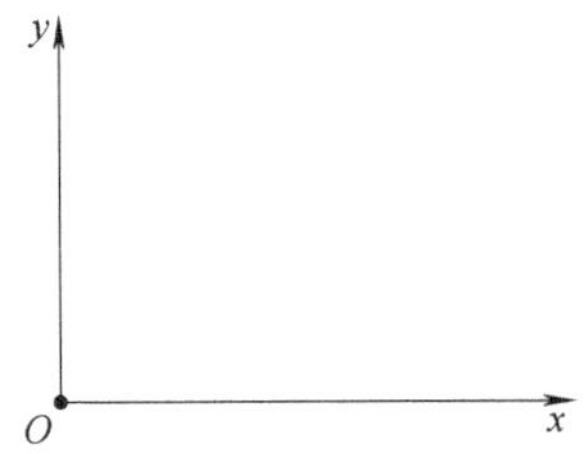

图 3-4-1

(2) $A=\begin{pmatrix}1&1\\2&2\end{pmatrix}\overset{r}{\sim}\begin{pmatrix}1&1\\0&0\end{pmatrix}$.

令 $x_2=c$，则所给齐次线性方程组的通解为

$$\boldsymbol{x}=c\begin{pmatrix}-1\\1\end{pmatrix},\ c\in\mathbf{R}.$$

取 $\boldsymbol{\xi}=\begin{pmatrix}-1\\1\end{pmatrix}$，则解集为 $\mathrm{span}(\boldsymbol{\xi})$，它构成了平面上的一维子空间，其基为 $\boldsymbol{\xi}$（见图 3-4-2）.

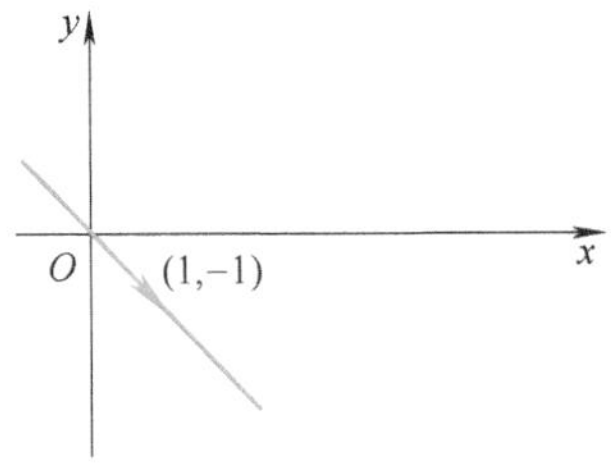

图 3-4-2

(3) $A=\begin{pmatrix}1&1&1\\1&2&3\\1&4&9\end{pmatrix}\overset{r}{\sim}\begin{pmatrix}1&0&0\\0&1&0\\0&0&1\end{pmatrix}$.

所给方程组的解为 $\boldsymbol{x}=(x_1,x_2,x_3)^{\mathrm{T}}=(0,0,0)^{\mathrm{T}}$，即该方程组只有零解，这在三维空间上是原点，是三维欧氏空间的平凡子空间、零子空间（见图 3-4-3）.

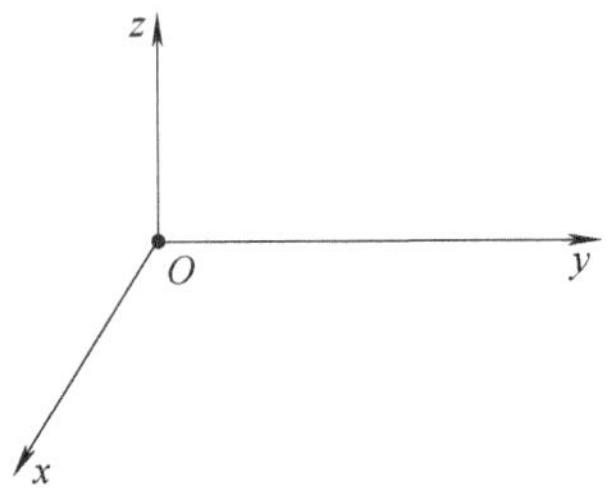

图 3-4-3

(4) $A=\begin{pmatrix}1&1&1\\1&2&3\\2&4&6\end{pmatrix}\overset{r}{\sim}\begin{pmatrix}1&0&-1\\0&1&2\\0&0&0\end{pmatrix}$.

令 $x_3=c$，则所给齐次线性方程组的通解为

$$\boldsymbol{x}=c\begin{pmatrix}1\\-2\\1\end{pmatrix},\ c\in\mathbf{R}.$$

取 $\boldsymbol{\xi}=\begin{pmatrix}1\\-2\\1\end{pmatrix}$，则解集为 $\mathrm{span}(\boldsymbol{\xi})$，它构成了三维空间上的一维子空间，其基为 $\boldsymbol{\xi}$（见图 3-4-4）.

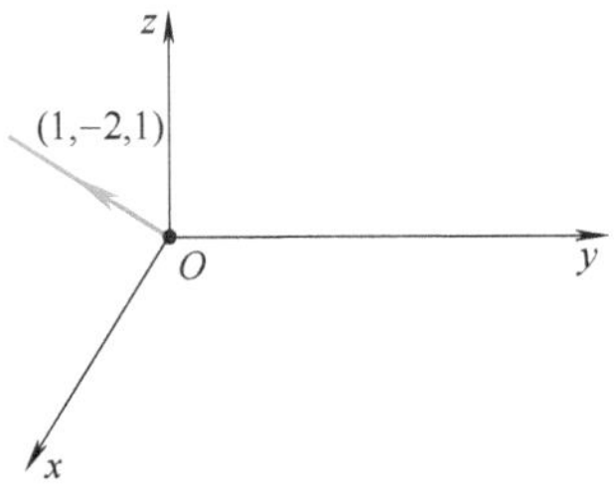

图 3-4-4

(5) $A=\begin{pmatrix}1&1&1\\2&2&2\\3&3&3\end{pmatrix}\overset{r}{\sim}\begin{pmatrix}1&1&1\\0&0&0\\0&0&0\end{pmatrix}$,

令 $x_2=c_1$，$x_3=c_2$，则所给齐次线性方程组的通解为

$$\boldsymbol{x}=c_1\begin{pmatrix}-1\\1\\0\end{pmatrix}+c_2\begin{pmatrix}-1\\0\\1\end{pmatrix},\ c_1,c_2\in\mathbf{R}.$$

取$\boldsymbol{\xi}_1=\begin{pmatrix}-1\\1\\0\end{pmatrix}$，$\boldsymbol{\xi}_2=\begin{pmatrix}-1\\0\\1\end{pmatrix}$，则解集为 $\mathrm{span}(\boldsymbol{\xi}_1,\boldsymbol{\xi}_2)$，它构成了三维空间上的二维子空间，其基为$\boldsymbol{\xi}_1$，$\boldsymbol{\xi}_2$.

由例 3.3.1、例 3.3.8 和例 3.4.1 可见，齐次线性方程组的解集关于其上的线性运算构成了向量空间. 其中的本质是齐次线性方程组的解满足线性叠加原理.

性质 3.4.1（线性叠加原理） 设齐次线性方程组 $\boldsymbol{Ax}=\boldsymbol{0}$ 有解 $\boldsymbol{\xi}_1$，$\boldsymbol{\xi}_2$，…，$\boldsymbol{\xi}_k$，则其线性组合 $c_1\boldsymbol{\xi}_1+c_2\boldsymbol{\xi}_2+\cdots+c_k\boldsymbol{\xi}_k$ 仍为 $\boldsymbol{Ax}=\boldsymbol{0}$ 的解，其中 c_1，c_2，…，c_k 是任意常数.

证 由 $\boldsymbol{A}(c_1\boldsymbol{\xi}_1+c_2\boldsymbol{\xi}_2+\cdots+c_k\boldsymbol{\xi}_k)=c_1\boldsymbol{A}\boldsymbol{\xi}_1+c_2\boldsymbol{A}\boldsymbol{\xi}_2+\cdots+c_k\boldsymbol{A}\boldsymbol{\xi}_k=\boldsymbol{0}$ 可知

$$c_1\boldsymbol{\xi}_1+c_2\boldsymbol{\xi}_2+\cdots+c_k\boldsymbol{\xi}_k$$

是 $\boldsymbol{Ax}=\boldsymbol{0}$ 的解.

由于齐次线性方程组 $\boldsymbol{Ax}=\boldsymbol{0}$ 的解集 $N(\boldsymbol{A})$ 是向量空间，由向量空间的结构可知，我们只要找到 $N(\boldsymbol{A})$ 的一个基$\boldsymbol{\xi}_1$，$\boldsymbol{\xi}_2$，…，$\boldsymbol{\xi}_k$，即可得到齐次线性方程组 $\boldsymbol{Ax}=\boldsymbol{0}$ 的解空间

$$N(\boldsymbol{A})=\{\boldsymbol{x}\mid\boldsymbol{x}=c_1\boldsymbol{\xi}_1+c_2\boldsymbol{\xi}_2+\cdots+c_k\boldsymbol{\xi}_k,c_1,c_2,\cdots,c_k\in\mathbf{R}\}.$$

因而在例 3.4.1 中，$N(\boldsymbol{A})$分别为：

（1）$N(\boldsymbol{A})=\{\boldsymbol{0}\}$，是二维向量空间 $\mathbf{R}^2$ 的平凡子空间、零子空间（见图 3-4-1）；

（2）$N(\boldsymbol{A})=\left\{c\boldsymbol{\xi}\mid\boldsymbol{\xi}=\begin{pmatrix}-1\\1\end{pmatrix},c\in\mathbf{R}\right\}$，其基为$\boldsymbol{\xi}$（见图 3-4-2）；

（3）$N(\boldsymbol{A})=\{\boldsymbol{0}\}$，是三维向量空间 $\mathbf{R}^3$ 的平凡子空间、零子空间（见图 3-4-3）；

（4）$N(\boldsymbol{A})=\left\{c\boldsymbol{\xi}\mid\boldsymbol{\xi}=\begin{pmatrix}1\\-2\\1\end{pmatrix},c\in\mathbf{R}\right\}$，它是三维向量空间 $\mathbf{R}^3$ 上的一维子空间，其基为$\boldsymbol{\xi}$（见图 3-4-4）；

（5）$N(\boldsymbol{A})=\left\{\boldsymbol{x}\mid\boldsymbol{x}=c_1\begin{pmatrix}-1\\1\\0\end{pmatrix}+c_2\begin{pmatrix}-1\\0\\1\end{pmatrix},c_1,c_2\in\mathbf{R}\right\}$，它是三维向量空间 $\mathbf{R}^3$ 上的二维子空间，其基为$\boldsymbol{\xi}_1$，$\boldsymbol{\xi}_2$.

如何求出齐次线性方程组 $\boldsymbol{Ax}=\boldsymbol{0}$ 的解空间 $N(\boldsymbol{A})$ 的基呢？从下面的定理我们可以得到答案.

定理 3.4.1 设齐次线性方程组 $\boldsymbol{Ax}=\boldsymbol{0}$ 有 n 个未知量，且 $R(\boldsymbol{A})=r<n$，则 $\boldsymbol{Ax}=\boldsymbol{0}$ 的解空间的维数为 $\dim N(\boldsymbol{A})=n-r$.

证 系数矩阵 $\boldsymbol{A}$ 的秩 $R(\boldsymbol{A})=r$，不妨设 $\boldsymbol{A}$ 的前 r 个列向量线性无关，于是 $\boldsymbol{A}$ 的行最简形矩阵

$$\boldsymbol{B}=\begin{pmatrix} 1 & \cdots & 0 & b_{11} & \cdots & b_{1,n-r} \\ \vdots & & \vdots & \vdots & & \vdots \\ 0 & \cdots & 1 & b_{r1} & \cdots & b_{r,n-r} \\ 0 & \cdots & 0 & 0 & \cdots & 0 \\ \vdots & & \vdots & \vdots & & \vdots \\ 0 & \cdots & 0 & 0 & \cdots & 0 \end{pmatrix},$$

与矩阵 $\boldsymbol{B}$ 对应的线性方程组为

$$\begin{cases} x_1=-b_{11}x_{r+1}-\cdots-b_{1,n-r}x_n, \\ \qquad\vdots \\ x_r=-b_{r1}x_{r+1}-\cdots-b_{r,n-r}x_n. \end{cases} \tag{3.4.3}$$

由于矩阵 $\boldsymbol{A}$ 与 $\boldsymbol{B}$ 的行向量组等价，故方程组（3.4.1）与方程组（3.4.3）同解.

在方程组（3.4.3）中任给 x_{r+1}，x_{r+2}，…，x_n 的一组值，即可唯一确定 x_1，x_2，…，x_r 的值，从而得到方程组（3.4.3）的一个解（向量），也就是方程组（3.4.1）的解. 现在令 x_{r+1}，x_{r+2}，…，x_n 取下列 $n-r$ 组数

$$\begin{pmatrix} x_{r+1} \\ x_{r+2} \\ \vdots \\ x_n \end{pmatrix}=\begin{pmatrix} 1 \\ 0 \\ \vdots \\ 0 \end{pmatrix},\begin{pmatrix} 0 \\ 1 \\ \vdots \\ 0 \end{pmatrix},\cdots,\begin{pmatrix} 0 \\ 0 \\ \vdots \\ 1 \end{pmatrix},$$

由方程组（3.4.3）依次可得

$$\begin{pmatrix} x_1 \\ x_2 \\ \vdots \\ x_r \end{pmatrix}=\begin{pmatrix} -b_{11} \\ -b_{21} \\ \vdots \\ -b_{r1} \end{pmatrix},\begin{pmatrix} -b_{12} \\ -b_{22} \\ \vdots \\ -b_{r2} \end{pmatrix},\cdots,\begin{pmatrix} -b_{1,n-r} \\ -b_{2,n-r} \\ \vdots \\ -b_{r,n-r} \end{pmatrix}.$$

故而可得方程组（3.4.3）的 $n-r$ 个解，也就是方程组（3.4.1）的 $n-r$ 个解

$$\boldsymbol{\xi}_1=\begin{pmatrix}-b_{11}\\ \vdots\\ -b_{r1}\\ 1\\ 0\\ \vdots\\ 0\end{pmatrix},\boldsymbol{\xi}_2=\begin{pmatrix}-b_{12}\\ \vdots\\ -b_{r2}\\ 0\\ 1\\ \vdots\\ 0\end{pmatrix},\cdots,\boldsymbol{\xi}_{n-r}=\begin{pmatrix}-b_{1,n-r}\\ \vdots\\ -b_{r,n-r}\\ 0\\ 0\\ \vdots\\ 1\end{pmatrix}.$$

下面证明$\boldsymbol{\xi}_1$，$\boldsymbol{\xi}_2$，…，$\boldsymbol{\xi}_{n-r}$是解空间 $N(\boldsymbol{A})$的一个基.

首先，由于形如$(x_{r+1},x_{r+2},\cdots,x_n)^{\mathrm{T}}$ 的 $n-r$ 个 $n-r$ 维向量$\begin{pmatrix}1\\ 0\\ \vdots\\ 0\end{pmatrix}$，$\begin{pmatrix}0\\ 1\\ \vdots\\ 0\end{pmatrix}$，…，$\begin{pmatrix}0\\ 0\\ \vdots\\ 1\end{pmatrix}$线性无关，所以在每个向量的前面加上 r 个分量而得到的 $n-r$ 个 n 维向量$\boldsymbol{\xi}_1$，$\boldsymbol{\xi}_2$，…，$\boldsymbol{\xi}_{n-r}$也线性无关.

其次要证方程组（3.4.1）的任一个解向量 $\boldsymbol{\xi}=(l_1,l_2,\cdots,l_r,l_{r+1},\cdots,l_n)^{\mathrm{T}}$ 都可以由向量组$\boldsymbol{\xi}_1$，$\boldsymbol{\xi}_2$，…，$\boldsymbol{\xi}_{n-r}$线性表示. 为此考虑向量 $\boldsymbol{\gamma}=\boldsymbol{\xi}-l_{r+1}\boldsymbol{\xi}_1-l_{r+2}\boldsymbol{\xi}_2-\cdots-l_n\boldsymbol{\xi}_{n-r}=(c_1,c_2,\cdots,c_r,0,\cdots,0)$. 因为$\boldsymbol{\xi}_1$，$\boldsymbol{\xi}_2$，…，$\boldsymbol{\xi}_{n-r}$，$\boldsymbol{\xi}$ 都是方程组（3.4.1）的解，所以 $\boldsymbol{\gamma}$ 也是方程组（3.4.1）的解，将 $\boldsymbol{\gamma}$ 代入方程组（3.4.3）可以得到 $c_1=c_2=\cdots=c_r=0$，即 $\boldsymbol{\gamma}=\boldsymbol{0}$，故

$$\boldsymbol{\xi}=l_{r+1}\boldsymbol{\xi}_1+l_{r+2}\boldsymbol{\xi}_2+\cdots+l_n\boldsymbol{\xi}_{n-r},$$

这表明方程组（3.4.1）的任一解向量 $\boldsymbol{\xi}$ 都可以被$\boldsymbol{\xi}_1$，$\boldsymbol{\xi}_2$，…，$\boldsymbol{\xi}_{n-r}$线性表示.

这就证明了$\boldsymbol{\xi}_1$，$\boldsymbol{\xi}_2$，…，$\boldsymbol{\xi}_{n-r}$是解空间 $N(\boldsymbol{A})$的一个基，从而知道解空间的维数为 $n-r$.

齐次线性方程组（3.4.1）［等价方程组（3.4.3）］的解空间 $N(\boldsymbol{A})$的一个基$\boldsymbol{\xi}_1$，$\boldsymbol{\xi}_2$，…，$\boldsymbol{\xi}_{n-r}$又称为方程组（3.4.1）［等价方程组（3.4.3）］的基础解系，它满足：

（1）解向量组$\boldsymbol{\xi}_1$，$\boldsymbol{\xi}_2$，…，$\boldsymbol{\xi}_{n-r}$线性无关；

（2）$\boldsymbol{Ax}=\boldsymbol{0}$ 的任一解可由$\boldsymbol{\xi}_1$，$\boldsymbol{\xi}_2$，…，$\boldsymbol{\xi}_{n-r}$线性表示.

齐次线性方程组（3.4.1）的解可以表示为

$$\boldsymbol{x}=l_1\boldsymbol{\xi}_1+l_2\boldsymbol{\xi}_2+\cdots+l_{n-r}\boldsymbol{\xi}_{n-r},\tag{3.4.4}$$

其中 l_1，l_2，…，l_{n-r} 是任意常数. 式（3.4.4）称为方程组（3.4.2）$\boldsymbol{Ax}=\boldsymbol{0}$ 的通解. 此时，解空间可以表示为

$$N(\boldsymbol{A})=\{\boldsymbol{x}=l_1\boldsymbol{\xi}_1+l_2\boldsymbol{\xi}_2+\cdots+l_{n-r}\boldsymbol{\xi}_{n-r}\mid l_1,l_2,\cdots,l_{n-r}\in\mathbf{R}\}$$
$$=\operatorname{span}\{\boldsymbol{\xi}_1,\boldsymbol{\xi}_2,\cdots,\boldsymbol{\xi}_{n-r}\}.\tag{3.4.5}$$

以例 3.4.1 中（2）（4）（5）为例说明如下：

在（2）中，$R(\boldsymbol{A})=1$，$n=2$，只要找到 $n-R(\boldsymbol{A})=1$ 个线性无关的解（一个解线性无关是指该解是非零解）即可. 令 $x_2=1$，得 $x_1=-1$，取 $\boldsymbol{\xi}=\begin{pmatrix}-1\\1\end{pmatrix}$ 为所给齐次线性方程组的基础解系，故相应的通解为

$$\boldsymbol{x}=c\begin{pmatrix}-1\\1\end{pmatrix},c\in\mathbf{R}.$$

在（4）中，$R(\boldsymbol{A})=2$，$n-R(\boldsymbol{A})=1$. 令 $x_3=1$，得 $x_1=1$，$x_2=-2$，取 $\boldsymbol{\xi}=\begin{pmatrix}1\\-2\\1\end{pmatrix}$ 为所给方程的基础解系，则所求通解为

$$\boldsymbol{x}=c\begin{pmatrix}1\\-2\\1\end{pmatrix},\ c\in\mathbf{R}.$$

在（5）中，$R(\boldsymbol{A})=1$，$n-R(\boldsymbol{A})=2$，原方程组的基础解系中含两个解向量. 分别令 $x_2=1$，$x_3=0$；$x_2=0$，$x_3=1$ 都可解得 $x_1=-1$，取 $\boldsymbol{\xi}_1=\begin{pmatrix}-1\\1\\0\end{pmatrix}$，$\boldsymbol{\xi}_2=\begin{pmatrix}-1\\0\\1\end{pmatrix}$，则所给齐次线性方程组的基础解系为 $\boldsymbol{\xi}_1$，$\boldsymbol{\xi}_2$，通解为

$$\boldsymbol{x}=c_1\begin{pmatrix}-1\\1\\0\end{pmatrix}+c_2\begin{pmatrix}-1\\0\\1\end{pmatrix},c_1,c_2\in\mathbf{R}.$$

例 3.4.2 设 $\boldsymbol{A}=\begin{pmatrix}1&2&2&0\\1&3&4&-2\\1&1&0&2\\2&6&8&-4\end{pmatrix}$，求齐次线性方程组 $\boldsymbol{Ax}=\boldsymbol{0}$ 的基础解系及通解.

解 将 $\boldsymbol{A}$ 进行一系列的初等行变换化为行最简形

$$\boldsymbol{A}=\begin{pmatrix}1&2&2&0\\1&3&4&-2\\1&1&0&2\\2&6&8&-4\end{pmatrix}\overset{r}{\sim}\begin{pmatrix}1&0&-2&4\\0&1&2&-2\\0&0&0&0\\0&0&0&0\end{pmatrix}.$$

于是 $R(\boldsymbol{A})=2$，齐次线性方程组的基础解系含 $n-R(\boldsymbol{A})=4-2=2$ 个解向量. 原方程组等价于方程组

$$\begin{cases} x_1=2x_3-4x_4, \\ x_2=-2x_3+2x_4, \end{cases}$$

分别令 $\begin{pmatrix} x_3 \\ x_4 \end{pmatrix}=\begin{pmatrix} 1 \\ 0 \end{pmatrix}$ 得 $\begin{pmatrix} x_1 \\ x_2 \end{pmatrix}=\begin{pmatrix} 2 \\ -2 \end{pmatrix}$；令 $\begin{pmatrix} x_3 \\ x_4 \end{pmatrix}=\begin{pmatrix} 0 \\ 1 \end{pmatrix}$ 得 $\begin{pmatrix} x_1 \\ x_2 \end{pmatrix}=\begin{pmatrix} -4 \\ 2 \end{pmatrix}$，则

$$\boldsymbol{\xi}_1=\begin{pmatrix} 2 \\ -2 \\ 1 \\ 0 \end{pmatrix}, \boldsymbol{\xi}_2=\begin{pmatrix} -4 \\ 2 \\ 0 \\ 1 \end{pmatrix}$$

为齐次线性方程组的基础解系，所求通解为 $\boldsymbol{x}=c_1\boldsymbol{\xi}_1+c_2\boldsymbol{\xi}_2(c_1,c_2\in\mathbf{R})$.

若分别令 $\begin{pmatrix} x_2 \\ x_4 \end{pmatrix}=\begin{pmatrix} 1 \\ 0 \end{pmatrix}$ 得 $\begin{pmatrix} x_1 \\ x_3 \end{pmatrix}=\begin{pmatrix} -1 \\ -\frac{1}{2} \end{pmatrix}$；令 $\begin{pmatrix} x_2 \\ x_4 \end{pmatrix}=\begin{pmatrix} 0 \\ 1 \end{pmatrix}$ 得 $\begin{pmatrix} x_1 \\ x_3 \end{pmatrix}=\begin{pmatrix} -2 \\ 1 \end{pmatrix}$，故

$$\boldsymbol{\eta}_1=\begin{pmatrix} -1 \\ 1 \\ -\frac{1}{2} \\ 0 \end{pmatrix}, \boldsymbol{\eta}_2=\begin{pmatrix} -2 \\ 0 \\ 1 \\ 1 \end{pmatrix}$$

也为齐次线性方程组的基础解系，所以所求通解为 $\boldsymbol{x}=c_1\boldsymbol{\eta}_1+c_2\boldsymbol{\eta}_2$ $(c_1,c_2\in\mathbf{R})$. 显然，基础解系可以不同，但基础解系中所含解向量个数 $n-R(\boldsymbol{A})$ 一定相同，生成的解空间也一定“相同”（通过下一节线性变换的介绍，我们可以知道，不同的基础解系生成的解空间是同构的，即可认为这些空间在同构的意义下是相同的）.

3.4.2　非齐次线性方程组解的结构

一般地，含有 n 个未知量 m 个方程的非齐次线性方程组

$$\begin{cases} a_{11}x_1+a_{12}x_2+\cdots+a_{1n}x_n=b_1, \\ a_{21}x_1+a_{22}x_2+\cdots+a_{2n}x_n=b_2, \\ \quad\vdots \\ a_{m1}x_1+a_{m2}x_2+\cdots+a_{mn}x_n=b_m \end{cases} \tag{3.4.6}$$

的矩阵形式为 $\boldsymbol{Ax}=\boldsymbol{b}$，其中 $\boldsymbol{A}=(a_{ij})_{m\times n}$ 为方程组的系数矩阵，$\boldsymbol{x}=(x_1,x_2,\cdots,x_n)^{\mathrm{T}}$ 是 n 维未知向量，$\boldsymbol{b}$ 是 m 维常向量，$\boldsymbol{b}^{\mathrm{T}}=(b_1,b_2,\cdots,b_m)$. 我们称 $\boldsymbol{Ax}=\boldsymbol{0}$ 为非齐次线性方程组（3.4.6）对应的齐

非齐次线性方程组

次线性方程组.

非齐次线性方程组 $\boldsymbol{Ax}=\boldsymbol{b}$ 的解具有如下性质：

性质 3.4.2 设 $\boldsymbol{\gamma}_1$，$\boldsymbol{\gamma}_2$，…，$\boldsymbol{\gamma}_s$ 为方程组 $\boldsymbol{Ax}=\boldsymbol{b}$ 的解，记 $\boldsymbol{\gamma}=c_1\boldsymbol{\gamma}_1+c_2\boldsymbol{\gamma}_2+\cdots+c_s\boldsymbol{\gamma}_s$，则

（1）当 $c_1+c_2+\cdots+c_s=0$ 时，$\boldsymbol{\gamma}$ 是 $\boldsymbol{Ax}=\boldsymbol{0}$ 的解；

（2）当 $c_1+c_2+\cdots+c_s=1$ 时，$\boldsymbol{\gamma}$ 是 $\boldsymbol{Ax}=\boldsymbol{b}$ 的解.

证 $\boldsymbol{A\gamma}=c_1\boldsymbol{A}\boldsymbol{\gamma}_1+c_2\boldsymbol{A}\boldsymbol{\gamma}_2+\cdots+c_s\boldsymbol{A}\boldsymbol{\gamma}_s=(c_1+c_2+\cdots+c_s)\boldsymbol{b}$.

（1）当 $c_1+c_2+\cdots+c_s=0$ 时，$\boldsymbol{A\gamma}=\boldsymbol{0}$，故 $\boldsymbol{\gamma}$ 是 $\boldsymbol{Ax}=\boldsymbol{0}$ 的解；

（2）当 $c_1+c_2+\cdots+c_s=1$ 时，$\boldsymbol{A\gamma}=\boldsymbol{b}$，故 $\boldsymbol{\gamma}$ 是 $\boldsymbol{Ax}=\boldsymbol{b}$ 的解.

特别地，当$\boldsymbol{\gamma}_1$，$\boldsymbol{\gamma}_2$ 是方程组 $\boldsymbol{Ax}=\boldsymbol{b}$ 的解时，$\boldsymbol{\gamma}_1-\boldsymbol{\gamma}_2$ 是方程组 $\boldsymbol{Ax}=\boldsymbol{0}$ 的解；$\dfrac{\boldsymbol{\gamma}_1+\boldsymbol{\gamma}_2}{2}$是方程组 $\boldsymbol{Ax}=\boldsymbol{b}$ 的解.

性质 3.4.3 设 $\boldsymbol{\xi}$ 为方程组 $\boldsymbol{Ax}=\boldsymbol{0}$ 的解，$\boldsymbol{\eta}$ 为方程组 $\boldsymbol{Ax}=\boldsymbol{b}$ 的解，则 $\boldsymbol{\xi}+\boldsymbol{\eta}$ 仍为方程组 $\boldsymbol{Ax}=\boldsymbol{b}$ 的解.

证 因为 $\boldsymbol{A}(\boldsymbol{\xi}+\boldsymbol{\eta})=\boldsymbol{A\xi}+\boldsymbol{A\eta}=\boldsymbol{0}+\boldsymbol{b}=\boldsymbol{b}$，所以 $\boldsymbol{\xi}+\boldsymbol{\eta}$ 仍为方程组 $\boldsymbol{Ax}=\boldsymbol{b}$ 的解.

由性质 3.4.3 可知，非齐次线性方程组 $\boldsymbol{Ax}=\boldsymbol{b}$ 的任一解可以表示成它的任一解与其对应的齐次线性方程组的解之和的形式. 当 $\boldsymbol{\xi}=c_1\boldsymbol{\xi}_1+c_2\boldsymbol{\xi}_2+\cdots+c_{n-r}\boldsymbol{\xi}_{n-r}$为对应齐次线性方程组的通解，$\boldsymbol{\eta}$ 为方程组 $\boldsymbol{Ax}=\boldsymbol{b}$ 的解时，非齐次线性方程组 $\boldsymbol{Ax}=\boldsymbol{b}$ 的任一解可以表示为

$$\boldsymbol{x}=\boldsymbol{\xi}+\boldsymbol{\eta}=c_1\boldsymbol{\xi}_1+c_2\boldsymbol{\xi}_2+\cdots+c_{n-r}\boldsymbol{\xi}_{n-r}+\boldsymbol{\eta},c_1,c_2,\cdots,c_{n-r}\in\mathbf{R},$$

称此解为非齐次线性方程组 $\boldsymbol{Ax}=\boldsymbol{b}$ 的通解. 这就是非齐次线性方程组解的结构.

因此，从解的结构角度来说，求非齐次线性方程组的通解，首先要求对应齐次线性方程组的通解，再求非齐次线性方程组的一个特解.

例 3.4.3

设 $\boldsymbol{A}=\begin{pmatrix}1&5&-1&-1\\1&-2&1&3\\3&8&-1&1\\1&-9&3&7\end{pmatrix}$，$\boldsymbol{b}=\begin{pmatrix}-1\\3\\1\\7\end{pmatrix}$，求方程组 $\boldsymbol{Ax}=\boldsymbol{b}$ 的通解.

解　作方程组的增广矩阵 $(\boldsymbol{A} \vdots \boldsymbol{b})$，并对它施行一系列的初等行变换化为行最简形，得

$$(\boldsymbol{A} \vdots \boldsymbol{b})=\begin{pmatrix}1 & 5 & -1 & -1 & \vdots & -1\\ 1 & -2 & 1 & 3 & \vdots & 3\\ 3 & 8 & -1 & 1 & \vdots & 1\\ 1 & -9 & 3 & 7 & \vdots & 7\end{pmatrix} \overset{r}{\sim} \begin{pmatrix}1 & 0 & \frac{3}{7} & \frac{13}{7} & \vdots & \frac{13}{7}\\ 0 & 1 & -\frac{2}{7} & -\frac{4}{7} & \vdots & -\frac{4}{7}\\ 0 & 0 & 0 & 0 & \vdots & 0\\ 0 & 0 & 0 & 0 & \vdots & 0\end{pmatrix},$$

即原方程组与方程组

$$\begin{cases}x_1=\frac{13}{7}-\frac{3}{7}x_3-\frac{13}{7}x_4,\\ x_2=-\frac{4}{7}+\frac{2}{7}x_3+\frac{4}{7}x_4\end{cases}$$

同解. 令 $x_3=x_4=0$，得非齐次线性方程组的一个特解 $\boldsymbol{\eta}=\begin{pmatrix}\frac{13}{7}\\ -\frac{4}{7}\\ 0\\ 0\end{pmatrix}$；

且原方程组对应的齐次线性方程组与

$$\begin{cases}x_1=-\frac{3}{7}x_3-\frac{13}{7}x_4,\\ x_2=\frac{2}{7}x_3+\frac{4}{7}x_4\end{cases}$$

同解. 分别令 $\begin{pmatrix}x_3\\ x_4\end{pmatrix}=\begin{pmatrix}1\\ 0\end{pmatrix}$ 得 $\begin{pmatrix}x_1\\ x_2\end{pmatrix}=\begin{pmatrix}-\frac{3}{7}\\ \frac{2}{7}\end{pmatrix}$；令 $\begin{pmatrix}x_3\\ x_4\end{pmatrix}=\begin{pmatrix}0\\ 1\end{pmatrix}$ 得 $\begin{pmatrix}x_1\\ x_2\end{pmatrix}=$ $\begin{pmatrix}-\frac{13}{7}\\ \frac{4}{7}\end{pmatrix}$. 即得对应齐次线性方程组的基础解系为

$$\boldsymbol{\xi}_1=\begin{pmatrix}-\frac{3}{7}\\ \frac{2}{7}\\ 1\\ 0\end{pmatrix}, \boldsymbol{\xi}_2=\begin{pmatrix}-\frac{13}{7}\\ \frac{4}{7}\\ 0\\ 1\end{pmatrix}.$$

因此，所给方程组的通解为

$$\boldsymbol{x}=\boldsymbol{\eta}+c_1\boldsymbol{\xi}_1+c_2\boldsymbol{\xi}_2=\begin{pmatrix}\frac{13}{7}\\-\frac{4}{7}\\0\\0\end{pmatrix}+c_1\begin{pmatrix}-\frac{3}{7}\\\frac{2}{7}\\1\\0\end{pmatrix}+c_2\begin{pmatrix}-\frac{13}{7}\\\frac{4}{7}\\0\\1\end{pmatrix},$$

其中 c_1，c_2 为任意常数.

例 3.4.4　已知非齐次线性方程组的系数矩阵的秩为 3，又已知该方程组有三个解向量$\boldsymbol{\xi}_1$，$\boldsymbol{\xi}_2$，$\boldsymbol{\xi}_3$，其中$\boldsymbol{\xi}_1=(1,2,3,4)^{\mathrm{T}}$，$\boldsymbol{\xi}_2+\boldsymbol{\xi}_3=(2,3,4,5)^{\mathrm{T}}$，试求该方程组的通解.

解　设所求解的非齐次线性方程组为 $\boldsymbol{Ax}=\boldsymbol{b}$，则 $R(\boldsymbol{A})=3$. 由题意知该非齐次线性方程组为 4 元方程组，其对应的齐次线性方程组 $\boldsymbol{Ax}=\boldsymbol{0}$ 的基础解系中含一个解向量. 取 $\boldsymbol{\xi}_1$ 为非齐次方程组的特解，又由非齐次线性方程组的解的性质知$\boldsymbol{\xi}_2+\boldsymbol{\xi}_3-2\boldsymbol{\xi}_1$ 是齐次线性方程组的解. 而$\boldsymbol{\xi}_2+\boldsymbol{\xi}_3-2\boldsymbol{\xi}_1=(0,-1,-2,-3)^{\mathrm{T}}\neq\boldsymbol{0}$，故取其为相应齐次线性方程组 $\boldsymbol{Ax}=\boldsymbol{0}$ 的基础解系中的基向量. 综上讨论可得原方程组的通解为

$$\boldsymbol{x}=\boldsymbol{\xi}_1+c(\boldsymbol{\xi}_2+\boldsymbol{\xi}_3-2\boldsymbol{\xi}_1)=\begin{pmatrix}1\\2\\3\\4\end{pmatrix}+c\begin{pmatrix}0\\-1\\-2\\-3\end{pmatrix},c\in\mathbf{R}.$$

初等变换应用小结

由例 3.4.4 可知，线性方程组解的结构在系数矩阵或增广矩阵未知时，凸显其作用.

3.5 应用实例

本节通过介绍两个简单的应用实例，使读者开阔视界，为将来把线性代数运用到各专业领域树立必要的意识.

3.5.1 化学反应方程式的配平

化学反应过程中，用化学反应方程式描述反应物和生成物之间的关系. 由于反应中，原子既不能产生也不能消失，故需“配平”化学反应方程式，使反应物与生成物的同种原子数目相等，这个过程可以利用线性方程组来描述.

例如，丙烷气体燃烧过程中，丙烷 C_3H_8 和氧气 O_2 的结合生成二氧化碳 CO_2 和水 H_2O，其过程用

$$C_3H_8+O_2 \to CO_2+H_2O$$

表示，配平这个方程式，即求 x_1，x_2，x_3，x_4 使

$$x_1(C_3H_8)+x_2(O_2)=x_3(CO_2)+x_4(H_2O). \qquad (3.5.1)$$

反应过程中共有碳、氢和氧 3 种原子参与，故我们用一个 3 维向量表示各物质中 3 种原子的数目，即

$$\begin{pmatrix} a \\ b \\ c \end{pmatrix},\ \begin{cases} a，碳原子数目, \\ b，氢原子数目, \\ c，氧原子数目, \end{cases}$$

则

$$C_3H_8:\begin{pmatrix} 3 \\ 8 \\ 0 \end{pmatrix}, O_2:\begin{pmatrix} 0 \\ 0 \\ 2 \end{pmatrix}, CO_2:\begin{pmatrix} 1 \\ 0 \\ 2 \end{pmatrix}, H_2O:\begin{pmatrix} 0 \\ 2 \\ 1 \end{pmatrix}.$$

于是，式（3.5.1）可表示为方程

$$x_1\begin{pmatrix} 3 \\ 8 \\ 0 \end{pmatrix}+x_2\begin{pmatrix} 0 \\ 0 \\ 2 \end{pmatrix}=x_3\begin{pmatrix} 1 \\ 0 \\ 2 \end{pmatrix}+x_4\begin{pmatrix} 0 \\ 2 \\ 1 \end{pmatrix},$$

或写为齐次线性方程组

$$\begin{cases} 3x_1 - x_3 = 0, \\ 8x_1 - 2x_4 = 0, \\ 2x_2 - 2x_3 - x_4 = 0, \end{cases}$$

其系数矩阵

$$\boldsymbol{A}=\begin{pmatrix} 3 & 0 & -1 & 0 \\ 8 & 0 & 0 & -2 \\ 0 & 2 & -2 & -1 \end{pmatrix} \overset{r}{\sim} \begin{pmatrix} 1 & 0 & 0 & -\frac{1}{4} \\ 0 & 1 & 0 & -\frac{5}{4} \\ 0 & 0 & 1 & -\frac{3}{4} \end{pmatrix},$$

从而可得

$$x_1=\frac{1}{4}x_4, x_2=\frac{5}{4}x_4, x_3=\frac{3}{4}x_4.$$

因为各个系数必须是整数，故取 $x_4=4$ 后得 $x_1=1$，$x_2=5$，$x_3=3$. 于是化学反应方程式为

$$C_3H_8+5O_2=3CO_2+4H_2O.$$

3.5.2　网络流的管理

一个网络由若干个点（称为节点）和联结节点的直线或弧线（称为支路）组成. 在每个支路上，流的方向是指定的，流的量是

固定的. 现在假设：①整个网络的流出量等于流进量；②每个节点上的流出量等于流进量. 网络流的分析是在知道部分信息的前提下，确定每个支路的流量.

例如，某城市的交通流量如图 3-5-1 所示，设每条道路均为单行线，试确定各个支路上的交通流量.

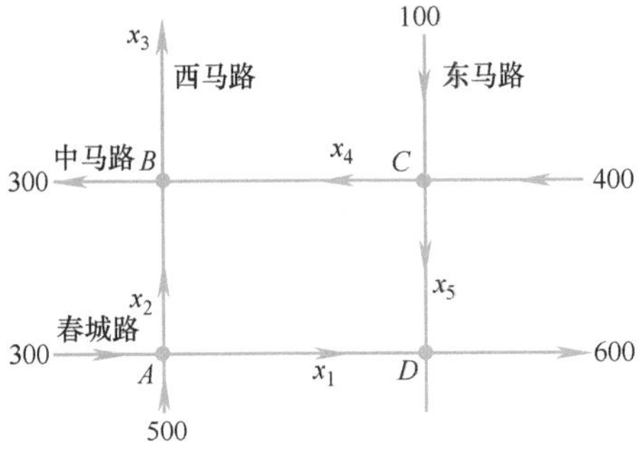

图 3-5-1

列出各个交叉路口 A，B，C，D 处的流量情形，设驶入的车辆数等于驶出的车辆数，则

考 察 点	进 入		出 来
A	300+500	=	x_1+x_2
B	x_2+x_4	=	$300+x_3$
C	400+100	=	x_4+x_5
D	x_1+x_5	=	600
整个网络	300+500+100+400	=	$300+600+x_3$

由此可列出线性方程组

$$\begin{cases} x_1+x_2 = 800, \\ x_2-x_3+x_4 = 300, \\ x_4+x_5 = 500, \\ x_1+x_5 = 600, \\ x_3 = 400, \end{cases}$$

该方程组的增广矩阵为

$$\boldsymbol{B}=\begin{pmatrix} 1 & 1 & 0 & 0 & 0 & 800 \\ 0 & 1 & -1 & 1 & 0 & 300 \\ 0 & 0 & 0 & 1 & 1 & 500 \\ 1 & 0 & 0 & 0 & 1 & 600 \\ 0 & 0 & 1 & 0 & 0 & 400 \end{pmatrix} \overset{r}{\sim} \begin{pmatrix} 1 & 0 & 0 & 0 & 1 & 600 \\ 0 & 1 & 0 & 0 & -1 & 200 \\ 0 & 0 & 1 & 0 & 0 & 400 \\ 0 & 0 & 0 & 1 & 1 & 500 \\ 0 & 0 & 0 & 0 & 0 & 0 \end{pmatrix},$$

于是得方程组

$$\begin{cases} x_1 = 600 - x_5, \\ x_2 = 200 + x_5, \\ x_3 = 400, \\ x_4 = 500 - x_5. \end{cases}$$

因为假设每条道路上车辆均单向行驶，故 x_1，x_2，x_3，x_4 均非负，所以应选择 x_5，使 $0 \leqslant x_5 \leqslant 500$. 由此可得

$$100 \leqslant x_1 \leqslant 600, 200 \leqslant x_2 \leqslant 700, 0 \leqslant x_4 \leqslant 500.$$

从这两个例子，我们发现找到向量间的线性相关关系或线性方程组的解是科学地解决实际问题的关键.

*3.6 线性变换

首先，我们给出映射的定义.

定义 3.6.1 设 X，Y 是两个非空集合，如果有一个法则 F，它使 X 中的每个元素 x 都有 Y 中唯一确定的一个元素 y 与之对应，则称 F 是 X 到 Y 的一个**映射**，记作

$$F: X \to Y,$$

并称 y 为 x 在 F 下的**像**，x 为 y 在 F 下的一个**原像**，记作

$$F: x \to y \text{ 或 } F(x) = y.$$

注意：x 的像是唯一的，但 y 的原像不一定是唯一的.

由 X 到自身的映射 F，常称之为 X 的**变换**.

如果 $\forall x_1, x_2 \in X$，$x_1 \neq x_2$，都有 $F(x_1) \neq F(x_2)$，则称 F 为**单射**.

如果 $\forall y \in Y$，都有 $x \in X$，使 $F(x) = y$，则称 F 为**满射**.

如果 F 既是单射又是满射，则称 F 为**双射**（或称**一一映射**）.

例如，(1) $F_1(x) = \sin x$ 是 $\mathbf{R}$ 到 $[-1,1]$ 的满射，而不是单射；

(2) $F_2(x) = \mathrm{e}^x$ 是 $\mathbf{R}$ 到 $\mathbf{R}$ 的单射，而不是满射；

(3) $F_3(x) = ax$ 是 $\mathbf{R}$ 到 $\mathbf{R}$ 的单射，也是满射，故 F_3 是双射.

其中 (3) 中的函数是我们熟知的一元线性函数，具有以下性质：

1) $F_3(x_1 + x_2) = ax_1 + ax_2 = F_3(x_1) + F_3(x_2)$；

2) $F_3(kx) = a(kx) = kax = kF_3(x), k \in \mathbf{R}$.

若把一元线性函数推广到 n 维向量空间 $\mathbf{R}^n$ 中的情形，设 $\mathbf{R}^{m \times n}$ 表示 m 行 n 列矩阵构成的线性空间，$\boldsymbol{A} \in \mathbf{R}^{m \times n}$，如果对每一个列向量 $\boldsymbol{X} \in \mathbf{R}^n$，$\mathbf{R}^n \to \mathbf{R}^n$ 的一个映射

$$F: \boldsymbol{X} \to \boldsymbol{AX}, F(\boldsymbol{X}) = \boldsymbol{AX},$$

满足以下性质：

(1) $F(X_1+X_2)=A(X_1+X_2)=AX_1+AX_2=F(X_1)+F(X_2)$；

(2) $F(kX)=A(kX)=kAX=kF(X),k\in\mathbf{R}$，

则称映射 F 为 $\mathbf{R}^n\to\mathbf{R}^n$ 的线性映射（也称线性变换）. 更一般地，如果 $A\in\mathbf{R}^{m\times n}$，$X\in\mathbf{R}^n$，则映射

$$F:X\to AX\in\mathbf{R}^m$$

是 $\mathbf{R}^n\to\mathbf{R}^m$ 的线性映射.

例如，二元线性函数 $y=F(x_1,x_2)=a_1x_1+a_2x_2=(a_1,a_2)\begin{pmatrix}x_1\\x_2\end{pmatrix}$ 就是 $\mathbf{R}^2\to\mathbf{R}$ 的线性映射.

本节主要把一元线性函数的定义域和值域推广到 n 维向量空间 $\mathbf{R}^n$，讨论 $\mathbf{R}^n\to\mathbf{R}^n$ 的线性映射（也称为 $\mathbf{R}^n\to\mathbf{R}^n$ 的线性变换）.

3.6.1 线性变换的概念

定义 3.6.2 设 V 是一个向量空间，$\mathbf{R}$ 是实数集，$\boldsymbol{\alpha}$，$\boldsymbol{\beta}\in V$，$k\in\mathbf{R}$，若 V 的一个映射 F 满足条件：

(1) $F(\boldsymbol{\alpha}+\boldsymbol{\beta})=F(\boldsymbol{\alpha})+F(\boldsymbol{\beta})$；

(2) $F(k\boldsymbol{\alpha})=kF(\boldsymbol{\alpha})$，

则称 F 是 V 的一个线性变换，并称 $F(\boldsymbol{\alpha})$ 为 $\boldsymbol{\alpha}$ 的像，$\boldsymbol{\alpha}$ 为 $F(\boldsymbol{\alpha})$ 的原像.

上述两个条件也可以合起来写为一个式子，即

$$F(k\boldsymbol{\alpha}+l\boldsymbol{\beta})=kF(\boldsymbol{\alpha})+lF(\boldsymbol{\beta}),k,l\in\mathbf{R},\boldsymbol{\alpha},\boldsymbol{\beta}\in V.$$

下面给出几个线性变换的例子.

例 3.6.1 （旋转变换）$\mathbf{R}^2$（实平面上以原点为始点的全体向量）中每个向量绕原点按逆时针方向旋转角 θ 的变换 R_θ 是 $\mathbf{R}^2$ 的一个线性变换（见图 3-6-1）. 即

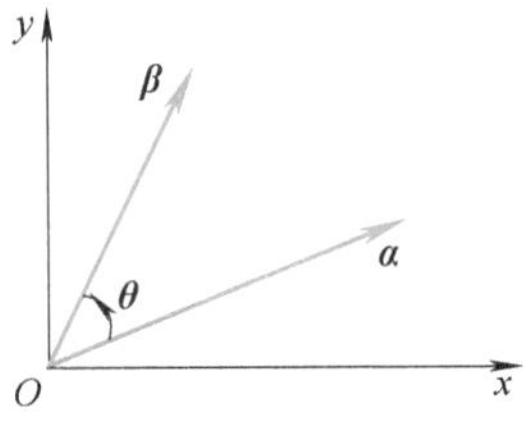

图 3-6-1

$$\forall\boldsymbol{\alpha}^{\mathrm{T}}=(x,y)\in\mathbf{R}^2,R_\theta(\boldsymbol{\alpha})=\boldsymbol{\beta}^{\mathrm{T}}=(\boldsymbol{\xi},\boldsymbol{\eta})=(x\cos\theta-y\sin\theta,x\sin\theta+y\cos\theta).$$

事实上，$\forall\boldsymbol{\alpha}_1^{\mathrm{T}}=(x_1,y_1)$，$\boldsymbol{\alpha}_2^{\mathrm{T}}=(x_2,y_2)\in\mathbf{R}^2$，$\forall k_1$，$k_2\in\mathbf{R}$，

$$\begin{aligned}R_\theta(k_1\boldsymbol{\alpha}_1+k_2\boldsymbol{\alpha}_2)&=R_\theta(k_1x_1+k_2x_2,k_1y_1+k_2y_2)^{\mathrm{T}}\\&=((k_1x_1+k_2x_2)\cos\theta-(k_1y_1+k_2y_2)\sin\theta,(k_1x_1+k_2x_2)\sin\theta+\\&\quad(k_1y_1+k_2y_2)\cos\theta)^{\mathrm{T}}\\&=k_1(x_1\cos\theta-y_1\sin\theta,x_1\sin\theta+y_1\cos\theta)^{\mathrm{T}}+\\&\quad k_2(x_2\cos\theta-y_2\sin\theta,x_2\sin\theta+y_2\cos\theta)^{\mathrm{T}}\\&=k_1R_\theta(\boldsymbol{\alpha}_1)+k_2R_\theta(\boldsymbol{\alpha}_2).\end{aligned}$$

即 R_θ 是 $\mathbf{R}^2$ 的一个线性变换.

例 3.6.2 （镜像变换或镜面反射）$\mathbf{R}^2$ 中每个向量关于过原点的直线 l（看作镜面）相对称的变换 Φ 也是 $\mathbf{R}^2$ 的一个线性变换，即 $\Phi(\boldsymbol{\alpha})=\boldsymbol{\beta}$.（如图 3-6-2 所示，$l$ 是 AB 的垂直平分线.）

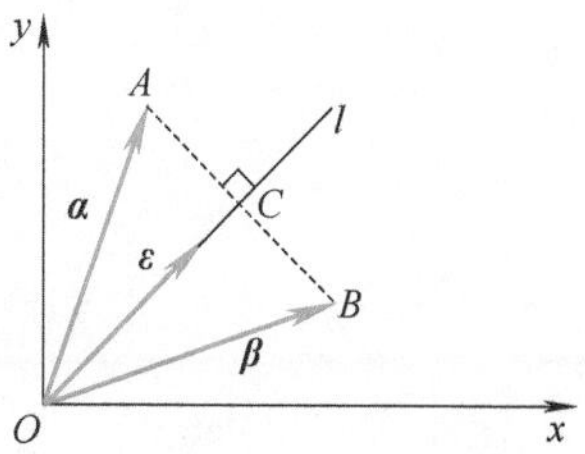

图 3-6-2

设直线 l 的一个方向的单位向量为 $\boldsymbol{\varepsilon}$，于是 $\overrightarrow{OC}=[\boldsymbol{\alpha},\boldsymbol{\varepsilon}]\boldsymbol{\varepsilon}$，从而

$$\boldsymbol{\beta}=\boldsymbol{\alpha}+\overrightarrow{AB}=\boldsymbol{\alpha}+2\overrightarrow{AC}=\boldsymbol{\alpha}+2(\overrightarrow{OC}-\boldsymbol{\alpha})=-\boldsymbol{\alpha}+2[\boldsymbol{\alpha},\boldsymbol{\varepsilon}]\boldsymbol{\varepsilon},$$

故 $\Phi(\boldsymbol{\alpha})=-\boldsymbol{\alpha}+2[\boldsymbol{\alpha},\boldsymbol{\varepsilon}]\boldsymbol{\varepsilon}$.

下面验证 Φ 是线性变换. $\forall\boldsymbol{\alpha}_1^{\mathrm{T}}=(x_1,y_1)$，$\boldsymbol{\alpha}_2^{\mathrm{T}}=(x_2,y_2)\in\mathbf{R}^2$，$\forall k_1$，$k_2\in\mathbf{R}$，有

$$\begin{aligned}\Phi(k_1\boldsymbol{\alpha}_1+k_2\boldsymbol{\alpha}_2)&=-(k_1\boldsymbol{\alpha}_1+k_2\boldsymbol{\alpha}_2)+2[k_1\boldsymbol{\alpha}_1+k_2\boldsymbol{\alpha}_2,\boldsymbol{\varepsilon}]\boldsymbol{\varepsilon}\\&=k_1(-\boldsymbol{\alpha}_1+2[\boldsymbol{\alpha}_1,\boldsymbol{\varepsilon}]\boldsymbol{\varepsilon})+k_2(-\boldsymbol{\alpha}_2+2[\boldsymbol{\alpha}_2,\boldsymbol{\varepsilon}]\boldsymbol{\varepsilon})\\&=k_1\Phi(\boldsymbol{\alpha}_1)+k_2\Phi(\boldsymbol{\alpha}_2),\end{aligned}$$

故镜像变换 Φ 是 $\mathbf{R}^2$ 的一个线性变换.

例 3.6.3 （投影变换）把 $\mathbf{R}^3$ 中每个向量 $\boldsymbol{\alpha}^{\mathrm{T}}=(x_1,x_2,x_3)$ 投影为 xOy 平面上 $\boldsymbol{\beta}^{\mathrm{T}}=(x_1,x_2,0)$ 的向量的投影变换 $P:P(\boldsymbol{\alpha})=\boldsymbol{\beta}$，是 $\mathbf{R}^3$ 的一个线性变换（见图 3-6-3）.

事实上，$\forall\boldsymbol{x}^{\mathrm{T}}=(x_1,x_2,x_3)$，$\boldsymbol{y}^{\mathrm{T}}=(y_1,y_2,y_3)\in\mathbf{R}^3$，$k_1$，$k_2\in\mathbf{R}$，一方面有

$$\begin{aligned}P(k_1\boldsymbol{x}+k_2\boldsymbol{y})&=P((k_1x_1+k_2y_1,k_1x_2+k_2y_2,k_1x_3+k_2y_3)^{\mathrm{T}})\\&=(k_1x_1+k_2y_1,k_1x_2+k_2y_2,0)^{\mathrm{T}};\end{aligned}$$

另一方面，

$$k_1P(\boldsymbol{x})+k_2P(\boldsymbol{y})=k_1(x_1,x_2,0)^{\mathrm{T}}+k_2(y_1,y_2,0)^{\mathrm{T}}=(k_1x_1+k_2y_1,k_1x_2+k_2y_2,0)^{\mathrm{T}}.$$

即

$$P(k_1\boldsymbol{x}+k_2\boldsymbol{y})=k_1P(\boldsymbol{x})+k_2P(\boldsymbol{y}).$$

故投影变换 P 是 $\mathbf{R}^3$ 的一个线性变换.

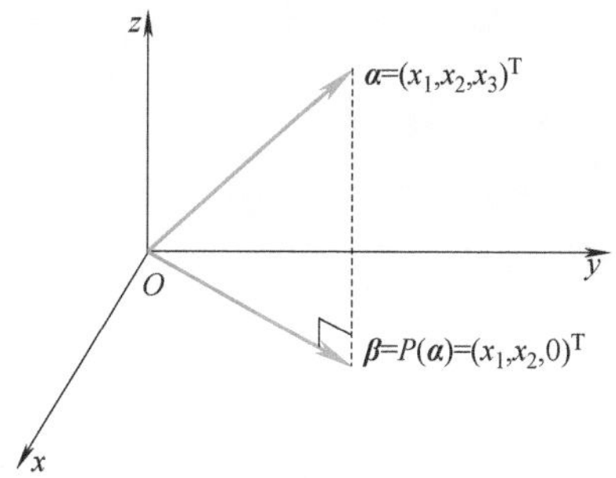

图 3-6-3

例 3.6.4　$\mathbf{R}^n$ 中的下列变换是线性变换：

恒等变换：$F(\boldsymbol{\alpha})=\boldsymbol{\alpha}(\forall\boldsymbol{\alpha}\in\mathbf{R}^n)$；

零变换：$F(\boldsymbol{\alpha})=\mathbf{0}\ (\forall\boldsymbol{\alpha}\in\mathbf{R}^n)$；

数乘变换：$F(k_0\boldsymbol{\alpha})=k_0\boldsymbol{\alpha}(\forall\boldsymbol{\alpha}\in\mathbf{R}^n,k_0\in\mathbf{R})$.

例 3.6.5　在 $\mathbf{R}^3$ 中定义变换

$$F(x_1,x_2,x_3)=(x_1+x_2,x_2-x_3,x_3)^{\mathrm{T}},$$

则易证 F 是 $\mathbf{R}^3$ 的一个线性变换.

例 3.6.6　（伸缩变换）在 $\mathbf{R}^3$ 中定义变换

$$F(\boldsymbol{x})=\begin{pmatrix}a&0&0\\0&b&0\\0&0&c\end{pmatrix}\boldsymbol{x}:\begin{pmatrix}x_1\\x_2\\x_3\end{pmatrix}\to\begin{pmatrix}ax_1\\bx_2\\cx_3\end{pmatrix},$$

则 F 是 $\mathbf{R}^3$ 的一个线性变换（见图 3-6-4）.

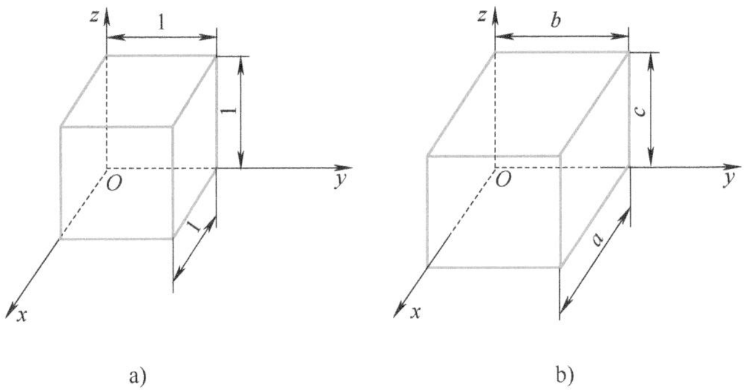

图 3-6-4

例 3.6.7　在 $\mathbf{R}^3$ 中定义变换

$$F(x_1,x_2,x_3)=(x_1^3,x_2-x_3,x_3)^{\mathrm{T}},$$

易证 F 不是 $\mathbf{R}^3$ 的一个线性变换.

事实上，对于 $\forall\boldsymbol{\alpha}^{\mathrm{T}}=(x_1,x_2,x_3)\in\mathbf{R}^3$，$F(2\boldsymbol{\alpha})=(8x_1^3,2(x_2+x_3),2x_3)^{\mathrm{T}}\neq 2F(\boldsymbol{\alpha})$.

故 F 不是 $\mathbf{R}^3$ 的一个线性变换.

由上述例子可以看出，$\mathbf{R}^n$ 的变换

$$F(x_1,x_2,\cdots,x_n)=(y_1,y_2,\cdots,y_n),$$

当 $y_i(i=1,2,\cdots,n)$ 都是 x_1，x_2，$\cdots$，x_n 的线性组合时，F 是 $\mathbf{R}^n$ 的线性变换.

下面讨论线性变换的简单性质.

实数域 $\mathbf{R}$ 上的向量空间 V 的线性变换具有以下性质：

(1) $F(\mathbf{0})=\mathbf{0}$, $F(-\boldsymbol{\alpha})=-\boldsymbol{\alpha}$ ($\forall \boldsymbol{\alpha}\in V$).

该性质由 $F(k\boldsymbol{\alpha})=kF(\boldsymbol{\alpha})$，分别取 $k=0$，1 即可得.

(2) 若 $\boldsymbol{\alpha}=k_1\boldsymbol{\alpha}_1+k_2\boldsymbol{\alpha}_2+\cdots+k_n\boldsymbol{\alpha}_n(k_i\in\mathbf{R},\boldsymbol{\alpha}_i\in V,i=1,2,\cdots,n)$，则

$$F(\boldsymbol{\alpha})=k_1F(\boldsymbol{\alpha}_1)+k_2F(\boldsymbol{\alpha}_2)+\cdots+k_nF(\boldsymbol{\alpha}_n).$$

证　由线性变换的定义有

$$\begin{aligned}F(\boldsymbol{\alpha})&=F(k_1\boldsymbol{\alpha}_1+k_2\boldsymbol{\alpha}_2+\cdots+k_n\boldsymbol{\alpha}_n)=F(k_1\boldsymbol{\alpha}_1)+F(k_2\boldsymbol{\alpha}_2)+\cdots+(k_n\boldsymbol{\alpha}_n)\\&=k_1F(\boldsymbol{\alpha}_1)+k_2F(\boldsymbol{\alpha}_2)+\cdots+k_nF(\boldsymbol{\alpha}_n).\end{aligned}$$

(3) 若$\boldsymbol{\alpha}_1$，$\boldsymbol{\alpha}_2$，…，$\boldsymbol{\alpha}_n$ 线性相关，则其像向量组 $F(\boldsymbol{\alpha}_1)$，$F(\boldsymbol{\alpha}_2)$，…，$F(\boldsymbol{\alpha}_n)$也线性相关.

证　由 $\boldsymbol{\alpha}_1$，$\boldsymbol{\alpha}_2$，…，$\boldsymbol{\alpha}_n$ 线性相关知，存在不全为零的实数 k_1，k_2，…，k_n，使

$$k_1\boldsymbol{\alpha}_1+k_2\boldsymbol{\alpha}_2+\cdots+k_n\boldsymbol{\alpha}_n=\mathbf{0}.$$

再由线性变换的定义及性质知

$$\begin{aligned}F(\mathbf{0})&=F(k_1\boldsymbol{\alpha}_1+k_2\boldsymbol{\alpha}_2+\cdots+k_n\boldsymbol{\alpha}_n)\\&=k_1F(\boldsymbol{\alpha}_1)+k_2F(\boldsymbol{\alpha}_2)+\cdots+k_nF(\boldsymbol{\alpha}_n)=\mathbf{0}.\end{aligned}$$

亦即，像向量组 $F(\boldsymbol{\alpha}_1)$，$F(\boldsymbol{\alpha}_2)$，…，$F(\boldsymbol{\alpha}_n)$线性相关.

注意，当$\boldsymbol{\alpha}_1$，$\boldsymbol{\alpha}_2$，…，$\boldsymbol{\alpha}_n$ 线性无关时，其像向量组 $F(\boldsymbol{\alpha}_1)$，$F(\boldsymbol{\alpha}_2)$，…，$F(\boldsymbol{\alpha}_n)$未必线性无关. 例如：取

$$\boldsymbol{\alpha}_1=(1,1,2)^{\mathrm{T}},\boldsymbol{\alpha}_2=(2,2,2)^{\mathrm{T}},$$

则 $\boldsymbol{\alpha}_1$，$\boldsymbol{\alpha}_2$ 线性无关，而投影变换的像

$$P(\boldsymbol{\alpha}_1)=(1,1,0)^{\mathrm{T}},P(\boldsymbol{\alpha}_2)=(2,2,0)^{\mathrm{T}}$$

却线性相关.

3.6.2 基变换与坐标变换

对一个 n 维向量空间 V，当其一个基 B 取定后，相当于在其上加了一个“坐标系”.“坐标系”的存在由下列基本结果得到.

定理 3.6.1（唯一表示定理）　令 $B=\{\boldsymbol{b}_1,\boldsymbol{b}_2,\cdots,\boldsymbol{b}_n\}$是向量空间 V 的一个基，则对 V 中的每个向量 $\boldsymbol{\alpha}$，存在唯一的一组数 c_1，c_2，…，c_n，使得

$$\boldsymbol{\alpha}=c_1\boldsymbol{b}_1+c_2\boldsymbol{b}_2+\cdots+c_n\boldsymbol{b}_n. \tag{3.6.1}$$

证　由于 B 生成 V，则存在一组数 c_1，c_2，…，c_n 使式(3.6.1) 成立.

若还有另一组数 d_1，d_2，…，d_n 使

$$\boldsymbol{\alpha}=d_1\boldsymbol{b}_1+d_2\boldsymbol{b}_2+\cdots+d_n\boldsymbol{b}_n$$

成立，则两式相减得

$$\mathbf{0}=(c_1-d_1)\boldsymbol{b}_1+(c_2-d_2)\boldsymbol{b}_2+\cdots+(c_n-d_n)\boldsymbol{b}_n. \quad (3.6.2)$$

因为向量组 B 是线性无关的，所以有 $c_i=d_i$，$i=1, 2, \cdots, n$，这说明式（3.6.2）中的系数是唯一的.

定义 3.6.3 设向量集合 $B=\{\boldsymbol{b}_1,\boldsymbol{b}_2,\cdots,\boldsymbol{b}_n\}$ 是向量空间 V 的一个基，$\boldsymbol{\alpha}\in V$，$\boldsymbol{\alpha}$ 相对于基的坐标是使

$$\boldsymbol{\alpha}=c_1\boldsymbol{b}_1+c_2\boldsymbol{b}_2+\cdots+c_n\boldsymbol{b}_n$$

成立的 c_1，c_2，$\cdots$，c_n. 称 $\mathbf{R}^n$ 中的向量$[\boldsymbol{\alpha}]_B=\begin{pmatrix}c_1\\c_2\\\vdots\\c_n\end{pmatrix}$为 $\boldsymbol{\alpha}$（相对于 B）的坐标向量，或 $\boldsymbol{\alpha}$ 的 B-坐标向量；映射 $\boldsymbol{\alpha}\to[\boldsymbol{\alpha}]_B$ 称为（由 B 确定的）坐标映射.

例 3.6.8 $\mathbf{R}^n$ 中标准基 $I=\{\boldsymbol{\varepsilon}_1,\boldsymbol{\varepsilon}_2,\cdots,\boldsymbol{\varepsilon}_n\}$，$\boldsymbol{\varepsilon}_1=(1,0,\cdots,0)^{\mathrm{T}}$，$\boldsymbol{\varepsilon}_2=(0,1,\cdots,0)^{\mathrm{T}}$，$\cdots$，$\boldsymbol{\varepsilon}_n=(0,0,\cdots,1)^{\mathrm{T}}$ 标准基下的向量 $\boldsymbol{\alpha}=[\boldsymbol{\alpha}]_I$，即

$$\boldsymbol{\alpha}=\begin{pmatrix}a_1\\a_2\\\vdots\\a_n\end{pmatrix}=a_1\begin{pmatrix}1\\0\\\vdots\\0\end{pmatrix}+a_2\begin{pmatrix}0\\1\\\vdots\\0\end{pmatrix}+\cdots+a_n\begin{pmatrix}0\\0\\\vdots\\1\end{pmatrix}.$$

取 $n=2$，$\boldsymbol{\alpha}=\begin{pmatrix}1\\6\end{pmatrix}$，则$\begin{pmatrix}1\\6\end{pmatrix}=1\cdot\begin{pmatrix}1\\0\end{pmatrix}+6\cdot\begin{pmatrix}0\\1\end{pmatrix}=[\boldsymbol{\alpha}]_I$.

例 3.6.9 取 $\mathbf{R}^2$ 中的基 $B=\{\boldsymbol{b}_1,\boldsymbol{b}_2\}$，其中 $\boldsymbol{b}_1=\begin{pmatrix}1\\0\end{pmatrix}$，$\boldsymbol{b}_2=\begin{pmatrix}1\\2\end{pmatrix}$，设 $\mathbf{R}^2$ 中的向量 $\boldsymbol{\alpha}$ 具有坐标向量$[\boldsymbol{\alpha}]_B=\begin{pmatrix}-2\\3\end{pmatrix}$，求 $\boldsymbol{\alpha}$.

解 $\boldsymbol{\alpha}=-2\cdot\boldsymbol{b}_1+3\cdot\boldsymbol{b}_2=-2\cdot\begin{pmatrix}1\\0\end{pmatrix}+3\cdot\begin{pmatrix}1\\2\end{pmatrix}=\begin{pmatrix}1\\6\end{pmatrix}=1\cdot\begin{pmatrix}1\\0\end{pmatrix}+6\cdot\begin{pmatrix}0\\1\end{pmatrix}$.

这也是在标准基下的坐标向量.

例 3.6.10 取 $\mathbf{R}^2$ 中的基 $B=\{\boldsymbol{b}_1,\boldsymbol{b}_2\}$，其中 $\boldsymbol{b}_1=\begin{pmatrix}2\\1\end{pmatrix}$，$\boldsymbol{b}_2=\begin{pmatrix}-1\\1\end{pmatrix}$，

设 $\mathbf{R}^2$ 中的向量 $\boldsymbol{\alpha}=\begin{pmatrix}4\\5\end{pmatrix}$，求 $\boldsymbol{\alpha}$ 相对于基 B 的坐标向量 $[\boldsymbol{\alpha}]_B$.

解　设 $[\boldsymbol{\alpha}]_B=\begin{pmatrix}c_1\\c_2\end{pmatrix}$，则 $c_1\cdot\begin{pmatrix}2\\1\end{pmatrix}+c_2\cdot\begin{pmatrix}-1\\1\end{pmatrix}=\begin{pmatrix}4\\5\end{pmatrix}$ 或

$$\begin{pmatrix}2&-1\\1&1\end{pmatrix}\begin{pmatrix}c_1\\c_2\end{pmatrix}=\begin{pmatrix}4\\5\end{pmatrix},$$

解此方程组得 $[\boldsymbol{\alpha}]_B=\begin{pmatrix}c_1\\c_2\end{pmatrix}=\begin{pmatrix}3\\2\end{pmatrix}$.

本例中的矩阵 $\begin{pmatrix}2&-1\\1&1\end{pmatrix}$ 将 $\boldsymbol{\alpha}$ 的 B-坐标变成了 $\boldsymbol{\alpha}$ 的标准坐标. 对于 $\mathbf{R}^n$ 中的一组基 $B=\{\boldsymbol{b}_1,\boldsymbol{b}_2,\cdots,\boldsymbol{b}_n\}$，可以施行类似的坐标变换. 令矩阵 $\boldsymbol{A}=(\boldsymbol{b}_1,\boldsymbol{b}_2,\cdots,\boldsymbol{b}_n)$，则 $\boldsymbol{A}$ 可逆，且向量方程

$$\boldsymbol{\alpha}=c_1\boldsymbol{b}_1+c_2\boldsymbol{b}_2+\cdots+c_n\boldsymbol{b}_n$$

等价于 $\boldsymbol{\alpha}=\boldsymbol{A}[\boldsymbol{\alpha}]_B$.

我们称 $\boldsymbol{A}$ 为从 $\boldsymbol{B}$ 到 $\mathbf{R}^n$ 中标准基的坐标变换矩阵.

从上式中可以得到 $\boldsymbol{A}^{-1}\boldsymbol{\alpha}=[\boldsymbol{\alpha}]_B$，即映射 $F:\boldsymbol{\alpha}\to[\boldsymbol{\alpha}]_B$，$F(\boldsymbol{\alpha})=\boldsymbol{A}^{-1}\boldsymbol{\alpha}=[\boldsymbol{\alpha}]_B$ 是 $\mathbf{R}^n$ 到 $\mathbf{R}^n$ 的坐标映射，且由下述定理可知，它是一个线性变换.

定理 3.6.2　令 $B=\{\boldsymbol{b}_1,\boldsymbol{b}_2,\cdots,\boldsymbol{b}_n\}$ 是向量空间 V 的一个基，则坐标映射 $\boldsymbol{\alpha}\mapsto[\boldsymbol{\alpha}]_B$ 是一个由 V 映射到 $\mathbf{R}^n$ 的一对一的线性变换.

证　任取向量空间 V 中的两个向量

$$\boldsymbol{u}=c_1\boldsymbol{b}_1+c_2\boldsymbol{b}_2+\cdots+c_n\boldsymbol{b}_n,\quad \boldsymbol{w}=d_1\boldsymbol{b}_1+d_2\boldsymbol{b}_2+\cdots+d_n\boldsymbol{b}_n,$$

利用向量运算

$$\boldsymbol{u}+\boldsymbol{w}=(c_1+d_1)\boldsymbol{b}_1+(c_2+d_2)\boldsymbol{b}_2+\cdots+(c_n+d_n)\boldsymbol{b}_n,$$

于是

$$[\boldsymbol{u}+\boldsymbol{w}]_B=\begin{pmatrix}c_1+d_1\\c_2+d_2\\\vdots\\c_n+d_n\end{pmatrix}=\begin{pmatrix}c_1\\c_2\\\vdots\\c_n\end{pmatrix}+\begin{pmatrix}d_1\\d_2\\\vdots\\d_n\end{pmatrix}=[\boldsymbol{u}]_B+[\boldsymbol{w}]_B.$$

即坐标映射保持对加法的封闭.

若对任一实数 k，$k\boldsymbol{u}=(kc_1)\boldsymbol{b}_1+(kc_2)\boldsymbol{b}_2+\cdots+(kc_n)\boldsymbol{b}_n$，则

$$[k\boldsymbol{u}]_B=\begin{pmatrix}kc_1\\kc_2\\\vdots\\kc_n\end{pmatrix}=k\begin{pmatrix}c_1\\c_2\\\vdots\\c_n\end{pmatrix},$$

从而，坐标映射也保持对数量乘法的封闭.

于是，由线性变换的定义知：坐标映射是一个线性变换. 此外，读者还可验证该映射还是个双射.

一般而言，从一个向量空间 V 到另一个向量空间 W 的一一线性变换称为从 V 到 W 上的一个同构，属于这两个空间中的向量在不引起混淆的前提下可视为同一向量.

对一个 n 维向量空间 V，当一个基 B 取定后，V 中的每个向量 $\boldsymbol{\alpha}$ 由其基 B-坐标向量$[\boldsymbol{\alpha}]_B$唯一确定. 例如，在平面上，取其基分别为标准正交向量组 B_1：$(1,0)^{\mathrm{T}}$，$(0,1)^{\mathrm{T}}$ 及 B_2：$(1,1)^{\mathrm{T}}$，$(0,2)^{\mathrm{T}}$，同一向量的坐标向量分别为

$[\boldsymbol{\alpha}]_{B_1}=1\cdot(1,0)^{\mathrm{T}}+3\cdot(0,1)^{\mathrm{T}}=(1,3)^{\mathrm{T}}$;

$(1,3)^{\mathrm{T}}=1\cdot(1,1)^{\mathrm{T}}+1\cdot(0,2)^{\mathrm{T}}\Rightarrow[\boldsymbol{\alpha}]_{B_2}=(1,1)^{\mathrm{T}}$.

在某些应用问题中，一个问题开始是用一个基 B_1 描述，但问题的求解可通过将 B_1 变为一个新的基 B_2 得到帮助. 于是每个向量被确定为一个新的 B_2-坐标向量.

以下将讨论 V 中的向量 $\boldsymbol{\alpha}$ 在两个基 B_1、B_2 下，坐标向量$[\boldsymbol{\alpha}]_{B_1}$、$[\boldsymbol{\alpha}]_{B_2}$之间的联系. 下面通过一个简单的例子来说明如何得到二者之间的联系.

例 3.6.11 对于一个向量空间 V，考虑两个基 $B=\{\boldsymbol{b}_1,\boldsymbol{b}_2\}$ 和 $C=\{\boldsymbol{c}_1,\boldsymbol{c}_2\}$，满足

$$\boldsymbol{b}_1=4\boldsymbol{c}_1+\boldsymbol{c}_2,\boldsymbol{b}_2=-6\boldsymbol{c}_1+\boldsymbol{c}_2, \tag{3.6.3}$$

并假设

$$\boldsymbol{\alpha}=3\boldsymbol{b}_1+\boldsymbol{b}_2, \tag{3.6.4}$$

即假设$[\boldsymbol{\alpha}]_B=(3,1)^{\mathrm{T}}$，求$[\boldsymbol{\alpha}]_C$.

解 因为坐标映射是个线性变换，所以有

$$\boldsymbol{\alpha}=3\boldsymbol{b}_1+\boldsymbol{b}_2=3(4\boldsymbol{c}_1+\boldsymbol{c}_2)+(-6\boldsymbol{c}_1+\boldsymbol{c}_2)=(\boldsymbol{c}_1,\boldsymbol{c}_2)\begin{pmatrix}4&-6\\1&1\end{pmatrix}\begin{pmatrix}3\\1\end{pmatrix},$$

于是

$$[\boldsymbol{\alpha}]_C=\begin{pmatrix}4&-6\\1&1\end{pmatrix}\begin{pmatrix}3\\1\end{pmatrix}\triangleq \underset{C\leftarrow B}{\boldsymbol{P}}[\boldsymbol{\alpha}]_B=\begin{pmatrix}6\\4\end{pmatrix}.$$

由本例可推广得到如下结果。

定理 3.6.3 设 $B=\{\boldsymbol{b}_1,\boldsymbol{b}_2,\cdots,\boldsymbol{b}_n\}$ 和 $C=\{\boldsymbol{c}_1,\boldsymbol{c}_2,\cdots,\boldsymbol{c}_n\}$ 是向量空间 V 的基，则存在一个 $n\times n$ 的可逆矩阵 $\underset{C\leftarrow B}{P}$，使得

$$[\boldsymbol{\alpha}]_C = \underset{C\leftarrow B}{\boldsymbol{P}}[\boldsymbol{\alpha}]_B.$$

其中 $\underset{C\leftarrow B}{\boldsymbol{P}}$ 的列是基 B 中向量的 C-坐标向量，即

$$\underset{C\leftarrow B}{\boldsymbol{P}} = ([\boldsymbol{b}_1]_C, [\boldsymbol{b}_2]_C, \cdots, [\boldsymbol{b}_n]_C).$$

定义 3.6.4　称上述定理中的坐标映射 $F:[\boldsymbol{\alpha}]_B \mapsto [\boldsymbol{\alpha}]_C$ 为向量空间 V 上的坐标变换，矩阵 $\underset{C\leftarrow B}{\boldsymbol{P}}$ 称为由 B 到 C 的坐标变换矩阵，又称为由 B 到 C 的过渡矩阵. 若 C 是标准基 $\{\boldsymbol{\varepsilon}_1, \boldsymbol{\varepsilon}_2, \cdots, \boldsymbol{\varepsilon}_n\}$，则 $\underset{C\leftarrow B}{\boldsymbol{P}} = \boldsymbol{P}_B = (\boldsymbol{b}_1, \boldsymbol{b}_2, \cdots, \boldsymbol{b}_n)$.

如何找到两组基之间的过渡矩阵或是解决基变换问题，我们需要求出原来的基关于新基的坐标向量.

例 3.6.12　考虑 $\mathbf{R}^2$ 中基 $B=\{\boldsymbol{b}_1, \boldsymbol{b}_2\}$，$C=\{\boldsymbol{c}_1, \boldsymbol{c}_2\}$，其中

$$\boldsymbol{b}_1 = \begin{pmatrix} -9 \\ 1 \end{pmatrix}, \boldsymbol{b}_2 = \begin{pmatrix} -5 \\ -1 \end{pmatrix}, \boldsymbol{c}_1 = \begin{pmatrix} 1 \\ -4 \end{pmatrix}, \boldsymbol{c}_2 = \begin{pmatrix} 3 \\ -5 \end{pmatrix},$$

求：(1) 由 B 到 C 的坐标变换矩阵（过渡矩阵）；

(2) 由 C 到 B 的坐标变换矩阵（过渡矩阵）.

解　(1) 设 $[\boldsymbol{b}_1]_C = \begin{pmatrix} x_1 \\ x_2 \end{pmatrix}$，$[\boldsymbol{b}_2]_C = \begin{pmatrix} y_1 \\ y_2 \end{pmatrix}$，于是由定义有

$$(\boldsymbol{c}_1, \boldsymbol{c}_2)\begin{pmatrix} x_1 \\ x_2 \end{pmatrix} = \boldsymbol{b}_1, (\boldsymbol{c}_1, \boldsymbol{c}_2)\begin{pmatrix} y_1 \\ y_2 \end{pmatrix} = \boldsymbol{b}_2.$$

为了同步解出这两个方程组，将 $\boldsymbol{b}_1$ 和 $\boldsymbol{b}_2$ 扩大到系数矩阵中作初等行变换化简，得

$$(\boldsymbol{c}_1, \boldsymbol{c}_2 \mid \boldsymbol{b}_1, \boldsymbol{b}_2) = \left(\begin{array}{cc|cc} 1 & 3 & -9 & -5 \\ -4 & -5 & 1 & -1 \end{array}\right) \to \left(\begin{array}{cc|cc} 1 & 0 & 6 & 4 \\ 0 & 1 & -5 & -3 \end{array}\right).$$

于是 $[\boldsymbol{b}_1]_C = \begin{pmatrix} 6 \\ -5 \end{pmatrix}$，$[\boldsymbol{b}_2]_C = \begin{pmatrix} 4 \\ -3 \end{pmatrix}$. 因此所要求的坐标变换矩阵（过渡矩阵）为

$$\underset{C\leftarrow B}{\boldsymbol{P}} = ([\boldsymbol{b}_1]_C, [\boldsymbol{b}_2]_C) = \begin{pmatrix} 6 & 4 \\ -5 & -3 \end{pmatrix}.$$

(2) 由 (1) 的求解过程知由 C 到 B 的坐标变换矩阵（过渡矩阵）为

$$\underset{B\leftarrow C}{\boldsymbol{P}} = \underset{C\leftarrow B}{\boldsymbol{P}}^{-1} = \begin{pmatrix} 6 & 4 \\ -5 & -3 \end{pmatrix}^{-1} = \begin{pmatrix} -\dfrac{3}{2} & -2 \\ \dfrac{5}{2} & 3 \end{pmatrix}.$$

由定理 3.6.3 可知，齐次线性方程组的任意两组基础解系 $B:\boldsymbol{\xi}_1,\boldsymbol{\xi}_2,\cdots,\boldsymbol{\xi}_r$；$C:\boldsymbol{\eta}_1,\boldsymbol{\eta}_2,\cdots,\boldsymbol{\eta}_r$ 之间必存在可逆的过渡矩阵 $\underset{C\leftarrow B}{\boldsymbol{P}}$，使得两解向量空间 $\mathrm{Span}\{\boldsymbol{\xi}_1,\boldsymbol{\xi}_2,\cdots,\boldsymbol{\xi}_r\}$，$\mathrm{Span}\{\boldsymbol{\eta}_1,\boldsymbol{\eta}_2,\cdots,\boldsymbol{\eta}_r\}$ 之间存在一一映射，即同构. 因而对齐次线性方程组的解空间而言，由于所选取的基不同，即方程组的基础解系不同，解空间就不同，但是这些解空间是同构的.

3.6.3 线性变换的应用

这里仅举一个差分方程的简单应用实例.

差分方程是分析离散数据的工具之一. 一些问题的解往往由相应差分方程的解来刻画. 相应地，差分方程的一些基本性质，可以通过线性代数得到很好的解释. 描述离散时间信号中线性递归关系（可看作一个线性滤波器）的数学模型常是一个 n 阶线性差分方程

$$a_0y_{k+n}+a_1y_{k+n-1}+\cdots+a_{n-1}y_{k+1}+a_ny_k=z_k,$$

其中，a_0，a_1，$\cdots$，a_n 是给定实数，a_0，a_n 不为零，$\{y_k\}$ 看作输入信号，$\{z_k\}$ 看作输出信号.

a_0 通常取 1. 若 $\{z_k\}$ 是零序列，则称上述方程为齐次线性差分方程，否则称为非齐次线性差分方程.

可以用线性变换的知识证明：上述齐次线性差分方程的解集是一个向量空间. 因此，要求齐次线性差分方程的解，只需要找到解空间的一个基就可以了.

例如，对差分方程

$$y_{k+3}-2y_{k+2}-5y_{k+1}+6y_k=0,\ \text{对所有 } k \text{ 成立},$$

则其解集的一个基为 1^k，$(-2)^k$，3^k. 显然，这三个信号满足上述齐次线性差分方程，只需证明它们线性无关即可.

在证明这一结论前，我们先了解离散时间信号这一概念.

离散时间信号来自电学、控制系统工程学、生物学、经济学、人口统计学以及其他任何需要在离散时间区间测量或抽样的领域，数学上，它是一个只定义在整数集上的函数列，用形如 $\{y_0,y_1,y_2,\cdots\}$ 的序列来描述. 例如，$\{y_k\}=\{0.7^k\mid k=0,1,2,\cdots\}$，$y_k=0$（$k<0$）. 以离散时间信号为元素构成的向量空间记为 S，y_k 称为信号的通项. 例如图 3-6-5 所示的三个信号，它们的通项分别是 0.7^k，1^k，$(-1)^k$.

接着，讨论信号空间 S 中的线性无关性. 为了简化符号，我们考虑一个仅含有三个信号 $\{u_k\}$，$\{v_k\}$，$\{w_k\}$ 的集合 S，当方程

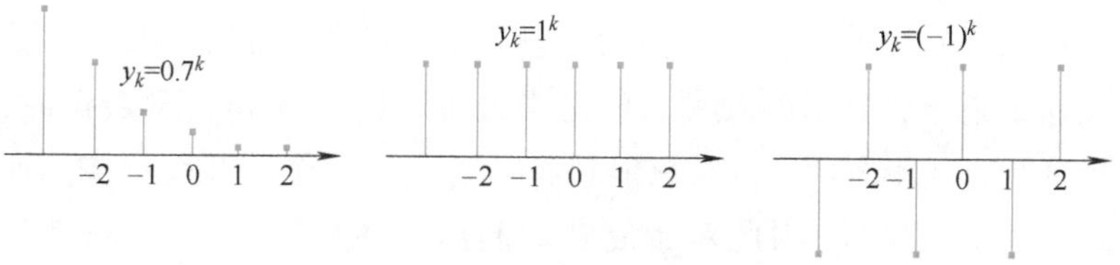

图 3-6-5

$$c_1u_k+c_2v_k+c_3w_k=0,\forall k\in\mathbf{N} \tag{3.6.5}$$

成立蕴含 $c_1=c_2=c_3=0$ 时，$\{u_k\}$，$\{v_k\}$，$\{w_k\}$ 是线性无关的.

若 c_1，c_2，c_3 满足式（3.6.5），则

$$\begin{pmatrix} u_k & v_k & w_k \\ u_{k+1} & v_{k+1} & w_{k+1} \\ u_{k+2} & v_{k+2} & w_{k+2} \end{pmatrix}\begin{pmatrix} c_1 \\ c_2 \\ c_3 \end{pmatrix}=\begin{pmatrix} 0 \\ 0 \\ 0 \end{pmatrix},\forall k\in\mathbf{N}. \tag{3.6.6}$$

这个方程组的系数矩阵称为信号的卡索拉蒂（Casorati）矩阵，其行列式称为卡索拉蒂行列式. 如果对至少一个 k 值卡索拉蒂矩阵可逆，则式（3.6.6）蕴含 $c_1=c_2=c_3=0$. 这就证明了这三个信号是线性无关的.

用这些知识我们来证明 1^k，$(-2)^k$，3^k 是线性无关的 3 个信号. 事实上，这三个信号的卡索拉蒂矩阵在 $k=0$ 时为 $\begin{pmatrix} 1 & 1 & 1 \\ 1 & -2 & 3 \\ 1 & 4 & 9 \end{pmatrix}$，其行列式不为 0，故可逆. 即所给三个信号线性无关（见图 3-6-6）.

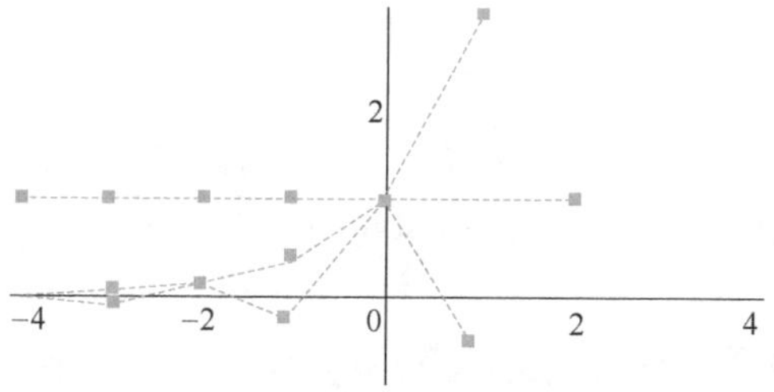

图 3-6-6

在这个应用中，线性变换对应了卡索拉蒂矩阵，这个矩阵的可逆对应了所给信号是线性无关的，于是，用于描述信号状态的线性齐次差分方程的解就可以用这些信号的线性组合表示出来了.

3.7 MATLAB 实验 3

3.7.1 MATLAB 程序驱动模式简介

MATLAB 的工作模式主要有两种，一是以指令驱动模式工作，

即在 MATLAB 命令窗口下由用户输入单行指令，MATLAB 立即处理这条指令，并显示结果. 但是当处理复杂问题和大量数据时，命令行方式不方便，一次只能执行一行上的一个或几个语句，而且代码不能存储. 因此对于复杂的问题应使用第二种工作模式，即为程序文件模式.

将 MATLAB 语句构成的程序存储成以 m 为扩展名的文件，然后再执行该程序文件，这种工作模式称为程序文件模式.m 文件的类型是普通的文本文件，我们可以使用 MATLAB 系统默认的文本文件编辑器来建立 m 文件（见图 3-7-1），也可采用 Edit，Windows 的记事本和 Word 等软件创建.

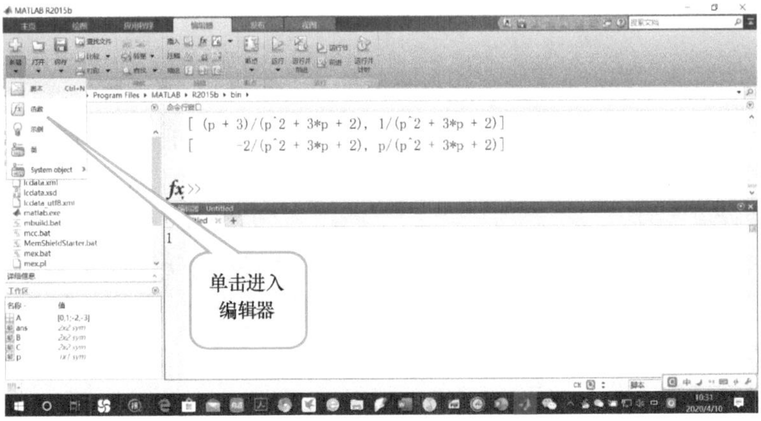

图 3-7-1　MATLAB 程序文件编辑

MATLAB 的程序文件，可包括在命令窗口使用的各种命令、函数、公式等，也可使用选择、循环等程序编辑代码，因篇幅问题，此处不做详细介绍，有兴趣的同学请参考专门的 MATLAB 程序设计教程.

下面将通过编写 m 程序文件介绍通过 MATLAB 解决本章中关于向量运算、线性方程组求解等知识点的实现方法.

3.7.2　程序文件使用实例

例 3.7.1　求所给向量组

$$\boldsymbol{\alpha}_1=\begin{pmatrix}2\\1\\6\\5\\6\end{pmatrix},\boldsymbol{\alpha}_2=\begin{pmatrix}6\\3\\18\\15\\18\end{pmatrix},\boldsymbol{\alpha}_3=\begin{pmatrix}0\\3\\-2\\13\\0\end{pmatrix},\boldsymbol{\alpha}_4=\begin{pmatrix}-4\\1\\-14\\3\\-12\end{pmatrix},\boldsymbol{\alpha}_5=\begin{pmatrix}2\\8\\10\\6\\6\end{pmatrix},\boldsymbol{\alpha}_6=\begin{pmatrix}0\\-1\\-8\\25\\0\end{pmatrix}$$

的一个极大无关组，将其余向量用此极大无关组线性表示.

解　常规求解思想：首先将向量组按列排列为一个矩阵

$$A=(\alpha_1,\alpha_2,\alpha_3,\alpha_4,\alpha_5,\alpha_6)=\begin{pmatrix}2&6&0&-4&2&0\\1&3&3&1&8&-1\\6&18&-2&-14&10&-8\\5&15&13&3&6&25\\6&18&0&-12&6&0\end{pmatrix},$$

对矩阵 A 进行初等行变换，化为最简的行阶梯形矩阵

$$\begin{pmatrix}1&3&0&-2&0&1\\0&0&1&1&0&2\\0&0&0&0&1&-1\\0&0&0&0&0&0\\0&0&0&0&0&0\end{pmatrix}.$$

根据线性代数知识可知，上述矩阵中，非零行的首个非零元素分布在第 1，3，5 列，故 α_1，α_3，α_5 为原向量组的一个极大无关组，其余向量都可由 α_1，α_3，α_5 线性表示：

$$\alpha_6=\alpha_1+2\alpha_3-\alpha_5,\alpha_4=-2\alpha_1+\alpha_3,\alpha_2=3\alpha_1.$$

根据上述思路，编写 MATLAB 程序文件 Exp3_1.m 如下：

```
%通过初等变换查找向量组的极大线性无关组,并用其表示剩余向量
a1=[2;1;6;5;6];
a2=[6;3;18;15;18];
a3=[0;3;-2;13;0];
a4=[-4;1;-14;3;-12];
a5=[2;8;10;6;6];
a6=[0;-1;-8;25;0];
A=[a1,a2,a3,a4,a5,a6];        % 6 个列向量构成矩阵 A
[R,s]=rref(A);                % 求矩阵 A 的最简行阶梯形矩阵,赋
                                给矩阵 R,并找到首个非零
                              % 元素的位置为 s 向量,s 中的元素
                                即为极大线性无关组向量的下标
rank=length(s);               % 线性无关组向量个数赋值给 rank
fprintf('极大线性无关组为:\n') % 控制输出格式
                              % 按字符串输出极大线性无关组
for i=1:rank
   fprintf('a%d\t',s(i))
end
fprintf('\n 极大无关组所构成的矩阵 B:\n')
                              %寻找极大无关组所构成的矩阵 B
for i=1:rank
   B(:,i)=A(:,s(i));
```

```
end
disp(B)                          % 显示极大无关组所构成的矩阵 B
index=ones(1,length(A));% 用于标记向量是否为极大无关组的向量
for j=1:rank
    index(s(j))=0;
end
                                 % 此时将 index 中非零元素所对应的
                                   向量由极大无关组表示
others=find(index);              % 删除 index 中的零元素
for k=1:6-rank                   % 用极大无关组线性表示其他向量
    fprintf('a%d=',others(k))
    for h=1:rank
        fprintf('(%d)* a%d+',R(h,others(k)),s(h));
    end
    fprintf('\b\n');             % 去掉最后一个"+"号
end
```

运行结果为:

```
>> Exp3_1
```

极大线性无关组为:

```
a1 a3     a5
```

极大无关组所构成的矩阵 B:

```
    2     0    2
    1     3    8
    6    -2   10
    5    13    6
    6     0    6
a2=(3)* a1+(0)* a3+(0)* a5
a4=(-2)* a1+(1)* a3+(0)* a5
a6=(1)* a1+(2)* a3+(-1)* a5
```

例 3.7.2 求非齐次线性方程组

$$\begin{cases}6x_1+3x_2+2x_3+3x_4+4x_5=5,\\4x_1+2x_2+x_3+2x_4+3x_5=4,\\4x_1+2x_2+3x_3+2x_4+x_5=0,\\2x_1+x_2+7x_3+3x_4+2x_5=1\end{cases}$$

的特解.

解 在 MATLAB 的命令窗口里输入以下命令:

```
>> A=[6,3,2,3,4;4,2,1,2,3;4,2,3,2,1;2,1,7,3,2];  %方程组的系数矩阵
```

```
>> b=[5;4;0;1];          % 方程组的常数列向量
>> [R,s]=rref([A,b]); % 寻找增广矩阵的最简行阶梯形矩阵 R,
                         % 和 R 中行首位非零元素在矩阵中的列指标向量 s
>> R=sym(R)             % 将最简阶梯形矩阵以分数形式表示
```

运行结果为：

```
R =
[ 1, 1/2, 0, 0, -3/4, -3/2]
[ 0,   0, 1, 0,   -1,   -2]
[ 0,   0, 0, 1,  7/2,    6]
[ 0,   0, 0, 0,    0,    0]
s =
     1     3     4
```

此时已求出该方程组增广矩阵的最简行阶梯形矩阵 $\boldsymbol{R}$，由线性代数的基础知识，即可求得方程组的通解.

接下来在 MATLAB 的 m 文件编辑器中编写程序 Exp3_2.m，最终求解该方程组的一个特解和对应齐次线性方程组的通解.

```
%求解齐次线性方程组的通解
A=[6,3,2,3,4;4,2,1,2,3;4,2,3,2,1;2,1,7,3,2];
                          % 方程组的系数矩阵
b=[5;4;0;1];              % 方程组的常数列向量
[R,s]=rref([A,b]);  % 寻找增广矩阵的最简行阶梯形矩阵 R
                          % 以及 R 中的基准元素在矩阵中的列指标向量 s
[m,p]=size(A);            % 寻找系数矩阵 A 的行数 m,列数 p
x1=zeros(p,1);                % 初始化方程组特解,x1 为 p 维列向量
rank=length(s);               % 矩阵 A 的秩,即是基准元素的个数
x1(s,:)=R(1:rank,end); % 将矩阵的最后一列按基准元素的位置
                                给特解 x1 赋值
disp('非齐次线性方程组的特解为:')
x1                            % 特解
disp('对应的齐次线性方程组的基础解系为:')
x=null(A,'r')                 % 寻找齐次线性方程组 Ax=0 的基础解
                                系 x
```

在 MATLAB 命令窗口输入：

```
>>Exp3_2
```

运行结果为：

```
    非齐次线性方程组的特解为:
x1 =
      -3/2
        0
      -2
```

```
6
0
```

对应的齐次线性方程组的基础解系为:

```
x =
   -1/2        3/4
    1          0
    0          1
    0         -7/2
    0          1
```

故得到原方程组的通解为

$$x=k_1\begin{pmatrix}-\frac{1}{2}\\1\\0\\0\\0\end{pmatrix}+k_2\begin{pmatrix}\frac{3}{4}\\0\\1\\-\frac{7}{2}\\1\end{pmatrix}+\begin{pmatrix}-\frac{3}{2}\\0\\-2\\6\\0\end{pmatrix},\ k_1,\ k_2 \text{ 为任意常数.}$$

上述计算过程与传统的笔算方法结果一致，此外，齐次线性方程组的特解还可以用 MATLAB 中的矩阵左除运算求得，直接在命令窗口输入以下命令:

```
>> A=[6,3,2,3,4;4,2,1,2,3;4,2,3,2,1;2,1,7,3,2];
>> b=[5;4;0;1];
>> x1=A\b;
   Warning: Rank deficient, rank = 3, tol = 9.420555e-15.
   x1 =
   -3/14
    0
   -2/7
    0
    12/7
>> x=null(A,'r');
x =
   -1/2        3/4
    1          0
    0          1
    0         -7/2
    0          1
```

注意到计算所得特解 x1 与前一个方法不同.（如果欠定方程组有解，则它有无数个解，特解只需要其中的任何一个即可.）

方程组的通解为

$$\boldsymbol{x}=k_1\begin{pmatrix}-\frac{1}{2}\\1\\0\\0\\0\end{pmatrix}+k_2\begin{pmatrix}\frac{3}{4}\\0\\1\\-\frac{7}{2}\\1\end{pmatrix}+\begin{pmatrix}-\frac{3}{14}\\0\\-\frac{2}{7}\\0\\\frac{12}{7}\end{pmatrix},k_1,k_2\text{ 为任意常数.}$$

例 3.7.3　已知齐次线性方程组

$$\begin{cases}(2-k)x_1+2x_2+4x_3+4x_4=0,\\2x_1+(3-k)x_2-x_3+0x_4=0,\\-3x_1+2x_2+(5-k)x_3+4x_4=0,\\0x_1+x_2+7x_3+(8-2k)x_4=0,\end{cases}$$ 当 k 取何值时方程组有非零解？在有非零解的情况下，试求出其基础解系.

解　在 MATLAB 的 m 文件编辑器中，编写程序 Exp3_3.m

```
% 计算带有参数的线性方程组的解
syms k;                 % 出现参数 k,运用符号计算
A=[(2-k),2,4,4;2,(3-k),-1,0;-3,2,(5-k),4;0,1,7,(8-2* k)];
                                       % 方程组的系数矩阵
Det=det(A);                            % 计算 A 的行列式
result=solve(Det);                     % 求解行列式等于 0 时,k 的取值
result=double(result);                 % 将符号矩阵转化为数值矩阵
% 接下来将 k 的取值分别代入原系数矩阵求解方程组的解
for i=1:length(result)
    B=subs(A,k,result(i)); % 将矩阵 A 当中的 k 值代替为使行
                                           列式为 0 的 k 值
    fprintf('当 k=%d 时,',result(i))
    fprintf('基础解系为:\n');
    disp(null(B))
end
```

在命令窗口输入：

```
>> Exp3_3
```

运行结果为：

```
当 k=1 时,基础解系为:
   0
-2/5
-4/5
   1
当 k=3 时,基础解系为:
 0
```

```
-2
 0
 1
当 k=4 时,基础解系为:
-3
-7
 1
 1
当 k=6 时,基础解系为:
  2
6/5
2/5
  1
```

3.7.3 MATLAB 练习 3

请读者在 MATLAB 软件上自行完成以下练习：

1. 已知向量组 $\boldsymbol{\beta}_1^{\mathrm{T}}=(1,0,0,0)$，$\boldsymbol{\beta}_2^{\mathrm{T}}=(1,2,0,0)$，$\boldsymbol{\beta}_3^{\mathrm{T}}=(1,1,0,0)$，$\boldsymbol{\beta}_4^{\mathrm{T}}=(1,-1,3,0)$，$\boldsymbol{\beta}_5^{\mathrm{T}}=(0,0,0,0)$，用 MATLAB 软件求向量组 $(\boldsymbol{\beta}_1,\boldsymbol{\beta}_2,\boldsymbol{\beta}_3,\boldsymbol{\beta}_4,\boldsymbol{\beta}_5)$ 的秩和极大无关组.

2. 已知向量组 A：$\boldsymbol{\alpha}_1=\begin{pmatrix}0\\2\\1\\1\end{pmatrix}$，$\boldsymbol{\alpha}_2=\begin{pmatrix}-1\\-1\\-1\\-1\end{pmatrix}$，$\boldsymbol{\alpha}_3=\begin{pmatrix}1\\-1\\0\\0\end{pmatrix}$，$\boldsymbol{\alpha}_4=\begin{pmatrix}0\\0\\1\\-1\end{pmatrix}$，编写 m 文件求向量组 A 的秩及其极大无关组，将其余向量用此极大无关组线性表示.

3. 已知齐次线性方程组

$$\begin{cases}(1-2\lambda)x_1+3x_2+3x_3+3x_4=0,\\3x_1+(2-\lambda)x_2+3x_3+3x_4=0,\\3x_1+3x_2+(2-\lambda)x_3+3x_4=0,\\3x_1+3x_2+3x_3+(11-\lambda)x_4=0,\end{cases}$$

当 λ 取何值时，方程组有非零解？在有非零解的情况下，试求出其基础解系，并编写 m 文件求解.

第 3 章复习

习题 3

1. 写出下列方程组的矩阵表示与向量表示：

(1) $\begin{cases}x_1-x_2=-1,\\x_2-x_3=2,\\x_3-x_4=1,\\-x_1+x_4=a;\end{cases}$ (2) $\begin{cases}x_1-x_2=-1,\\x_2-x_3=2,\\x_3-x_4=1;\end{cases}$ (3) $\begin{cases}x_1-x_2=-1,\\x_2-x_3=2,\\x_3-x_4=1,\\x_4=a.\end{cases}$

2. 下列向量组中，$\boldsymbol{b}$ 能否被向量组 A 线性表示，如果能，有多少种表示方法，请写出判断过程：

（1）A：$\boldsymbol{a}_1=\begin{pmatrix}1\\3\\5\\0\end{pmatrix}$，$\boldsymbol{a}_2=\begin{pmatrix}1\\2\\4\\1\end{pmatrix}$，$\boldsymbol{a}_3=\begin{pmatrix}1\\1\\3\\2\end{pmatrix}$；$\boldsymbol{b}=\begin{pmatrix}7\\-2\\12\\23\end{pmatrix}$；

（2）A：$\boldsymbol{a}_1=\begin{pmatrix}1\\3\\2\end{pmatrix}$，$\boldsymbol{a}_2=\begin{pmatrix}-2\\-1\\1\end{pmatrix}$，$\boldsymbol{a}_3=\begin{pmatrix}3\\5\\2\end{pmatrix}$，$\boldsymbol{a}_4=\begin{pmatrix}-1\\-3\\-2\end{pmatrix}$；$\boldsymbol{b}=\begin{pmatrix}2\\6\\8\end{pmatrix}$.

3. 判断下列向量组线性相关还是线性无关：

（1）$\boldsymbol{a}_1=\begin{pmatrix}1\\2\\3\end{pmatrix}$，$\boldsymbol{a}_2=\begin{pmatrix}0\\0\\0\end{pmatrix}$；

（2）$\boldsymbol{a}_1=\begin{pmatrix}1\\1\\-1\\1\end{pmatrix}$，$\boldsymbol{a}_2=\begin{pmatrix}0\\1\\3\\1\end{pmatrix}$，$\boldsymbol{a}_3=\begin{pmatrix}0\\0\\2\\-1\end{pmatrix}$；

（3）$\boldsymbol{a}_1=\begin{pmatrix}1\\2\end{pmatrix}$，$\boldsymbol{a}_2=\begin{pmatrix}3\\4\end{pmatrix}$，$\boldsymbol{a}_3=\begin{pmatrix}5\\6\end{pmatrix}$.

4. 已知向量 $\boldsymbol{a}_1=(1,2,3)^{\mathrm{T}}$，$\boldsymbol{a}_2=(2,1,0)^{\mathrm{T}}$，$\boldsymbol{a}_3=(3,4,a)^{\mathrm{T}}$，问 a 取何值时，$\boldsymbol{a}_1$，$\boldsymbol{a}_2$，$\boldsymbol{a}_3$ 线性相关？问 a 取何值时，$\boldsymbol{a}_1$，$\boldsymbol{a}_2$，$\boldsymbol{a}_3$ 线性无关？

5. 举例说明下列各命题是错误的：

（1）若向量组$\boldsymbol{a}_1$，$\boldsymbol{a}_2$，…，$\boldsymbol{a}_n$ 线性相关，则$\boldsymbol{a}_1$ 可由$\boldsymbol{a}_2$，…，$\boldsymbol{a}_n$ 线性表示；

（2）若向量组$\boldsymbol{a}_1+\boldsymbol{b}_1$，$\boldsymbol{a}_2+\boldsymbol{b}_2$，…，$\boldsymbol{a}_n+\boldsymbol{b}_n$ 线性相关，则向量组$\boldsymbol{a}_1$，$\boldsymbol{a}_2$，…，$\boldsymbol{a}_n$ 线性相关，向量组 $\boldsymbol{b}_1$，$\boldsymbol{b}_2$，…，$\boldsymbol{b}_n$ 线性相关；

（3）若向量组$\boldsymbol{a}_1$，$\boldsymbol{a}_2$，…，$\boldsymbol{a}_n$ 线性相关，$\boldsymbol{b}_1$，$\boldsymbol{b}_2$，…，$\boldsymbol{b}_n$ 也线性相关，则向量组 $\boldsymbol{a}_1+\boldsymbol{b}_1$，$\boldsymbol{a}_2+\boldsymbol{b}_2$，…，$\boldsymbol{a}_n+\boldsymbol{b}_n$ 线性相关；

（4）若向量组$\boldsymbol{a}_1$，$\boldsymbol{a}_2$，…，$\boldsymbol{a}_n$ 线性无关，则向量组$\boldsymbol{a}_1$，$\boldsymbol{a}_2$，…，$\boldsymbol{a}_n$，$\boldsymbol{a}_{n+1}$ 也线性无关.

6. 已知$\boldsymbol{a}_1\neq\boldsymbol{0}$，证明：向量组$\boldsymbol{a}_1$，$\boldsymbol{a}_2$，…，$\boldsymbol{a}_n$ 线性无关的充分必要条件是每一个向量$\boldsymbol{a}_i$ 都不能用其前面的向量$\boldsymbol{a}_1$，$\boldsymbol{a}_2$，…，$\boldsymbol{a}_{i-1}$线性表示.

7. 求下列向量组的秩，并求一个极大线性无关组，并把其余向量用极大无关组表示出来：

（1）$\begin{pmatrix}2\\0\\-1\\3\end{pmatrix}$，$\begin{pmatrix}3\\-2\\1\\1\end{pmatrix}$，$\begin{pmatrix}-5\\6\\-5\\9\end{pmatrix}$；

（2）$\begin{pmatrix}2\\0\\-1\\3\end{pmatrix}$，$\begin{pmatrix}3\\-2\\1\\1\end{pmatrix}$；　（3）$\begin{pmatrix}0\\0\\0\\0\end{pmatrix}$；　（4）$\begin{pmatrix}-5\\6\\-5\\9\end{pmatrix}$；

（5）$\begin{pmatrix}1\\0\\1\\0\\1\end{pmatrix}$，$\begin{pmatrix}0\\1\\0\\1\\0\end{pmatrix}$，$\begin{pmatrix}2\\1\\2\\1\\2\end{pmatrix}$，$\begin{pmatrix}2\\1\\0\\1\\2\end{pmatrix}$；

（6）$\begin{pmatrix}1\\3\\2\\0\end{pmatrix}$，$\begin{pmatrix}7\\0\\14\\3\end{pmatrix}$，$\begin{pmatrix}2\\-1\\0\\1\end{pmatrix}$，$\begin{pmatrix}5\\1\\6\\2\end{pmatrix}$，$\begin{pmatrix}2\\-1\\4\\1\end{pmatrix}$.

8. 证明两个向量组

$$A:\begin{pmatrix}1\\-1\\4\end{pmatrix},\begin{pmatrix}1\\0\\3\end{pmatrix},\begin{pmatrix}0\\1\\-1\end{pmatrix};B:\begin{pmatrix}1\\1\\2\end{pmatrix},\begin{pmatrix}0\\-1\\1\end{pmatrix},\begin{pmatrix}0\\0\\0\end{pmatrix}$$

是等价的.

9. 设有向量组 A：$\begin{pmatrix}1\\0\\0\end{pmatrix}$，$\begin{pmatrix}0\\0\\1\end{pmatrix}$；$B$：$\begin{pmatrix}0\\1\\0\end{pmatrix}$，$\begin{pmatrix}0\\-1\\1\end{pmatrix}$，$\begin{pmatrix}0\\0\\0\end{pmatrix}$，验证 $R(A)=R(B)$，但此两向量组不等价.

10. 设向量组（Ⅰ）可以由向量组（Ⅱ）线性表示，且 R(Ⅰ)$=R$(Ⅱ)，证明：此两向量组等价.

11. 已知 $\boldsymbol{A}$，$\boldsymbol{B}$ 均为非零矩阵，且 $\boldsymbol{AB}=\boldsymbol{O}$，证明：

（1）矩阵 $\boldsymbol{A}$ 的列向量组线性相关；（2）矩阵 $\boldsymbol{B}$ 的行向量组线性相关.

12. 已知三维基本向量组$\boldsymbol{e}_1=(1,0,0)^{\mathrm{T}}$，$\boldsymbol{e}_2=(0,1,0)^{\mathrm{T}}$，$\boldsymbol{e}_3=(0,0,1)^{\mathrm{T}}$ 可由向量组$\boldsymbol{a}_1$，$\boldsymbol{a}_2$，$\boldsymbol{a}_3$ 线性表示，证明向量组$\boldsymbol{a}_1$，$\boldsymbol{a}_2$，$\boldsymbol{a}_3$ 线性无关.

13. 确定常数 k，使向量组$\boldsymbol{a}_1=(1,1,k)^{\mathrm{T}}$，$\boldsymbol{a}_2=(1,k,1)^{\mathrm{T}}$，$\boldsymbol{a}_3=(k,1,1)^{\mathrm{T}}$ 可由向量组$\boldsymbol{b}_1=(1,1,k)^{\mathrm{T}}$，

$b_2=(-2,k,4)^T$，$b_3=(-2,\ k,\ k)^T$ 线性表示，但向量组b_1，b_2，b_3 不能由向量组a_1，a_2，a_3 线性表示.

14. 已知向量a_1，a_2，若另有一组向量$b_1=2a_1-a_2$，$b_2=a_1+a_2$，$b_3=-a_1+3a_2$，请证明b_1，b_2，b_3 线性相关.

15. 已知 $R(a_1,a_2,a_3)=2$，$R(a_2,a_3,a_4)=3$，请证明：

（1）a_1 能表成a_2，a_3 的线性组合；

（2）a_4 不能表成a_1，a_2，a_3 的线性组合.

16. 证明：方程 $x_1+x_2+x_3=0$ 的解集构成一个向量空间，该向量空间称为解空间.

17. 求出第 16 题中向量空间的基.

18. 求下列齐次线性方程组的基础解系：

（1）$\begin{cases} x_1+x_2+2x_3-x_4=0, \\ 2x_1+x_2+x_3-x_4=0, \\ 2x_1+2x_2+x_3+2x_4=0; \end{cases}$

（2）$5x_1+4x_2+3x_3+2x_4+x_5=0.$

19. 求下列非齐次线性方程组的一个特解及对应的齐次线性方程组的基础解系，并写出通解：

（1）$\begin{cases} x_1+2x_2+4x_3-3x_4=1, \\ 3x_1+5x_2+6x_3-4x_4=2, \\ 4x_1+5x_2-2x_3+3x_4=1, \\ 3x_1+8x_2+24x_3-19x_4=5. \end{cases}$

（2）$4x_2+3x_3+2x_4+x_5=1.$

20. 已知非齐次线性方程组系数矩阵的秩为 3，又已知该非齐次线性方程组的三个解向量分别为$x_1=(4,3,2,0,1)^T$，$x_2=(2,1,1,4,0)^T$，$x_3=(2,8,1,1,1)^T$，求该方程组的通解.

21. 已知非齐次线性方程组系数矩阵的秩为 2，x_1，x_2 是该方程组的两个解，且有 $x_1+x_2=(1,3,0)^T$，$2x_1+3x_2=(2,5,1)^T$，求该方程组的通解.

22. 已知向量x_0，x_1，x_2，…，x_{n-r} 为方程组 $A_{m\times n}x=b$ 的 $n-r+1$ 个线性无关的解，且 $R(A)=r$，请证明x_1-x_0，x_2-x_0，…，$x_{n-r}-x_0$ 为相应齐次线性方程组的一个基础解系.

23. 用施密特正交化方法把下列向量组规范正交化：

（1）$a_1=\begin{pmatrix}1\\1\\1\end{pmatrix}$，$a_2=\begin{pmatrix}1\\2\\3\end{pmatrix}$，$a_3=\begin{pmatrix}1\\2\\9\end{pmatrix}$；

（2）$a_1=\begin{pmatrix}1\\1\\2\\3\end{pmatrix}$，$a_2=\begin{pmatrix}-1\\1\\4\\-1\end{pmatrix}$.

24. 判断下列矩阵是否是正交矩阵，并请说明理由：

（1）$A=\begin{pmatrix} 1 & -\frac{1}{2} & \frac{1}{3} \\ -\frac{1}{2} & 1 & \frac{1}{2} \\ \frac{1}{3} & \frac{1}{2} & -1 \end{pmatrix}$；

（2）$B=\begin{pmatrix} \frac{1}{9} & -\frac{8}{9} & -\frac{4}{9} \\ -\frac{8}{9} & \frac{1}{9} & -\frac{4}{9} \\ -\frac{4}{9} & -\frac{4}{9} & \frac{7}{9} \end{pmatrix}$.

25. 已知a_1，a_2，a_3 是 n 维规范正交组，且$b_1=a_1+2\lambda a_2+\lambda a_3$，$b_2=a_1+a_2+\lambda a_3$，问 λ 取何值时，向量 b_1，b_2 正交？当它们正交时，求出$\|b_1\|$，$\|b_2\|$.

26. 设$a_1=(1,1,1)^T$，$a_2=(1,-1,-1)^T$，

（1）求与a_1，a_2 均正交的单位向量 b；（2）把向量组a_1，a_2，b 化为正交单位向量组（规范正交组）.

27. 设 $\mathbf{R}^3$ 中两组基分别为$a_1=\begin{pmatrix}1\\1\\1\end{pmatrix}$，$a_2=\begin{pmatrix}1\\0\\-1\end{pmatrix}$，$a_3=\begin{pmatrix}1\\0\\1\end{pmatrix}$；$b_1=\begin{pmatrix}1\\2\\1\end{pmatrix}$，$b_2=\begin{pmatrix}2\\3\\4\end{pmatrix}$，$b_3=\begin{pmatrix}3\\4\\3\end{pmatrix}$. 求由基$a_1$，$a_2$，$a_3$ 到基b_1，b_2，b_3 的过渡矩阵.

28. 设 $\mathbf{R}^3$ 中两组基a_1，a_2，a_3 和b_1，b_2，b_3 之间满足$b_1=a_1-a_2$，$b_2=a_2-a_3$，$b_3=2a_3$，向量β 在基a_1，a_2，a_3 下的坐标为$(2,-1,3)^T$，求β 在基b_1，b_2，b_3 下的坐标.

第 4 章 相似矩阵及二次型

本章主要介绍相似、方阵的特征值与特征向量等概念，进而导出方阵对角化的条件、方法及二次型. 这些内容本身就是矩阵和线性方程组的直接应用与延伸，同时也在数学各分支、科学技术以及数量经济分析等多个领域有着广泛的应用.

4.1 方阵的特征值和特征向量

4.1.1 相似矩阵

相似矩阵

定义 4.1.1 设 $\boldsymbol{A}$、$\boldsymbol{B}$ 为 n 阶方阵，如果存在可逆矩阵 $\boldsymbol{P}$，使得

$$\boldsymbol{P}^{-1}\boldsymbol{A}\boldsymbol{P}=\boldsymbol{B}, \tag{4.1.1}$$

则称方阵 $\boldsymbol{A}$ 和 $\boldsymbol{B}$ 相似，或 $\boldsymbol{B}$ 是 $\boldsymbol{A}$ 的相似矩阵，记为 $\boldsymbol{A}\sim\boldsymbol{B}$. $\boldsymbol{P}^{-1}\boldsymbol{A}\boldsymbol{P}$称为 $\boldsymbol{A}$ 的相似变换，可逆矩阵 $\boldsymbol{P}$ 称为把 $\boldsymbol{A}$ 变为 $\boldsymbol{B}$ 的相似变换矩阵.

定义 4.1.2 若 n 阶方阵 $\boldsymbol{A}$ 相似于对角矩阵

$$\boldsymbol{\Lambda}=\mathbf{diag}(\lambda_1,\lambda_2,\cdots,\lambda_n)=\begin{pmatrix}\lambda_1 & & & \\ & \lambda_2 & & \\ & & \ddots & \\ & & & \lambda_n\end{pmatrix},$$

即存在可逆矩阵 $\boldsymbol{P}$，使得

$$\boldsymbol{P}^{-1}\boldsymbol{A}\boldsymbol{P}=\boldsymbol{\Lambda}, \tag{4.1.2}$$

则称方阵 $\boldsymbol{A}$ 可对角化.

相似变换具有以下性质：

性质 4.1.1 （1）自反性：$\boldsymbol{A}\sim\boldsymbol{A}$；

（2）对称性：如果 $\boldsymbol{A}\sim\boldsymbol{B}$，则 $\boldsymbol{B}\sim\boldsymbol{A}$；

（3）传递性：如果 $\boldsymbol{A}\sim\boldsymbol{B}$，$\boldsymbol{B}\sim\boldsymbol{C}$，则 $\boldsymbol{A}\sim\boldsymbol{C}$.

证 (1) 由于 $E^{-1}AE=A$，故 $A\sim A$；

(2) 若 $A\sim B$，那么存在可逆矩阵 P，使得 $P^{-1}AP=B$，令 $Q=P^{-1}$，则 $A=PBP^{-1}=Q^{-1}BQ$，所以 $B\sim A$；

(3) 若 $A\sim B$，$B\sim C$，则存在可逆矩阵 P、Q，使得 $P^{-1}AP=B$，$Q^{-1}BQ=C$. 令 $R=PQ$，有 $Q^{-1}(P^{-1}AP)Q=C$，即 $(PQ)^{-1}A(PQ)=C$，从而 $R^{-1}AR=C$，故 $A\sim C$.

性质 4.1.2 (1) 若 $A\sim B$，则 $R(A)=R(B)$；

(2) 若 $A\sim B$，则 $|A|=|B|$；

(3) 若 $A\sim B$，则 $A^{T}\sim B^{T}$，$A^{m}\sim B^{m}$（m 为任一正整数）；

(4) 若 A 和 B 都是可逆矩阵且 $A\sim B$，则 $A^{-1}\sim B^{-1}$.

证 (1) 设 n 阶方阵 A 和 B 相似，由定义 4.1.1 可知，存在可逆矩阵 P，使得 $P^{-1}AP=B$. 从而有 $R(P^{-1}AP)=R(B)$，又由 P 是可逆矩阵，可得 $R(A)=R(B)$；

(2) 设 n 阶方阵 A 和 B 相似，则存在可逆矩阵 P，使得 $P^{-1}AP=B$，所以 $|P^{-1}AP|=|B|$，从而 $|P^{-1}||A||P|=|B|$，由此可得 $|A|=|B|$；

(3) 设 n 阶方阵 A 和 B 相似，则存在可逆矩阵 P，使得 $P^{-1}AP=B$. 又

$$B^{T}=(P^{-1}AP)^{T}=P^{T}A^{T}(P^{-1})^{T}=P^{T}A^{T}(P^{T})^{-1}.$$

令 $Q=(P^{T})^{-1}$，由于 P 是可逆矩阵，Q 也是可逆矩阵，则有 $B^{T}=Q^{-1}A^{T}Q$，即 $A^{T}\sim B^{T}$. 因为

$$\begin{aligned}B^{m}&=(P^{-1}AP)^{m}=(P^{-1}AP)(P^{-1}AP)(P^{-1}AP)\cdots(P^{-1}AP)\\&=P^{-1}A(PP^{-1})A(PP^{-1})\cdots(PP^{-1})AP=P^{-1}A^{m}P.\end{aligned}$$

从而 $A^{m}\sim B^{m}$.

(4) 若 $A\sim B$，且都可逆，则存在可逆矩阵 P，使得 $P^{-1}AP=B$，于是

$$B^{-1}=(P^{-1}AP)^{-1}=P^{-1}A^{-1}(P^{-1})^{-1}=P^{-1}A^{-1}P,$$

即 $A^{-1}\sim B^{-1}$.

例 4.1.1 已知 $A=\begin{pmatrix}2&0&0\\0&0&1\\0&1&3\end{pmatrix}\sim\Lambda=\begin{pmatrix}2&&\\&x&\\&&-1\end{pmatrix}$，求 x 和 $R(A)$.

解 由于 $A\sim\Lambda$，有 $|A|=|\Lambda|$，可得 $-2=-2x$，即 $x=1$. 因为 $R(A)=R(\Lambda)$，故 $R(A)=3$.

4.1.2 特征值与特征向量

我们先看一个例子.

设 $$A=\begin{pmatrix}3&-2\\1&0\end{pmatrix},a=\begin{pmatrix}-1\\1\end{pmatrix},b=\begin{pmatrix}2\\1\end{pmatrix},$$

则 $$Aa=\begin{pmatrix}3&-2\\1&0\end{pmatrix}\begin{pmatrix}-1\\1\end{pmatrix}=\begin{pmatrix}-5\\-1\end{pmatrix},Ab=\begin{pmatrix}3&-2\\1&0\end{pmatrix}\begin{pmatrix}2\\1\end{pmatrix}=\begin{pmatrix}4\\2\end{pmatrix}=2b.$$

其几何图形如图 4-1-1 所示.

▶ 特征值与特征向量

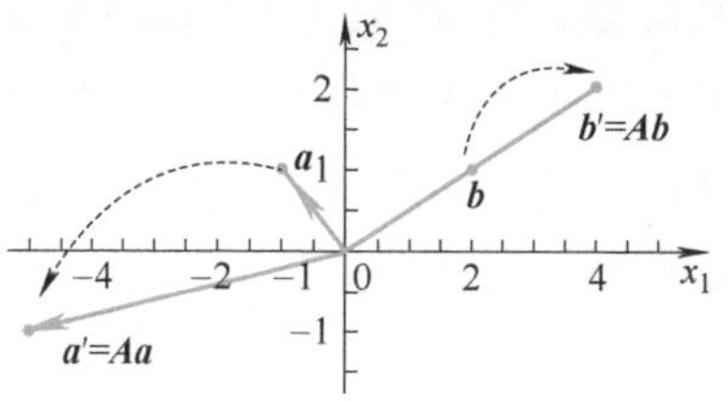

图 4-1-1

从图 4-1-1 可见矩阵乘以一个向量的结果仍然是一个向量. 矩阵 $\boldsymbol{A}$ 乘以向量 $\boldsymbol{a}$ 之后，向量 $\boldsymbol{a}$ 发生了旋转和伸缩的变化，而矩阵 $\boldsymbol{A}$ 乘以向量 $\boldsymbol{b}$ 之后没有发生旋转，只在同方向上拉伸了两倍，即 $\boldsymbol{Ab}=2\boldsymbol{b}$. 具有以上特点的向量 $\boldsymbol{b}$ 我们称为矩阵 $\boldsymbol{A}$ 的特征向量，伸缩的比例 2 称为特征值.

定义 4.1.3　设 $\boldsymbol{A}$ 为 n 阶方阵，如果存在数 λ 和 n 维非零向量 $\boldsymbol{x}$ 满足

$$\boldsymbol{Ax}=\lambda\boldsymbol{x}, \tag{4.1.3}$$

则称数 λ 为方阵 $\boldsymbol{A}$ 的**特征值**，非零向量 $\boldsymbol{x}$ 称为对应于特征值 λ 的**特征向量**.

式（4.1.3）也可以写成

$$(\boldsymbol{A}-\lambda\boldsymbol{E})\boldsymbol{x}=\boldsymbol{0}. \tag{4.1.4}$$

它是 n 个方程 n 个未知量的齐次线性方程组，有非零解的充分必要条件是其系数行列式 $|\boldsymbol{A}-\lambda\boldsymbol{E}|=0$，即

$$\begin{vmatrix}a_{11}-\lambda&a_{12}&\cdots&a_{1n}\\a_{21}&a_{22}-\lambda&\cdots&a_{2n}\\\vdots&\vdots&&\vdots\\a_{n1}&a_{n2}&\cdots&a_{nn}-\lambda\end{vmatrix}=0.$$

上式左边是以 λ 为未知数的 n 次多项式，称为矩阵 $\boldsymbol{A}$ 的**特征多项式**，记为 $f(\lambda)$. 方程 $f(\lambda)=0$ 称为矩阵 $\boldsymbol{A}$ 的**特征方程**.

显然，A 的特征值就是特征方程 $f(\lambda)=0$ 的根. 若重根按重数计算，则特征方程在复数范围内有 n 个根，即 n 阶矩阵 A 在复数范围内有 n 个特征值.

特征值和特征向量的几何意义：

我们知道，一个矩阵 A 乘以一个向量 x 相当于把向量 x 进行一个线性变换. 对于特征值的定义公式 $Ax=\lambda x$，我们把它描述出来就是向量 x 通过变换矩阵 A 将其变为了向量 λx（向量 x 乘了一个标量 λ，依然是一个向量）；并且由于 λ 是标量，故作此变换之后并没有改变原来向量 x 的方向，只是在向量 x 原来的方向上对其拉伸了 λ 倍. 因此，矩阵 A 的特征向量 x 就是经过矩阵 A 变换后只进行长度的伸缩，而方向保持不变的非零向量；特征值 λ 就是特征向量 x 经过变换后的伸缩系数.

例 4.1.2 求矩阵 $A=\begin{pmatrix}1&-1&2\\0&2&-2\\-1&-1&0\end{pmatrix}$ 的特征值和特征向量.

解 矩阵 A 的特征多项式为

$$|A-\lambda E|=\begin{vmatrix}1-\lambda&-1&2\\0&2-\lambda&-2\\-1&-1&-\lambda\end{vmatrix}=\lambda(\lambda-1)(\lambda-2),$$

故 A 的特征值为 $\lambda_1=0$，$\lambda_2=1$，$\lambda_3=2$.

当 $\lambda_1=0$ 时，求解方程组 $Ax=\mathbf{0}$. 由

$$A=\begin{pmatrix}1&-1&2\\0&2&-2\\-1&-1&0\end{pmatrix}\sim\begin{pmatrix}1&-1&2\\0&2&-2\\0&-2&2\end{pmatrix}\sim\begin{pmatrix}1&-1&2\\0&2&-2\\0&0&0\end{pmatrix}\sim\begin{pmatrix}1&0&1\\0&1&-1\\0&0&0\end{pmatrix},$$

得基础解系 $p_1=(-1,1,1)^{\mathrm{T}}$，故特征值 $\lambda_1=0$ 对应的全部特征向量为 $k_1p_1(k_1\neq0)$.

当 $\lambda_2=1$ 时，求解方程组 $(A-E)x=\mathbf{0}$.由

$$A-E=\begin{pmatrix}0&-1&2\\0&1&-2\\-1&-1&-1\end{pmatrix}\sim\begin{pmatrix}1&1&1\\0&1&-2\\0&0&0\end{pmatrix}\sim\begin{pmatrix}1&0&3\\0&1&-2\\0&0&0\end{pmatrix},$$

得基础解系 $p_2=(-3,2,1)^{\mathrm{T}}$，故特征值 $\lambda_2=1$ 对应的全部特征向量为 $k_2p_2(k_2\neq0)$.

当 $\lambda_3=2$ 时，求解方程组$(A-2E)x=\mathbf{0}$.由

$$A-2E=\begin{pmatrix}-1&-1&2\\0&0&-2\\-1&-1&-2\end{pmatrix}\sim\begin{pmatrix}-1&-1&2\\0&0&-2\\0&0&0\end{pmatrix}\sim\begin{pmatrix}1&1&0\\0&0&1\\0&0&0\end{pmatrix},$$

得基础解系 $\boldsymbol{p}_3=(1,-1,0)^{\mathrm{T}}$，故特征值 $\lambda_3=2$ 对应的全部特征向量为 $k_3\boldsymbol{p}_3(k_3\neq0)$.

例 4.1.3 求矩阵 $\boldsymbol{A}=\begin{pmatrix}1&-1&1\\2&-2&2\\-1&1&-1\end{pmatrix}$ 的特征值和特征向量.

解　矩阵 $\boldsymbol{A}$ 的特征多项式为

$$|\boldsymbol{A}-\lambda\boldsymbol{E}|=\begin{vmatrix}1-\lambda&-1&1\\2&-2-\lambda&2\\-1&1&-1-\lambda\end{vmatrix}=-\lambda^2(\lambda+2),$$

故 $\boldsymbol{A}$ 的特征值为 $\lambda_1=\lambda_2=0$，$\lambda_3=-2$.

当 $\lambda_1=\lambda_2=0$ 时，求解方程组 $\boldsymbol{Ax}=\boldsymbol{0}$. 由

$$\boldsymbol{A}=\begin{pmatrix}1&-1&1\\2&-2&2\\-1&1&-1\end{pmatrix}\sim\begin{pmatrix}1&-1&1\\0&0&0\\0&0&0\end{pmatrix},$$

得基础解系 $\boldsymbol{p}_1=(1,1,0)^{\mathrm{T}}$，$\boldsymbol{p}_2=(-1,0,1)^{\mathrm{T}}$，故特征值 $\lambda_1=\lambda_2=0$ 对应的全部特征向量为 $k_1\boldsymbol{p}_1+k_2\boldsymbol{p}_2$（$k_1$，$k_2$ 不同时为零）.

当 $\lambda_3=-2$ 时，求解方程组 $(\boldsymbol{A}+2\boldsymbol{E})\boldsymbol{x}=\boldsymbol{0}$.由

$$\boldsymbol{A}+2\boldsymbol{E}=\begin{pmatrix}3&-1&1\\2&0&2\\-1&1&1\end{pmatrix}\sim\begin{pmatrix}1&0&1\\0&1&2\\0&0&0\end{pmatrix},$$

得基础解系 $\boldsymbol{p}_3=(1,2,-1)^{\mathrm{T}}$，故特征值 $\lambda_3=-2$ 对应的全部特征向量为 $k_3\boldsymbol{p}_3(k_3\neq0)$.

例 4.1.4 求矩阵 $\boldsymbol{A}=\begin{pmatrix}-1&1&0\\-4&3&0\\1&0&2\end{pmatrix}$ 的特征值和特征向量.

解　矩阵 $\boldsymbol{A}$ 的特征多项式为

$$|\boldsymbol{A}-\lambda\boldsymbol{E}|=\begin{vmatrix}-1-\lambda&1&0\\-4&3-\lambda&0\\1&0&2-\lambda\end{vmatrix}=(2-\lambda)(\lambda-1)^2,$$

故 $\boldsymbol{A}$ 的特征值为 $\lambda_1=\lambda_2=1$，$\lambda_3=2$.

当 $\lambda_1=\lambda_2=1$ 时，求解方程组 $(\boldsymbol{A}-\boldsymbol{E})\boldsymbol{x}=\boldsymbol{0}$.由

$$\boldsymbol{A}-\boldsymbol{E}=\begin{pmatrix}-2&1&0\\-4&2&0\\1&0&1\end{pmatrix}\sim\begin{pmatrix}-2&1&0\\0&0&0\\1&0&1\end{pmatrix}\sim\begin{pmatrix}1&0&1\\0&1&2\\0&0&0\end{pmatrix},$$

得基础解系 $\boldsymbol{p}_1=(1,2,-1)^{\mathrm{T}}$，故特征值 $\lambda_1=\lambda_2=1$ 对应的全部特征向量为 $k_1\boldsymbol{p}_1(k_1\neq0)$.

当 $\lambda_3=2$ 时，求解方程组 $(\boldsymbol{A}-2\boldsymbol{E})\boldsymbol{x}=\boldsymbol{0}$.由

$$\boldsymbol{A}-2\boldsymbol{E}=\begin{pmatrix}-3&1&0\\-4&1&0\\1&0&0\end{pmatrix}\sim\begin{pmatrix}1&0&0\\0&1&0\\0&0&0\end{pmatrix},$$

得基础解系 $\boldsymbol{p}_2=(0,0,1)^{\mathrm{T}}$，故特征值 $\lambda_3=2$ 对应的全部特征向量为 $k_2\boldsymbol{p}_2(k_2\neq0)$.

注意到例 4.1.3 中的二重特征值 $\lambda=0$ 对应的线性无关特征向量的个数与特征值重数相同，但例 4.1.4 中二重特征值 $\lambda=1$ 对应的线性无关特征向量的个数小于特征值重数.

矩阵的特征值和特征向量有以下的性质：

性质 4.1.3 （1）n 阶矩阵 $\boldsymbol{A}$ 与它的转置矩阵 $\boldsymbol{A}^{\mathrm{T}}$ 有相同的特征值；

（2）设 n 阶矩阵 $\boldsymbol{A}=(a_{ij})$ 的全部特征值为 λ_1，λ_2，…，λ_n（重根按重数计算），则有

$$\lambda_1\lambda_2\cdots\lambda_n=|\boldsymbol{A}|,\lambda_1+\lambda_2+\cdots+\lambda_n=a_{11}+a_{22}+\cdots+a_{nn};$$

（3）若 λ 为方阵 $\boldsymbol{A}$ 的特征值，$\boldsymbol{\alpha}$ 为相应的特征向量，则

1）λ^k 为方阵 $\boldsymbol{A}^k$ 的特征值，相应的特征向量为 $\boldsymbol{\alpha}$;

2）$\varphi(\lambda)$ 为方阵 $\varphi(\boldsymbol{A})$ 的特征值，相应的特征向量为 $\boldsymbol{\alpha}$，其中 $\varphi(\lambda)=a_0+a_1\lambda+\cdots+a_m\lambda^m$，$\varphi(\boldsymbol{A})=a_0\boldsymbol{E}+a_1\boldsymbol{A}+\cdots+a_m\boldsymbol{A}^m$；

（4）若方阵 $\boldsymbol{A}$ 可逆，则 $\boldsymbol{A}$ 的全部特征值都不为零；

（5）若方阵 $\boldsymbol{A}$ 可逆，则 $\lambda^{-1}=\dfrac{1}{\lambda}$ 为 $\boldsymbol{A}^{-1}$ 的特征值，相应的特征向量为 $\boldsymbol{\alpha}$.

证 （1）由 $(\boldsymbol{A}-\lambda\boldsymbol{E})^{\mathrm{T}}=\boldsymbol{A}^{\mathrm{T}}-\lambda\boldsymbol{E}$，有 $|\boldsymbol{A}^{\mathrm{T}}-\lambda\boldsymbol{E}|=|(\boldsymbol{A}-\lambda\boldsymbol{E})^{\mathrm{T}}|=|\boldsymbol{A}-\lambda\boldsymbol{E}|$，得 $\boldsymbol{A}$ 与 $\boldsymbol{A}^{\mathrm{T}}$ 有相同的特征多项式，所以它们的特征值相同.

（2）设 $\boldsymbol{A}=(a_{ij})$ 的全部特征值为 λ_1，λ_2，…，λ_n，根据多项式理论，特征多项式 $|\boldsymbol{A}-\lambda\boldsymbol{E}|$ 可分解因子为 $a(\lambda-\lambda_1)(\lambda-\lambda_2)\cdots(\lambda-\lambda_n)$，即

$$\begin{vmatrix}a_{11}-\lambda&a_{12}&\cdots&a_{1n}\\a_{21}&a_{22}-\lambda&\cdots&a_{2n}\\\vdots&\vdots&&\vdots\\a_{n1}&a_{n2}&\cdots&a_{nn}-\lambda\end{vmatrix}=a(\lambda-\lambda_1)(\lambda-\lambda_2)\cdots(\lambda-\lambda_n). \tag{4.1.5}$$

比较式（4.1.5）两边 λ^n 的系数，得 $a=(-1)^n$；令 $\lambda=0$，可得 $\lambda_1\lambda_2\cdots\lambda_n=|\boldsymbol{A}|$.

又式（4.1.5）左边行列式按定义可以写成

$$\begin{vmatrix} a_{11}-\lambda & a_{12} & \cdots & a_{1n} \\ a_{21} & a_{22}-\lambda & \cdots & a_{2n} \\ \vdots & \vdots & & \vdots \\ a_{n1} & a_{n2} & \cdots & a_{nn}-\lambda \end{vmatrix}=(a_{11}-\lambda)(a_{22}-\lambda)\cdots(a_{nn}-\lambda)+\cdots, \tag{4.1.6}$$

未写出的项中，不含有 λ^n 和 λ^{n-1}，于是式（4.1.5）成为

$$(a_{11}-\lambda)(a_{22}-\lambda)\cdots(a_{nn}-\lambda)+\cdots=a(\lambda-\lambda_1)(\lambda-\lambda_2)\cdots(\lambda-\lambda_n),$$

比较上式两边 λ^{n-1} 的系数，得 $\lambda_1+\lambda_2+\cdots+\lambda_n=a_{11}+a_{22}+\cdots+a_{nn}$.

(3) 已知 $\boldsymbol{A\alpha}=\lambda\boldsymbol{\alpha}$，则

1) $\boldsymbol{A}^2\boldsymbol{\alpha}=\boldsymbol{A}(\boldsymbol{A\alpha})=\boldsymbol{A}(\lambda\boldsymbol{\alpha})=\lambda^2\boldsymbol{\alpha}$，$\boldsymbol{A}^3\boldsymbol{\alpha}=\boldsymbol{A}(\boldsymbol{A}^2\boldsymbol{\alpha})=\boldsymbol{A}(\lambda^2\boldsymbol{\alpha})=\lambda^3\boldsymbol{\alpha}$，以此类推，$\boldsymbol{A}^k\boldsymbol{\alpha}=\lambda^k\boldsymbol{\alpha}$，即 $\boldsymbol{A}^k$ 有特征值 λ^k，相应的特征向量为 $\boldsymbol{\alpha}$；

2)
$$\begin{aligned}\boldsymbol{\varphi}(\boldsymbol{A})\boldsymbol{\alpha}&=(a_0\boldsymbol{E}+a_1\boldsymbol{A}+\cdots+a_m\boldsymbol{A}^m)\boldsymbol{\alpha}\\&=a_0\boldsymbol{\alpha}+a_1\boldsymbol{A\alpha}+\cdots+a_m\boldsymbol{A}^m\boldsymbol{\alpha}\\&=a_0\boldsymbol{\alpha}+a_1\lambda\boldsymbol{\alpha}+\cdots+a_m\lambda^m\boldsymbol{\alpha}\\&=(a_0+a_1\lambda+\cdots+a_m\lambda^m)\boldsymbol{\alpha}\\&=\varphi(\lambda)\boldsymbol{\alpha},\end{aligned}$$

故 $\varphi(\boldsymbol{A})$ 的特征值为 $\varphi(\lambda)$，相应的特征向量为 $\boldsymbol{\alpha}$；

(4) 若 $\boldsymbol{A}$ 可逆，则 $|\boldsymbol{A}|\neq0$，即 $|\boldsymbol{A}-0\boldsymbol{E}|\neq0$，故 0 不是 $\boldsymbol{A}$ 的特征值；

(5) 若 $\boldsymbol{A}$ 可逆，由（4）可知 $\lambda\neq0$，故 $\boldsymbol{\alpha}=\dfrac{1}{\lambda}\boldsymbol{A\alpha}$，于是 $\boldsymbol{A}^{-1}\boldsymbol{\alpha}=\dfrac{1}{\lambda}\boldsymbol{A}^{-1}\boldsymbol{A\alpha}=\dfrac{1}{\lambda}\boldsymbol{\alpha}$，即 $\boldsymbol{A}^{-1}$ 的特征值为 $\lambda^{-1}=\dfrac{1}{\lambda}$，相应的特征向量为 $\boldsymbol{\alpha}$.

例 4.1.5　已知 3 阶方阵 $\boldsymbol{A}$ 的特征值为 $1,2,-3$，求 $|\boldsymbol{A}^*+3\boldsymbol{A}+2\boldsymbol{E}|$.

解　由 $\lambda_1\lambda_2\cdots\lambda_n=|\boldsymbol{A}|$ 可知 $|\boldsymbol{A}|=1\times2\times(-3)=-6$，从而 $\boldsymbol{A}$ 可逆且 $|\boldsymbol{A}^{-1}|=\dfrac{1}{|\boldsymbol{A}|}=-\dfrac{1}{6}$.

又 $\boldsymbol{A}^*=|\boldsymbol{A}|\boldsymbol{A}^{-1}=-6\boldsymbol{A}^{-1}$，故 $|\boldsymbol{A}^*+3\boldsymbol{A}+2\boldsymbol{E}|=|-6\boldsymbol{A}^{-1}+3\boldsymbol{A}+2\boldsymbol{E}|$.

令 $\varphi(\boldsymbol{A})=-6\boldsymbol{A}^{-1}+3\boldsymbol{A}+2\boldsymbol{E}$，若 λ 为方阵 $\boldsymbol{A}$ 的特征值，则

$\varphi(\lambda)=-6\dfrac{1}{\lambda}+3\lambda+2$ 为 $\varphi(A)$ 的特征值. 又 A 的特征值为 1, 2, −3, 则 $\varphi(A)$ 的特征值为 $\varphi(1)=-1$, $\varphi(2)=5$, $\varphi(-3)=-5$, 于是 $|A^*+3A+2E|=(-1)\times5\times(-5)=25$.

从例 4.1.3 中可见, p_1 与 p_3, p_2 与 p_3 是线性无关的, 这绝不是偶然的. 一般地, 有:

定理 4.1.1 设 λ_1, λ_2, …, λ_m 是方阵 A 的 m 个特征值, p_1, p_2, …, p_m 是与之对应的特征向量. 若 λ_1, λ_2, …, λ_m 互不相同, 则 p_1, p_2, …, p_m 线性无关.

证 设有数 k_1, k_2, …, k_m 使

$$k_1p_1+k_2p_2+\cdots+k_mp_m=0,$$

左乘 A^i, 可得

$$k_1A^ip_1+k_2A^ip_2+\cdots+k_mA^ip_m=0,$$

即

$$\lambda_1^ik_1p_1+\lambda_2^ik_2p_2+\cdots+\lambda_m^ik_mp_m=0\,(i=1,2,\cdots,m-1).$$

上述各式可合写成矩阵形式

$$(k_1p_1,k_2p_2,\cdots,k_mp_m)\begin{pmatrix}1&\lambda_1&\cdots&\lambda_1^{m-1}\\1&\lambda_2&\cdots&\lambda_2^{m-1}\\\vdots&\vdots&&\vdots\\1&\lambda_m&\cdots&\lambda_m^{m-1}\end{pmatrix}=0,$$

上式左端第二个矩阵的行列式为范德蒙德行列式, 其值不等于零, 从而该矩阵可逆. 于是

$$(k_1p_1,k_2p_2,\cdots,k_mp_m)=0,$$

即 $k_ip_i=0\,(i=1,2,\cdots,m)$. 由于 $p_i\neq0$, 故 $k_i=0$, 因此向量组 p_1, p_2, …, p_m 线性无关. 证毕

简言之, 方阵的不同特征值对应的特征向量线性无关. 因而, 例 4.1.3 只有两个线性无关的特征向量, 例 4.1.2 却有三个线性无关的特征向量.

定理 4.1.2 若 n 阶方阵 A 和 B 相似, 则 A 和 B 有相同的特征多项式, 从而 A 和 B 有相同的特征值.

证 设 $A\sim B$, 则存在可逆矩阵 P 使得 $P^{-1}AP=B$, 从而

$$\begin{aligned}|B-\lambda E|&=|P^{-1}AP-P^{-1}\lambda EP|=|P^{-1}(A-\lambda E)P|\\&=|P^{-1}||A-\lambda E||P|=|A-\lambda E|.\end{aligned}$$

证毕

由定理 4.1.2 可得以下推论：

推论 4.1.1　如果 n 阶方阵 $\boldsymbol{A}$ 与对角矩阵

$$\boldsymbol{\Lambda}=\mathbf{diag}(\lambda_1,\lambda_2,\cdots,\lambda_n)=\begin{pmatrix}\lambda_1 & & & \\ & \lambda_2 & & \\ & & \ddots & \\ & & & \lambda_n\end{pmatrix}$$

相似，则 λ_1，λ_2，…，λ_n 是 $\boldsymbol{A}$ 的 n 个特征值（重根按重数计）.

例 4.1.6　设矩阵 $\boldsymbol{A}$ 与 $\boldsymbol{B}$ 相似，其中 $\boldsymbol{A}=\begin{pmatrix}-2 & 0 & 0\\ 2 & x & 2\\ 3 & 1 & 1\end{pmatrix}$，$\boldsymbol{B}=\begin{pmatrix}-1 & 0 & 0\\ 0 & 2 & 0\\ 0 & 0 & y\end{pmatrix}$，求 x 和 y 的值.

解　由于 $\boldsymbol{B}$ 的特征值为 -1，2，y，故 $\boldsymbol{A}$ 的特征值也是 -1，2，y. 又由 $\boldsymbol{A}$ 的特征方程

$$|\boldsymbol{A}-\lambda\boldsymbol{E}|=\begin{vmatrix}-2-\lambda & 0 & 0\\ 2 & x-\lambda & 2\\ 3 & 1 & 1-\lambda\end{vmatrix}=-(\lambda+2)[\lambda^2-(x+1)\lambda+(x-2)]=0,$$

将 $\lambda=-1$ 代入上式可得 $x=0$，即 $\boldsymbol{A}$ 的特征方程为 $(\lambda+2)(\lambda^2-\lambda-2)=0$，从而 $\boldsymbol{A}$ 的特征值为 $\lambda_1=-1$，$\lambda_2=2$，$\lambda_3=-2$. 比较特征值得 $y=-2$.

例 4.1.7　设矩阵 $\boldsymbol{A}=\begin{pmatrix}3 & 2 & -1\\ a & -2 & 2\\ 3 & b & -1\end{pmatrix}$，已知 $\boldsymbol{A}$ 有一个特征向量为 $\boldsymbol{p}=(1,-2,3)^{\mathrm{T}}$，求参数 a，b 及 $\boldsymbol{p}$ 所对应的特征值.

解　设 $\boldsymbol{p}$ 对应的特征值为 λ，则有 $(\boldsymbol{A}-\lambda\boldsymbol{E})\boldsymbol{p}=\boldsymbol{0}$，即

$$\begin{pmatrix}3-\lambda & 2 & -1\\ a & -2-\lambda & 2\\ 3 & b & -1-\lambda\end{pmatrix}\begin{pmatrix}1\\ -2\\ 3\end{pmatrix}=\begin{pmatrix}0\\ 0\\ 0\end{pmatrix},\text{也即}\begin{cases}3-\lambda-4-3=0,\\ a+4+2\lambda+6=0,\\ 3-2b-3\lambda-3=0,\end{cases}$$

解方程组得 $\lambda=-4$，$a=-2$，$b=6$.

4.2　方阵的对角化

4.2.1　一般矩阵的对角化

本节我们讨论：对 n 阶方阵 $\boldsymbol{A}$，寻求相似变换矩阵 $\boldsymbol{P}$，使得

对称矩阵对角化

$P^{-1}AP=\Lambda$ 为对角矩阵，称为矩阵 A 可对角化.

定理 4.2.1 n 阶方阵 A 与对角矩阵相似（即 A 可对角化）的充分必要条件为 A 有 n 个线性无关的特征向量.

证 n 阶方阵 A 可对角化相当于存在可逆矩阵 $P=(p_1,p_2,\cdots,p_n)$，使得 $P^{-1}AP=\Lambda$，即 $AP=P\Lambda$. 而由

$$A(p_1,p_2,\cdots,p_n)=(p_1,p_2,\cdots,p_n)\begin{pmatrix}\lambda_1 & & & \\ & \lambda_2 & & \\ & & \ddots & \\ & & & \lambda_n\end{pmatrix},$$

可得

$$(Ap_1,Ap_2,\cdots,Ap_n)=(\lambda_1p_1,\lambda_2p_2,\cdots,\lambda_np_n),$$

即

$$Ap_i=\lambda_ip_i(i=1,2,\cdots,n),$$

也就是说，λ_1，λ_2，$\cdots$，λ_n 是 A 的特征值，p_1，p_2，$\cdots$，p_n 是对应于特征值 λ_1，λ_2，$\cdots$，λ_n 的 n 个特征向量. 又 P 是可逆矩阵，从而 p_1，p_2，$\cdots$，p_n 是线性无关的.

推论 4.2.1 若 n 阶方阵 A 有 n 个互不相同的特征值，则 A 与对角矩阵相似.

证 若 n 阶方阵 A 有 n 个互不相同的特征值，由定理 4.1.1，其对应的 n 个特征向量线性无关，故 A 有 n 个线性无关的特征向量，则由定理 4.2.1，n 阶方阵 A 与对角矩阵相似.

定理 4.2.1 给出了 n 阶方阵 A 可对角化的判别条件是 A 要有 n 个线性无关的特征向量. 但在例 4.1.3 和例 4.1.4 中可以看到，当 A 的特征值有重根时，不一定有 n 个线性无关的特征向量. 因此对于特征值有重根的方阵 A 能否对角化，关键是看对每一个重特征值能否求出与其重数相同个数的线性无关的特征向量.

定理 4.2.2 若 n 阶方阵 A 的所有 $n_i(i=1,2,\cdots,s)$ 重特征值（单根记作 1 重）对应有 $n_i(i=1,2,\cdots,s)$ 个线性无关的特征向量，则 A 与对角矩阵相似，这里 $n_1+n_2+\cdots+n_s=n$.

综上所述，对于一般的 n 阶方阵 A 能否对角化的判断步骤如下：

（1）求 A 的特征值，设

$$|A-\lambda E|=(-1)^n\prod_{i=1}^{s}(\lambda-\lambda_i)^{n_i},$$

其中 $\lambda_i\neq\lambda_j$，$n_1+n_2+\cdots+n_s=n$.

(2) 若 $n_i=1(i=1,2,\cdots,s)$，即特征值互不相同，则 A 可对角化；

(3) 对于每个 $n_i(i=1,2,\cdots,s)$ 重根 $\lambda_i(i=1,2,\cdots,s)$，若 $R(A-\lambda_iE)=n-n_i$，则 A 可对角化；若存在 λ_i，使得 $R(A-\lambda_iE)\neq n-n_i$，则 A 不可对角化.

若 A 可对角化，求可逆矩阵 P，使 $P^{-1}AP=\Lambda$ 为对角矩阵的步骤如下：

(1) 求出 A 的全部特征值 λ_1，λ_2，…，λ_s，这里 $\lambda_i(i=1,2,\cdots,s)$ 是 n_i 重根，$\lambda_i\neq\lambda_j$，$n_1+n_2+\cdots+n_s=n$；

(2) 对每个特征值 $\lambda_i(i=1,2,\cdots,s)$，求齐次线性方程组 $(A-\lambda_iE)x=0$ 的基础解系 p_{i1}，p_{i2}，…，p_{in_i}，即为相应于 λ_i 的线性无关的特征向量；

(3) 用所有特征向量构造可逆矩阵 P. 令

$$P=(p_{11},p_{12},\cdots,p_{1n_1},p_{21},p_{22},\cdots,p_{2n_2},\cdots,p_{s1},p_{s2},\cdots,p_{sn_s})$$

则 $$P^{-1}AP=\Lambda=\begin{pmatrix}\lambda_1&&&&&&&&\\&\ddots&&&&&&&\\&&\lambda_1&&&&&&\\&&&\lambda_2&&&&&\\&&&&\ddots&&&&\\&&&&&\lambda_2&&&\\&&&&&&\ddots&&\\&&&&&&&\lambda_s&\\&&&&&&&&\ddots\\&&&&&&&&&\lambda_s\end{pmatrix}.$$

例 4.2.1

设矩阵 $A=\begin{pmatrix}3&2&-2\\-k&-1&k\\4&2&-3\end{pmatrix}$，

(1) k 取何值时，A 可对角化？

(2) 当 A 可对角化时，求出相应的可逆矩阵 P 和对角矩阵 Λ.

解　先求 A 的特征值. 特征多项式为

$$|A-\lambda E|=\begin{vmatrix}3-\lambda&2&-2\\-k&-1-\lambda&k\\4&2&-3-\lambda\end{vmatrix}=(1-\lambda)(1+\lambda)^2,$$

得特征值 $\lambda_1=1$，$\lambda_2=\lambda_3=-1$.

（1）对于二重特征值 $\lambda_2=\lambda_3=-1$，由

$$A+E=\begin{pmatrix}4&2&-2\\-k&0&k\\4&2&-2\end{pmatrix}\sim\begin{pmatrix}4&2&-2\\-k&0&k\\0&0&0\end{pmatrix}$$

可知，若 $k\neq0$，则 $R(A+E)=2$，齐次线性方程组 $(A+E)x=0$ 的基础解系只含有 $3-2=1$ 个向量，因而不存在 3 个线性无关的特征向量，故 A 不可对角化；若 $k=0$，则 $R(A+E)=1$，齐次线性方程组 $(A+E)x=0$ 的基础解系含有 $3-1=2$ 个向量，因而存在 3 个线性无关的特征向量，故 A 可对角化.

（2）当 $k=0$ 时，$A=\begin{pmatrix}3&2&-2\\0&-1&0\\4&2&-3\end{pmatrix}$.

当 $\lambda_1=1$ 时，求解齐次线性方程组 $(A-E)x=0$.由于

$$A-E=\begin{pmatrix}2&2&-2\\0&-2&0\\4&2&-4\end{pmatrix}\sim\begin{pmatrix}1&0&-1\\0&1&0\\0&0&0\end{pmatrix},$$

得特征向量为 $$p_1=(1,0,1)^{\mathrm{T}}.$$

当 $\lambda_2=\lambda_3=-1$ 时，求解齐次线性方程组 $(A+E)x=0$.由于

$$A+E=\begin{pmatrix}4&2&-2\\0&0&0\\4&2&-2\end{pmatrix}\sim\begin{pmatrix}2&1&-1\\0&0&0\\0&0&0\end{pmatrix},$$

得特征向量为 $p_2=(1,0,2)^{\mathrm{T}}$，$p_3=(0,1,1)^{\mathrm{T}}$.

令 $$P=(p_1,p_2,p_3)=\begin{pmatrix}1&1&0\\0&0&1\\1&2&1\end{pmatrix},$$

则 P 为可逆矩阵，使得 $P^{-1}AP=\Lambda=\begin{pmatrix}1&&\\&-1&\\&&-1\end{pmatrix}$.

4.2.2 实对称矩阵的对角化

在上一部分我们看到，任意的 n 阶方阵 A 不一定可对角化.然而，若 A 为实对称矩阵，则 A 一定能对角化，并且其特征值和特征向量具有许多特殊性质.

定理 4.2.3　若 $\boldsymbol{A}$ 为 n 阶实对称矩阵，则

(1) $\boldsymbol{A}$ 的特征值都是实数；

(2) $\boldsymbol{A}$ 的对应于不同特征值的特征向量是正交的；

(3) 存在正交矩阵 $\boldsymbol{P}$，使得

$$\boldsymbol{P}^{-1}\boldsymbol{A}\boldsymbol{P}=\boldsymbol{P}^{\mathrm{T}}\boldsymbol{A}\boldsymbol{P}=\boldsymbol{\Lambda}=\begin{pmatrix}\lambda_1 & & & \\ & \lambda_2 & & \\ & & \ddots & \\ & & & \lambda_n\end{pmatrix},$$

其中 λ_1，λ_2，…，λ_n 是 $\boldsymbol{A}$ 的 n 个特征值，$\boldsymbol{P}=(\boldsymbol{p}_1,\boldsymbol{p}_2,\cdots,\boldsymbol{p}_n)$，$\boldsymbol{p}_i$ 是特征值 λ_i 对应的单位正交的特征向量.

证　(1) 因为 $\boldsymbol{A}$ 为实对称方阵，因此 $\boldsymbol{A}^{\mathrm{T}}=\boldsymbol{A}$，$\overline{\boldsymbol{A}}=\boldsymbol{A}$[㊀].

设 λ 为 $\boldsymbol{A}$ 的特征值，$\boldsymbol{\alpha}$ 为 λ 对应的特征向量，则 $\boldsymbol{A}\boldsymbol{\alpha}=\lambda\boldsymbol{\alpha}$，

$$\lambda\,\overline{\boldsymbol{\alpha}}^{\mathrm{T}}\boldsymbol{\alpha}=\overline{\boldsymbol{\alpha}}^{\mathrm{T}}(\lambda\boldsymbol{\alpha})=\overline{\boldsymbol{\alpha}}^{\mathrm{T}}\boldsymbol{A}\boldsymbol{\alpha}.$$

对 $\boldsymbol{A}\boldsymbol{\alpha}=\lambda\boldsymbol{\alpha}$ 取共轭，可得

$$\overline{\boldsymbol{A}}\,\overline{\boldsymbol{\alpha}}=(\overline{\boldsymbol{A}\,\boldsymbol{\alpha}})=(\overline{\lambda\,\boldsymbol{\alpha}})=\overline{\lambda}\,\overline{\boldsymbol{\alpha}},$$

进而，

$$\overline{\lambda}\,\overline{\boldsymbol{\alpha}}^{\mathrm{T}}\boldsymbol{\alpha}=(\overline{\lambda}\,\overline{\boldsymbol{\alpha}})^{\mathrm{T}}\boldsymbol{\alpha}=(\boldsymbol{A}\,\overline{\boldsymbol{\alpha}})^{\mathrm{T}}\boldsymbol{\alpha}=\overline{\boldsymbol{\alpha}}^{\mathrm{T}}\boldsymbol{A}^{\mathrm{T}}\boldsymbol{\alpha}=\overline{\boldsymbol{\alpha}}^{\mathrm{T}}\boldsymbol{A}\boldsymbol{\alpha},$$

于是

$$\lambda\,\overline{\boldsymbol{\alpha}}^{\mathrm{T}}\boldsymbol{\alpha}=\overline{\lambda}\,\overline{\boldsymbol{\alpha}}^{\mathrm{T}}\boldsymbol{\alpha},$$

即

$$(\overline{\lambda}-\lambda)\overline{\boldsymbol{\alpha}}^{\mathrm{T}}\boldsymbol{\alpha}=0.$$

由 $\boldsymbol{\alpha}\neq\boldsymbol{0}$，可知 $\overline{\boldsymbol{\alpha}}^{\mathrm{T}}\boldsymbol{\alpha}\neq0$，故 $\overline{\lambda}=\lambda$，即 λ 为实数.

(2) 设 λ_1，λ_2 为 $\boldsymbol{A}$ 的特征值（$\lambda_1\neq\lambda_2$），$\boldsymbol{p}_1$，$\boldsymbol{p}_2$ 为与之对应的特征向量，则 $\lambda\boldsymbol{p}_1=\lambda_1\boldsymbol{p}_1$，$\boldsymbol{A}\boldsymbol{p}_2=\lambda_2\boldsymbol{p}_2$. 因 $\boldsymbol{A}$ 为实对称矩阵，故

$$\lambda_1\boldsymbol{p}_1^{\mathrm{T}}=(\lambda_1\boldsymbol{p}_1)^{\mathrm{T}}=(\boldsymbol{A}\boldsymbol{p}_1)^{\mathrm{T}}=\boldsymbol{p}_1^{\mathrm{T}}\boldsymbol{A}^{\mathrm{T}}=\boldsymbol{p}_1^{\mathrm{T}}\boldsymbol{A},$$

于是

$$\lambda_1\boldsymbol{p}_1^{\mathrm{T}}\boldsymbol{p}_2=\boldsymbol{p}_1^{\mathrm{T}}(\boldsymbol{A}\boldsymbol{p}_2)=\boldsymbol{p}_1^{\mathrm{T}}\lambda_2\boldsymbol{p}_2=\lambda_2\boldsymbol{p}_1^{\mathrm{T}}\boldsymbol{p}_2,$$

即

$$(\lambda_1-\lambda_2)\boldsymbol{p}_1^{\mathrm{T}}\boldsymbol{p}_2=0,$$

注意到 $\lambda_1\neq\lambda_2$，所以 $\boldsymbol{p}_1^{\mathrm{T}}\boldsymbol{p}_2=0$，即 $\boldsymbol{p}_1$，$\boldsymbol{p}_2$ 正交.

(3) 用数学归纳法即可证明，此处从略.

综上所述，求正交变换矩阵 $\boldsymbol{P}$，使 $\boldsymbol{P}^{-1}\boldsymbol{A}\boldsymbol{P}=\boldsymbol{P}^{\mathrm{T}}\boldsymbol{A}\boldsymbol{P}=\boldsymbol{\Lambda}$ 的步骤如下：

㊀ 见定义 1.2.1.

(1) 解方程 $|\boldsymbol{A}-\lambda\boldsymbol{E}|=0$ 求出 $\boldsymbol{A}$ 的所有特征值;

(2) 对每个特征值 λ_i, 解方程 $(\boldsymbol{A}-\lambda_i\boldsymbol{E})\boldsymbol{x}=\boldsymbol{0}$ 得到相应的线性无关的特征向量, 并将其正交化、单位化, 可得 n 个两两正交的单位特征向量;

(3) 将两两正交的单位特征向量作为列向量构成正交矩阵 $\boldsymbol{P}$, 便有 $\boldsymbol{P}^{-1}\boldsymbol{A}\boldsymbol{P}=\boldsymbol{P}^{\mathrm{T}}\boldsymbol{A}\boldsymbol{P}=\boldsymbol{\Lambda}$. 注意 $\boldsymbol{\Lambda}$ 中对角元的排列次序与 $\boldsymbol{P}$ 中列向量的排列次序相对应.

例 4.2.2 已知实对称矩阵

$$\boldsymbol{A}=\begin{pmatrix}2&-2&0\\-2&1&-2\\0&-2&0\end{pmatrix},$$

试求正交矩阵 $\boldsymbol{P}$, 使得 $\boldsymbol{P}^{-1}\boldsymbol{A}\boldsymbol{P}=\boldsymbol{P}^{\mathrm{T}}\boldsymbol{A}\boldsymbol{P}=\boldsymbol{\Lambda}$.

解 (1) 特征多项式为

$$|\boldsymbol{A}-\lambda\boldsymbol{E}|=\begin{vmatrix}2-\lambda&-2&0\\-2&1-\lambda&-2\\0&-2&-\lambda\end{vmatrix}=-(\lambda-4)(\lambda-1)(\lambda+2),$$

得特征值 $\lambda_1=-2$, $\lambda_2=1$, $\lambda_3=4$.

(2) 当 $\lambda_1=-2$ 时, 求解齐次线性方程组 $(\boldsymbol{A}+2\boldsymbol{E})\boldsymbol{x}=\boldsymbol{0}$. 由于

$$\boldsymbol{A}+2\boldsymbol{E}=\begin{pmatrix}4&-2&0\\-2&3&-2\\0&-2&2\end{pmatrix}\sim\begin{pmatrix}2&0&-1\\0&1&-1\\0&0&0\end{pmatrix},$$

得特征向量为 $\boldsymbol{\xi}_1=(1,2,2)^{\mathrm{T}}$, 将其单位化得 $\boldsymbol{p}_1=\left(\frac{1}{3},\ \frac{2}{3},\ \frac{2}{3}\right)^{\mathrm{T}}$.

当 $\lambda_2=1$ 时, 求解齐次线性方程组 $(\boldsymbol{A}-\boldsymbol{E})\boldsymbol{x}=\boldsymbol{0}$.由于

$$\boldsymbol{A}-\boldsymbol{E}=\begin{pmatrix}1&-2&0\\-2&0&-2\\0&-2&-1\end{pmatrix}\sim\begin{pmatrix}1&0&1\\0&1&\frac{1}{2}\\0&0&0\end{pmatrix},$$

得特征向量为 $\boldsymbol{\xi}_2=(2,1,-2)^{\mathrm{T}}$, 将其单位化得 $\boldsymbol{p}_2=\left(\frac{2}{3},\ \frac{1}{3},\ -\frac{2}{3}\right)^{\mathrm{T}}$.

当 $\lambda_3=4$ 时, 求解齐次线性方程组 $(\boldsymbol{A}-4\boldsymbol{E})\boldsymbol{x}=\boldsymbol{0}$.由于

$$\boldsymbol{A}-4\boldsymbol{E}=\begin{pmatrix}-2&-2&0\\-2&-3&-2\\0&-2&-4\end{pmatrix}\sim\begin{pmatrix}1&0&-2\\0&1&2\\0&0&0\end{pmatrix},$$

得特征向量为 $\boldsymbol{\xi}_3=(2,-2,1)^{\mathrm{T}}$, 将其单位化得 $\boldsymbol{p}_3=\left(\frac{2}{3},\ -\frac{2}{3},\ \frac{1}{3}\right)^{\mathrm{T}}$.

令
$$P=\begin{pmatrix}\frac{1}{3} & \frac{2}{3} & \frac{2}{3}\\ \frac{2}{3} & \frac{1}{3} & -\frac{2}{3}\\ \frac{2}{3} & -\frac{2}{3} & \frac{1}{3}\end{pmatrix}$$

则 P 为正交矩阵，使得 $P^{-1}AP=P^{T}AP=\Lambda=\begin{pmatrix}-2 & & \\ & 1 & \\ & & 4\end{pmatrix}$.

例 4.2.3　已知实对称矩阵
$$A=\begin{pmatrix}4 & 0 & 0\\ 0 & 3 & 1\\ 0 & 1 & 3\end{pmatrix},$$
试求正交矩阵 P，使得 $P^{-1}AP=P^{T}AP=\Lambda$.

解　(1) 由矩阵 A 的特征方程
$$|A-\lambda E|=\begin{vmatrix}4-\lambda & 0 & 0\\ 0 & 3-\lambda & 1\\ 0 & 1 & 3-\lambda\end{vmatrix}=(4-\lambda)[(\lambda-3)^2-1]=-(\lambda-4)^2(\lambda-2)=0,$$
得特征值 $\lambda_1=2$，$\lambda_2=\lambda_3=4$.

(2) 当 $\lambda_1=2$ 时，求解齐次线性方程组 $(A-2E)x=0$.由于
$$A-2E=\begin{pmatrix}2 & 0 & 0\\ 0 & 1 & 1\\ 0 & 1 & 1\end{pmatrix}\sim\begin{pmatrix}1 & 0 & 0\\ 0 & 1 & 1\\ 0 & 0 & 0\end{pmatrix},$$
解得基础解系为 $\eta_1=(0,1,-1)^T$，单位化得 $p_1=\frac{1}{\sqrt{2}}(0,1,-1)^T$.

当 $\lambda_2=\lambda_3=4$ 时，求解齐次线性方程组 $(A-4E)x=0$.由于
$$A-4E=\begin{pmatrix}0 & 0 & 0\\ 0 & -1 & 1\\ 0 & 1 & -1\end{pmatrix}\sim\begin{pmatrix}0 & 0 & 0\\ 0 & 1 & -1\\ 0 & 0 & 0\end{pmatrix},$$
解得基础解系为 $\eta_2=(1,0,0)^T$，$\eta_3=(0,1,1)^T$，且 $\eta_2^T\eta_3=0$. 取 $p_2=(1,0,0)^T$，$p_3=\frac{1}{\sqrt{2}}(0,1,1)^T$，令 $P=(p_1,p_2,p_3)$，则 P 为正交矩阵，且
$$P^{-1}AP=P^{T}AP=\Lambda=\begin{pmatrix}2 & & \\ & 4 & \\ & & 4\end{pmatrix}.$$

注意：当 $\lambda_2=\lambda_3=4$ 时，解齐次线性方程组 $(A-4E)x=0$，也

可得到另一基础解系 $\boldsymbol{\eta}_2=(1,1,1)^{\mathrm{T}}$，$\boldsymbol{\eta}_3=(-1,1,1)^{\mathrm{T}}$，但不正交（即$\boldsymbol{\eta}_2^{\mathrm{T}}\boldsymbol{\eta}_3=1\neq 0$），此时需将 $\boldsymbol{\eta}_2$，$\boldsymbol{\eta}_3$ 规范正交化.

取 $\boldsymbol{\xi}_2=\boldsymbol{\eta}_2=(1,1,1)^{\mathrm{T}}$，$\boldsymbol{\xi}_3=\boldsymbol{\eta}_3-\dfrac{[\boldsymbol{\eta}_3,\boldsymbol{\xi}_2]}{[\boldsymbol{\xi}_2,\boldsymbol{\xi}_2]}\boldsymbol{\xi}_2=(-1,1,1)^{\mathrm{T}}-\dfrac{1}{3}(1,1,1)^{\mathrm{T}}=\dfrac{2}{3}(-2,1,1)^{\mathrm{T}}$，再将 $\boldsymbol{\xi}_2$，$\boldsymbol{\xi}_3$ 单位化得 $\boldsymbol{p}_2=\dfrac{1}{\sqrt{3}}\boldsymbol{\xi}_2=\dfrac{1}{\sqrt{3}}(1,1,1)^{\mathrm{T}}$，$\boldsymbol{p}_3=\dfrac{1}{\sqrt{6}}\boldsymbol{\xi}_3=\dfrac{2}{3\sqrt{6}}(-2,1,1)^{\mathrm{T}}$.

取正交矩阵

$$\boldsymbol{P}=(\boldsymbol{p}_1,\boldsymbol{p}_2,\boldsymbol{p}_3)=\begin{pmatrix}0&\frac{1}{\sqrt{3}}&-\frac{4}{3\sqrt{6}}\\\frac{1}{\sqrt{2}}&\frac{1}{\sqrt{3}}&\frac{2}{3\sqrt{6}}\\-\frac{1}{\sqrt{2}}&\frac{1}{\sqrt{3}}&\frac{2}{3\sqrt{6}}\end{pmatrix},$$

则也有

$$\boldsymbol{P}^{-1}\boldsymbol{AP}=\boldsymbol{\Lambda}=\begin{pmatrix}2&&\\&4&\\&&4\end{pmatrix}.$$

由此例可知，将实对称矩阵 $\boldsymbol{A}$ 对角化时，可逆矩阵 $\boldsymbol{P}$ 不是唯一的. 另外，若 λ 为重根，在解齐次线性方程组 $(\boldsymbol{A}-\lambda\boldsymbol{E})\boldsymbol{x}=\boldsymbol{0}$ 求特征向量的基础解系时，应尽可能将基础解系取为正交向量组，否则就要将基础解系正交化，计算量会大幅增加.

例 4.2.4 设 $\boldsymbol{A}=\begin{pmatrix}2&0&0\\0&a&2\\0&2&3\end{pmatrix}\sim\boldsymbol{B}=\begin{pmatrix}1&0&0\\0&2&0\\0&0&b\end{pmatrix}$，

（1）试求 a，b；

（2）求正交矩阵 $\boldsymbol{P}$，使得 $\boldsymbol{P}^{-1}\boldsymbol{AP}=\boldsymbol{P}^{\mathrm{T}}\boldsymbol{AP}=\boldsymbol{B}$.

解 （1）因为 $\boldsymbol{A}\sim\boldsymbol{B}$，故 $|\boldsymbol{A}|=|\boldsymbol{B}|$，于是有 $3a-4=b$. 又由于 1 是 $\boldsymbol{B}$ 的特征值，故 1 也是 $\boldsymbol{A}$ 的特征值，由

$$|\boldsymbol{A}-\lambda\boldsymbol{E}|=\begin{vmatrix}2-\lambda&0&0\\0&a-\lambda&2\\0&2&3-\lambda\end{vmatrix}\quad 得\quad |\boldsymbol{A}-\boldsymbol{E}|=\begin{vmatrix}1&0&0\\0&a-1&2\\0&2&2\end{vmatrix}=0,$$

解得 $2a-6=0$，即 $a=3$. 可得 $b=5$.

从而有
$$\boldsymbol{A}=\begin{pmatrix}2&0&0\\0&3&2\\0&2&3\end{pmatrix},\ \boldsymbol{B}=\begin{pmatrix}1&0&0\\0&2&0\\0&0&5\end{pmatrix}.$$

（2）因为 $\boldsymbol{A}\sim\boldsymbol{B}$，$\boldsymbol{B}$ 的特征值就是 $\boldsymbol{A}$ 的特征值，故 $\boldsymbol{A}$ 的特征值为 $\lambda_1=1$，$\lambda_2=2$，$\lambda_3=5$.

当 $\lambda_1=1$ 时，求解齐次线性方程组 $(\boldsymbol{A}-\boldsymbol{E})\boldsymbol{x}=\boldsymbol{0}$.由于

$$\boldsymbol{A}-\boldsymbol{E}=\begin{pmatrix}1&0&0\\0&2&2\\0&2&2\end{pmatrix}\sim\begin{pmatrix}1&0&0\\0&1&1\\0&0&0\end{pmatrix},$$

得特征向量为 $\boldsymbol{\xi}_1=(0,-1,1)^{\mathrm{T}}$，将其单位化得 $\boldsymbol{p}_1=\left(0,-\frac{\sqrt{2}}{2},\frac{\sqrt{2}}{2}\right)^{\mathrm{T}}$.

当 $\lambda_2=2$ 时，求解齐次线性方程组 $(\boldsymbol{A}-2\boldsymbol{E})\boldsymbol{x}=\boldsymbol{0}$.由于

$$\boldsymbol{A}-2\boldsymbol{E}=\begin{pmatrix}0&0&0\\0&1&2\\0&2&1\end{pmatrix}\sim\begin{pmatrix}0&1&0\\0&0&1\\0&0&0\end{pmatrix},$$

得特征向量为 $\boldsymbol{\xi}_2=(1,0,0)^{\mathrm{T}}$，令 $\boldsymbol{p}_2=\boldsymbol{\xi}_2=(1,0,0)^{\mathrm{T}}$.

当 $\lambda_3=5$ 时，求解齐次线性方程组 $(\boldsymbol{A}-5\boldsymbol{E})\boldsymbol{x}=\boldsymbol{0}$.由于

$$\boldsymbol{A}-5\boldsymbol{E}=\begin{pmatrix}-3&0&0\\0&-2&2\\0&2&-2\end{pmatrix}\sim\begin{pmatrix}1&0&0\\0&1&-1\\0&0&0\end{pmatrix},$$

得特征向量为 $\boldsymbol{\xi}_3=(0,1,1)^{\mathrm{T}}$，将其单位化得 $\boldsymbol{p}_3=\left(0,\frac{\sqrt{2}}{2},\frac{\sqrt{2}}{2}\right)^{\mathrm{T}}$. 令

$$\boldsymbol{P}=\begin{pmatrix}0&1&0\\-\frac{\sqrt{2}}{2}&0&\frac{\sqrt{2}}{2}\\\frac{\sqrt{2}}{2}&0&\frac{\sqrt{2}}{2}\end{pmatrix}$$

则 $\boldsymbol{P}$ 为正交矩阵，使得 $\boldsymbol{P}^{-1}\boldsymbol{A}\boldsymbol{P}=\boldsymbol{P}^{\mathrm{T}}\boldsymbol{A}\boldsymbol{P}=\boldsymbol{\Lambda}==\begin{pmatrix}1&&\\&2&\\&&5\end{pmatrix}=\boldsymbol{B}$.

例 4.2.5

已知 $\boldsymbol{A}=\begin{pmatrix}1&-1&2\\0&2&-2\\-1&-1&0\end{pmatrix}$，求 $\boldsymbol{A}^n$.

解　由 $\boldsymbol{A}$ 的特征方程

$$|\boldsymbol{A}-\lambda\boldsymbol{E}|=\begin{vmatrix}1-\lambda&-1&2\\0&2-\lambda&-2\\-1&-1&-\lambda\end{vmatrix}=-\lambda(\lambda-1)(\lambda-2)=0,$$

得特征值 $\lambda_1=0$，$\lambda_2=1$，$\lambda_3=2$.

当 $\lambda_1=0$ 时，求解齐次线性方程组 $\boldsymbol{A}\boldsymbol{x}=\boldsymbol{0}$，得特征向量为

$\boldsymbol{p}_1=(-1,1,1)^{\mathrm{T}}$.

当 $\lambda_2=1$ 时，求解齐次线性方程组 $(\boldsymbol{A}-\boldsymbol{E})\boldsymbol{x}=\boldsymbol{0}$，得特征向量为 $\boldsymbol{p}_2=(-3,2,1)^{\mathrm{T}}$.

当 $\lambda_3=2$ 时，求解齐次线性方程组 $(\boldsymbol{A}-2\boldsymbol{E})\boldsymbol{x}=\boldsymbol{0}$，得特征向量为 $\boldsymbol{p}_3=(1,-1,0)^{\mathrm{T}}$.

令 $\boldsymbol{P}=(\boldsymbol{p}_1,\boldsymbol{p}_2,\boldsymbol{p}_3)=\begin{pmatrix}-1&-3&1\\1&2&-1\\1&1&0\end{pmatrix}$，则

$$\boldsymbol{P}^{-1}=\begin{pmatrix}1&1&1\\-1&-1&0\\-1&-2&1\end{pmatrix},$$

故

$$\boldsymbol{P}^{-1}\boldsymbol{A}\boldsymbol{P}=\boldsymbol{\Lambda}=\begin{pmatrix}0&&\\&1&\\&&2\end{pmatrix}.$$

于是 $\boldsymbol{A}=\boldsymbol{P}\boldsymbol{\Lambda}\boldsymbol{P}^{-1}$，从而

$$\boldsymbol{A}^n=(\boldsymbol{P}\boldsymbol{\Lambda}\boldsymbol{P}^{-1})^n=\boldsymbol{P}\boldsymbol{\Lambda}^n\boldsymbol{P}^{-1}=\begin{pmatrix}-1&-3&1\\1&2&-1\\1&1&0\end{pmatrix}\begin{pmatrix}0&&\\&1&\\&&2^n\end{pmatrix}\begin{pmatrix}1&1&1\\-1&-1&0\\-1&-2&1\end{pmatrix}$$

$$=\begin{pmatrix}3-2^n&3-2^{n+1}&2^n\\-2+2^n&-2+2^{n+1}&-2^n\\-1&-1&0\end{pmatrix}.$$

例 4.2.6 设 $\boldsymbol{A}=\begin{pmatrix}2&1&2\\1&2&2\\2&2&1\end{pmatrix}$，求 $\varphi(\boldsymbol{A})=\boldsymbol{A}^{10}-6\boldsymbol{A}^9+5\boldsymbol{A}^8$.

解 因 $\boldsymbol{A}$ 为对称矩阵，故 $\boldsymbol{A}$ 正交相似于对角矩阵.

由于 $\boldsymbol{A}$ 的特征多项式

$$|\boldsymbol{A}-\lambda\boldsymbol{E}|=\begin{vmatrix}2-\lambda&1&2\\1&2-\lambda&2\\2&2&1-\lambda\end{vmatrix}=(1-\lambda)(\lambda+1)(\lambda-5),$$

得特征值 $\lambda_1=-1$，$\lambda_2=1$，$\lambda_3=5$.

因为 $\boldsymbol{A}$ 为对称矩阵，故存在正交矩阵 $\boldsymbol{P}=(\boldsymbol{p}_1,\boldsymbol{p}_2,\boldsymbol{p}_3)$，使得

$$\boldsymbol{P}^{-1}\boldsymbol{A}\boldsymbol{P}=\boldsymbol{P}^{\mathrm{T}}\boldsymbol{A}\boldsymbol{P}=\boldsymbol{\Lambda}==\begin{pmatrix}-1&&\\&1&\\&&5\end{pmatrix},$$

也即

$$\boldsymbol{A}=\boldsymbol{P}\boldsymbol{\Lambda}\boldsymbol{P}^{\mathrm{T}},$$

且 $\boldsymbol{P}$ 的列向量 $\boldsymbol{p}_1$，$\boldsymbol{p}_2$，$\boldsymbol{p}_3$ 是分别对应于特征值 $\lambda_1=-1$，$\lambda_2=1$，$\lambda_3=5$ 的单位特征向量，从而有

$$\varphi(\boldsymbol{A})=\boldsymbol{P}\varphi(\boldsymbol{\Lambda})\boldsymbol{P}^{\mathrm{T}}=\boldsymbol{P}\varphi\left(\begin{pmatrix}-1&&\\&1&\\&&5\end{pmatrix}\right)\boldsymbol{P}^{\mathrm{T}}=\boldsymbol{P}\begin{pmatrix}\varphi(-1)&&\\&\varphi(1)&\\&&\varphi(5)\end{pmatrix}\boldsymbol{P}^{\mathrm{T}}$$

$$=(\boldsymbol{p}_1,\boldsymbol{p}_2,\boldsymbol{p}_3)\begin{pmatrix}12&&\\&0&\\&&0\end{pmatrix}\begin{pmatrix}\boldsymbol{p}_1\\\boldsymbol{p}_2\\\boldsymbol{p}_3\end{pmatrix}=12\boldsymbol{p}_1\boldsymbol{p}_1^{\mathrm{T}},$$

其中 $\varphi(x)=x^{10}-6x^9+5x^8$，$\varphi(-1)=12$，$\varphi(1)=0$，$\varphi(5)=0$. 这样，只需计算出 $\boldsymbol{p}_1$，即对应于 $\lambda_1=-1$ 的单位特征向量，代入上式即得 $\varphi(\boldsymbol{A})$.

当 $\lambda_1=-1$ 时，求解齐次线性方程组 $(\boldsymbol{A}+\boldsymbol{E})\boldsymbol{x}=\boldsymbol{0}$.由于

$$\boldsymbol{A}+\boldsymbol{E}=\begin{pmatrix}3&1&2\\1&3&2\\2&2&2\end{pmatrix}\sim\begin{pmatrix}1&0&\dfrac{1}{2}\\0&1&\dfrac{1}{2}\\0&0&0\end{pmatrix},$$

得特征向量为 $\boldsymbol{\xi}_1=\left(-\dfrac{1}{2},\ -\dfrac{1}{2},\ 1\right)^{\mathrm{T}}$，将其单位化得 $\boldsymbol{p}_1=\left(-\dfrac{1}{\sqrt{6}},\ -\dfrac{1}{\sqrt{6}},\ \dfrac{2}{\sqrt{6}}\right)^{\mathrm{T}}$，代入即求得

$$\varphi(\boldsymbol{A})=\boldsymbol{P}\varphi(\boldsymbol{\Lambda})\boldsymbol{P}^{\mathrm{T}}=12\boldsymbol{p}_1\boldsymbol{p}_1^{\mathrm{T}}=2\begin{pmatrix}1&1&-2\\1&1&-2\\-2&-2&4\end{pmatrix}.$$

*4.2.3 矩阵的合同

定义 4.2.1　设 $\boldsymbol{A}$ 和 $\boldsymbol{B}$ 为 n 阶矩阵，若存在可逆矩阵 $\boldsymbol{C}$，使得 $\boldsymbol{B}=\boldsymbol{C}^{\mathrm{T}}\boldsymbol{A}\boldsymbol{C}$，则称 $\boldsymbol{A}$ 与 $\boldsymbol{B}$ 合同，记为 $\boldsymbol{A}\simeq\boldsymbol{B}$.

矩阵合同具有以下性质：

(1) 自反性，$\boldsymbol{A}\simeq\boldsymbol{A}$；

(2) 对称性，若 $\boldsymbol{A}\simeq\boldsymbol{B}$，则 $\boldsymbol{B}\simeq\boldsymbol{A}$；

(3) 传递性，若 $\boldsymbol{A}\simeq\boldsymbol{B}$，$\boldsymbol{B}\simeq\boldsymbol{C}$，则 $\boldsymbol{A}\simeq\boldsymbol{C}$.

关于矩阵的合同，有以下结论：

(1) 任一对称矩阵合同于一个对角矩阵；

(2) 两个同阶实对称矩阵相似，则两矩阵必合同；

(3) 若矩阵 $\boldsymbol{A}$ 与 $\boldsymbol{B}$ 合同，则 $R(\boldsymbol{A})=R(\boldsymbol{B})$.

矩阵的相似、合同和等价是线性代数中很重要的三个概念.矩阵的相似与合同作为研究工具，能够把要处理的问题简单化，在实际应用中起着非常重要的作用. 矩阵等价和相似的概念、性质我们已经在前面的章节中介绍过，这里我们给出这三个概念的相互关系.

1. 合同矩阵与相似矩阵的关系

相同点：（1）相似矩阵和合同矩阵都满足反身性、对称性、传递性；

（2）相似矩阵和合同矩阵均有相同的秩；

（3）相似与合同的矩阵要求是同型方阵.

不同点：相似矩阵的行列式相同，特征值相同. 但合同矩阵的行列式的值不一定相同，也不一定有相同的特征值.

例如，设 $\boldsymbol{A}_1=\begin{pmatrix}1&2\\2&3\end{pmatrix}$，$\boldsymbol{B}_1=\begin{pmatrix}1&-4\\-4&12\end{pmatrix}$，$\boldsymbol{C}_1=\begin{pmatrix}1&0\\0&-2\end{pmatrix}$，不难验证，$\boldsymbol{C}_1^{\mathrm{T}}\boldsymbol{A}_1\boldsymbol{C}_1=\boldsymbol{B}_1$，即 $\boldsymbol{A}_1$ 与 $\boldsymbol{B}_1$ 合同，但 $|\boldsymbol{A}_1|=-1$，$|\boldsymbol{B}_1|=-4$；

设 $\boldsymbol{A}_2=\begin{pmatrix}1&\frac{1}{2}\\\frac{1}{2}&1\end{pmatrix}$，$\boldsymbol{B}_2=\begin{pmatrix}1&0\\0&\frac{3}{4}\end{pmatrix}$，$\boldsymbol{C}_2=\begin{pmatrix}1&-\frac{1}{2}\\0&1\end{pmatrix}$，可以验证 $\boldsymbol{A}_2$ 与 $\boldsymbol{B}_2$ 合同，但 $\boldsymbol{A}_2$ 的特征值为 $\frac{1}{2}$ 和 $\frac{3}{2}$，$\boldsymbol{B}_2$ 的特征值为 1 和 $\frac{3}{4}$.

在 4.1 节我们已经证明过相似矩阵有相同的行列式和特征值.

2. 矩阵等价、合同与相似的联系

结论 4.2.1 相似矩阵一定是等价矩阵，等价矩阵未必是相似矩阵.

证 设 n 阶矩阵 $\boldsymbol{A}$ 和 $\boldsymbol{B}$ 相似，由定义知存在可逆矩阵 $\boldsymbol{P}$，使得 $\boldsymbol{P}^{-1}\boldsymbol{AP}=\boldsymbol{B}$，由矩阵等价的定义知 $\boldsymbol{A}$ 和 $\boldsymbol{B}$ 等价.

反过来，对于矩阵 $\boldsymbol{A}=\begin{pmatrix}1&0&0\\0&1&0\end{pmatrix}$，$\boldsymbol{B}=\begin{pmatrix}1&2&1\\0&1&0\end{pmatrix}$，可知 $\boldsymbol{A}$ 和 $\boldsymbol{B}$ 等价，但 $\boldsymbol{A}$ 和 $\boldsymbol{B}$ 不相似.

结论 4.2.2 合同矩阵一定是等价矩阵，等价矩阵未必是合同矩阵.

证 设 n 阶矩阵 $\boldsymbol{A}$ 和 $\boldsymbol{B}$ 合同，由定义知存在可逆矩阵 $\boldsymbol{P}_1$，使得 $\boldsymbol{P}_1^{\mathrm{T}}\boldsymbol{AP}_1=\boldsymbol{B}$. 若记 $\boldsymbol{P}=\boldsymbol{P}_1^{\mathrm{T}}$，$\boldsymbol{Q}=\boldsymbol{P}_1$，则有 $\boldsymbol{PAQ}=\boldsymbol{B}$，由矩阵等价的定义知 $\boldsymbol{A}$ 和 $\boldsymbol{B}$ 等价.

反过来，对于矩阵 $\boldsymbol{A}=\begin{pmatrix}1&0\\0&1\end{pmatrix}$，$\boldsymbol{B}=\begin{pmatrix}1&2\\0&1\end{pmatrix}$，可知 $\boldsymbol{A}$ 和 $\boldsymbol{B}$ 等价，但 $\boldsymbol{A}$ 和 $\boldsymbol{B}$ 不合同.

结论 4.2.3　设 $\boldsymbol{A}$ 和 $\boldsymbol{B}$ 是 n 阶实对称矩阵，且有相同的特征值，则 $\boldsymbol{A}$ 与 $\boldsymbol{B}$ 既相似又合同.

证　设 $\boldsymbol{A}$ 和 $\boldsymbol{B}$ 的特征值都为 λ_1，λ_2，…，λ_3. 由于 $\boldsymbol{A}$ 和 $\boldsymbol{B}$ 均为 n 阶实对称矩阵，则存在正交矩阵 $\boldsymbol{P}_1$，使得

$$\boldsymbol{P}_1^{-1}\boldsymbol{A}\boldsymbol{P}_1=\boldsymbol{\Lambda}=\begin{pmatrix}\lambda_1&&&\\&\lambda_2&&\\&&\ddots&\\&&&\lambda_n\end{pmatrix},$$

也存在正交矩阵 $\boldsymbol{P}_2$，使得

$$\boldsymbol{P}_2^{-1}\boldsymbol{B}\boldsymbol{P}_2=\boldsymbol{\Lambda}=\begin{pmatrix}\lambda_1&&&\\&\lambda_2&&\\&&\ddots&\\&&&\lambda_n\end{pmatrix}.$$

从而有

$$\boldsymbol{P}_1^{-1}\boldsymbol{A}\boldsymbol{P}_1=\boldsymbol{P}_2^{-1}\boldsymbol{B}\boldsymbol{P}_2.$$

将上式两边左乘 $\boldsymbol{P}_2$，右乘 $\boldsymbol{P}_2^{-1}$，得

$$\boldsymbol{B}=\boldsymbol{P}_2\boldsymbol{P}_1^{-1}\boldsymbol{A}\boldsymbol{P}_1\boldsymbol{P}_2^{-1}=(\boldsymbol{P}_1\boldsymbol{P}_2^{-1})^{-1}\boldsymbol{A}(\boldsymbol{P}_1\boldsymbol{P}_2^{-1}).$$

即 $\boldsymbol{A}$ 与 $\boldsymbol{B}$ 相似. 又由于 $\boldsymbol{P}_1$ 和 $\boldsymbol{P}_2$ 是正交矩阵，有 $\boldsymbol{P}_1^{-1}=\boldsymbol{P}_1^{\mathrm{T}}$，$\boldsymbol{P}_2^{-1}=\boldsymbol{P}_2^{\mathrm{T}}$，故

$$(\boldsymbol{P}_1\boldsymbol{P}_2^{-1})^{\mathrm{T}}(\boldsymbol{P}_1\boldsymbol{P}_2^{-1})=(\boldsymbol{P}_2^{-1})^{\mathrm{T}}\boldsymbol{P}_1^{\mathrm{T}}\boldsymbol{P}_1\boldsymbol{P}_2^{-1}=(\boldsymbol{P}_2^{-1})^{\mathrm{T}}\boldsymbol{E}\boldsymbol{P}_2^{-1}=\boldsymbol{P}_2\boldsymbol{P}_2^{-1}=\boldsymbol{E},$$

即 $\boldsymbol{P}_1\boldsymbol{P}_2^{-1}$ 是正交矩阵. 因此

$$\boldsymbol{B}=(\boldsymbol{P}_1\boldsymbol{P}_2^{-1})^{-1}\boldsymbol{A}(\boldsymbol{P}_1\boldsymbol{P}_2^{-1})=(\boldsymbol{P}_1\boldsymbol{P}_2^{-1})^{\mathrm{T}}\boldsymbol{A}(\boldsymbol{P}_1\boldsymbol{P}_2^{-1}).$$

所以 $\boldsymbol{A}$ 与 $\boldsymbol{B}$ 合同.

4.3　二次型的概念

二次型常常出现在实际应用中，比如信号处理中的噪声功率、物理学中的动能和势能、力学中的惯性张量矩阵、微分几何中的曲率、经济学中的效用函数和统计学中的置信椭圆体，这些函数

都是二次的，都可以转化为二次型的研究.

二次型的研究起源于解析几何中三维坐标系下二次曲线、二次曲面的研究. 因此在正式引入二次型的定义前，先从二次曲面图形的绘制开始讨论.

在平面解析几何中，观察函数

$$f_1(x)=ax^2,f_2(x)=ax^2+c,f_3(x)=ax^2+bx+c=a\left(x+\frac{b}{2a}\right)^2+\left(c-\frac{b^2}{4a}\right),$$

我们可以看到这三个函数表示的图形都是一条抛物线，它们经过平移后图形完全重合. 既然是这样，如果要考察几何图形的话，对于 $f_3(x)=ax^2+bx+c$ 类的函数我们只要考察形式为 $f_1(x)=ax^2$ 的函数的图形可以了.

对于二元二次函数，同样有类似的情况.

在空间解析几何中，观察以下函数的图形：

$$f_1(x,y)=ax^2+cy^2,f_2(x,y)=ax^2+bxy+cy^2,f_3(x,y)=ax^2+bxy+cy^2+dx+ey+f,$$

这三个函数的典型图形都是椭圆抛物面或双曲抛物面（也即马鞍面）. 它们在坐标系下经过旋转、平移后图形会完全重合. 即 $f_3(x,y)=ax^2+bxy+cy^2+dx+ey+f$ 类的函数的图形，我们只要考察形式为 $f_1(x,y)=ax^2+cy^2$ 的函数的图形就可以了.

通过以上函数的图形可以看出，由二次函数的二次项的系数就可以完全看出图形的类型，一次项和常数项并不能影响图形类型. 下面我们看一个具体例子.

例 4.3.1 二次曲线 $x^2+4xy-2y^2+2\sqrt{5}x+4\sqrt{5}y-1=0$ 表示什么图形?

解 取变换 $$x=\frac{x_1+2y_1}{\sqrt{5}},y=\frac{-2x_1+y_1}{\sqrt{5}},$$

代入二次曲线方程得 $$-3x_1^2+2y_1^2-6x_1+8y_1-1=0,$$

配方后得

$$-\frac{(x_1+1)^2}{2}+\frac{(y_1+2)^2}{3}=1. \tag{4.3.1}$$

令 $$u=x_1+1,v=y_1+2,$$

则方程（4.3.1）化为 $$-\frac{u^2}{2}+\frac{v^2}{3}=1. \tag{4.3.2}$$

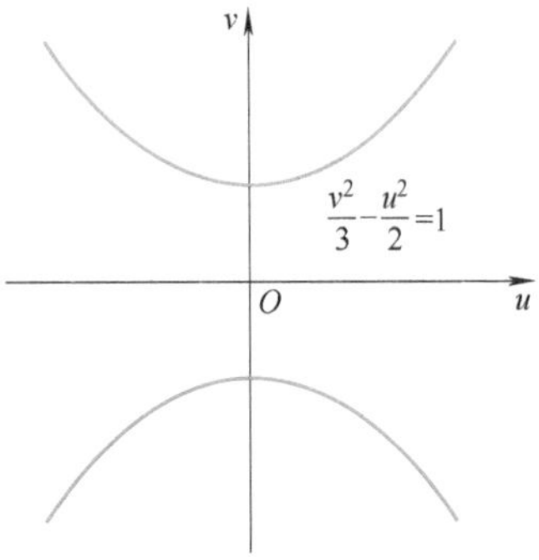

图 4-3-1

由解析几何可知，方程（4.3.2）在 uOv 平面上表示的是中心在原点的双曲线（见图 4-3-1）.

通过逆变换

$$u=\frac{x-2y}{\sqrt{5}}+1,v=\frac{2x+y}{\sqrt{5}}+2, \tag{4.3.3}$$

我们就可以得到二次曲线 $x^2+4xy-2y^2+2\sqrt{5}x+4\sqrt{5}y-1=0$ 的图形，可知它表示的仍是一个双曲线. 实际上二次曲线 $x^2+4xy-2y^2+2\sqrt{5}x+4\sqrt{5}y-1=0$ 的图形是方程（4.3.2）所示的双曲线经过一个平移和旋转得到的（见图 4-3-1～图 4-3-3）. 这里方程（4.3.2）称为标准方程.

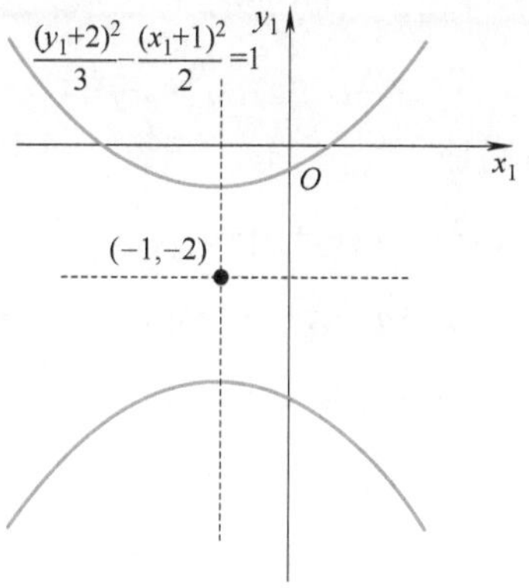

图 4-3-2

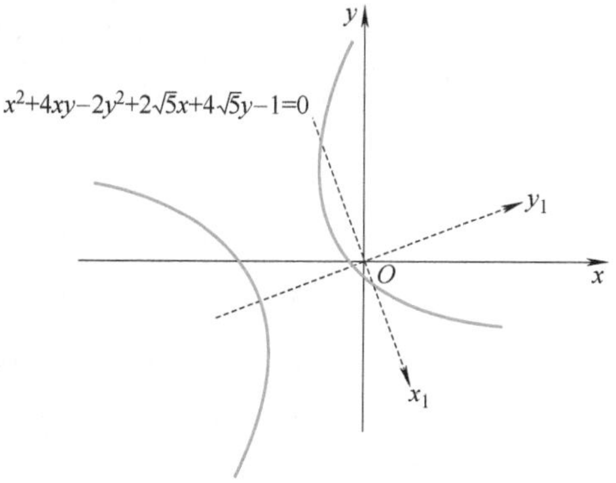

图 4-3-3

从例 4.3.1 可以看出，为了方便研究二次曲线 $ax^2+bxy+cy^2+dx+ey=f$ 的几何图形，可以选择适当的坐标变换，把方程化为标准方程 $mu^2+nv^2=1$. 把方程 $ax^2+bxy+cy^2+dx+ey=f$ 化为标准方程的过程，就是将其左边的二次函数通过变量的线性变换，化简为一个只含有平方项的二次齐次多项式，从而知道方程 $ax^2+bxy+cy^2+dx+ey=f$ 所表示的图形. 适当的坐标变换如何找到？这个问题涉及 n 个变量的二次齐次多项式的化简问题. 这样的问题在许多理论或实际问题中常常会遇到. 为此我们先引入二次型的概念.

定义 4.3.1 含有 n 个变量 x_1，x_2，…，x_n 的二次齐次函数

$$f(x_1,x_2,\cdots,x_n)=a_{11}x_1^2+a_{22}x_2^2+\cdots+a_{nn}x_n^2+2a_{12}x_1x_2+2a_{13}x_1x_3+\cdots+2a_{n-1,n}x_{n-1}x_n \tag{4.3.4}$$

称为二次型.

令 $a_{ji}=a_{ij}(i,j=1,2,\cdots,n)$，有

$$2a_{ij}x_ix_j=a_{ij}x_ix_j+a_{ji}x_jx_i,$$

则式（4.3.4）可写成

$$\begin{aligned}f&=a_{11}x_1^2+a_{12}x_1x_2+\cdots+a_{1n}x_1x_n+\\&\quad a_{21}x_2x_1+a_{22}x_2^2+\cdots+a_{2n}x_2x_n+\cdots+\\&\quad a_{n1}x_nx_1+a_{n2}x_nx_2+\cdots+a_{nn}x_n^2\\&=x_1(a_{11}x_1+a_{12}x_2+\cdots+a_{1n}x_n)+\\&\quad x_2(a_{21}x_1+a_{22}x_2+\cdots+a_{2n}x_n)+\cdots+\\&\quad x_n(a_{n1}x_1+a_{n2}x_2+\cdots+a_{nn}x_n)\\&=(x_1,x_2,\cdots,x_n)\begin{pmatrix}a_{11}x_1+a_{12}x_2+\cdots+a_{1n}x_n\\a_{21}x_1+a_{22}x_2+\cdots+a_{2n}x_n\\\vdots\\a_{n1}x_1+a_{n2}x_2+\cdots+a_{nn}x_n\end{pmatrix}\\&=(x_1,x_2,\cdots,x_n)\begin{pmatrix}a_{11}&a_{12}&\cdots&a_{1n}\\a_{21}&a_{22}&\cdots&a_{2n}\\\vdots&\vdots&&\vdots\\a_{n1}&a_{n2}&\cdots&a_{nn}\end{pmatrix}\begin{pmatrix}x_1\\x_2\\\vdots\\x_n\end{pmatrix}\end{aligned}$$

记

$$\boldsymbol{x}=\begin{pmatrix}x_1\\x_2\\\vdots\\x_n\end{pmatrix},\boldsymbol{A}=\begin{pmatrix}a_{11}&a_{12}&\cdots&a_{1n}\\a_{21}&a_{22}&\cdots&a_{2n}\\\vdots&\vdots&&\vdots\\a_{n1}&a_{n2}&\cdots&a_{nn}\end{pmatrix},$$

由于 $a_{ji}=a_{ij}(i,j=1,2,\cdots,n)$ 则 $\boldsymbol{A}$ 为对称矩阵，且二次型 f 可写成

$$f=\boldsymbol{x}^{\mathrm{T}}\boldsymbol{A}\boldsymbol{x}. \tag{4.3.5}$$

任给一个二次型 f，就唯一地确定一个对称矩阵 $\boldsymbol{A}$；反之，任给一个对称矩阵 $\boldsymbol{A}$，也可以唯一地确定一个二次型 f. 这样，二次型与对称矩阵一一对应起来，因此 $\boldsymbol{A}$ 称为二次型 f 的矩阵，

二次型 f 称为对称矩阵 A 的二次型. 对称矩阵 $\boldsymbol{A}$ 的秩称为二次型 f 的秩.

当 $\boldsymbol{A}$ 为复矩阵时，相应二次型（4.3.4）称为复二次型；若 $\boldsymbol{A}$ 为实对称矩阵，相应二次型（4.3.4）称为实二次型. 本节仅讨论实二次型.

例 4.3.2　写出下列二次型的矩阵表达式并求其秩：

(1) $f(x_1,x_2)=x_1^2+x_2^2+3x_1x_2$；

(2) $f(x,y,z)=x^2+y^2-7z^2-2xy-4xz-4yz$；

(3) $f(\boldsymbol{x})=\boldsymbol{x}^{\mathrm{T}}\begin{pmatrix}1&2&3\\4&5&6\\7&8&9\end{pmatrix}\boldsymbol{x}$.

解　(1) $f(x_1,x_2)=x_1^2+x_2^2+3x_1x_2=(x_1,x_2)\begin{pmatrix}1&\frac{3}{2}\\\frac{3}{2}&1\end{pmatrix}\begin{pmatrix}x_1\\x_2\end{pmatrix}$,

则
$$\boldsymbol{A}=\begin{pmatrix}1&\frac{3}{2}\\\frac{3}{2}&1\end{pmatrix},$$
可知 $R(\boldsymbol{A})=2$，即二次型 f 的秩为 2.

(2)
$$\begin{aligned}f(x,y,z)&=x^2+y^2-7z^2-2xy-4xz-4yz\\&=(x,\ y,\ z)\begin{pmatrix}1&-1&-2\\-1&1&-2\\-2&-2&-7\end{pmatrix}\begin{pmatrix}x\\y\\z\end{pmatrix},\end{aligned}$$

则
$$\boldsymbol{A}=\begin{pmatrix}1&-1&-2\\-1&1&-2\\-2&-2&-7\end{pmatrix},$$
可知 $R(\boldsymbol{A})=3$，即二次型 f 的秩为 3.

(3)
$$\begin{aligned}f(\boldsymbol{x})&=\boldsymbol{x}^{\mathrm{T}}\begin{pmatrix}1&2&3\\4&5&6\\7&8&9\end{pmatrix}\boldsymbol{x}=(x_1,x_2,x_3)\begin{pmatrix}1&2&3\\4&5&6\\7&8&9\end{pmatrix}\begin{pmatrix}x_1\\x_2\\x_3\end{pmatrix}\\&=x_1^2+5x_2^2+9x_3^2+6x_1x_2+10x_1x_3+14x_2x_3\\&=(x_1,x_2,x_3)\begin{pmatrix}1&3&5\\3&5&7\\5&7&9\end{pmatrix}\begin{pmatrix}x_1\\x_2\\x_3\end{pmatrix},\end{aligned}$$

所以
$$A=\begin{pmatrix}1&3&5\\3&5&7\\5&7&9\end{pmatrix},$$
可知 $R(A)=2$，即二次型 f 的秩为 2.

定义 4.3.2 只含平方项的二次型
$$f=k_1y_1^2+k_2y_2^2+\cdots+k_ny_n^2 \tag{4.3.6}$$
称为**二次型的标准形**. 如果标准形的系数 k_1，k_2，…，k_n 只在三个数-1，0，1 中取值，二次型
$$f=z_1^2+z_2^2+\cdots+z_p^2-z_{p+1}^2-\cdots-z_r^2 \tag{4.3.7}$$
称为**二次型的规范形**，其中 $r\leqslant n$.

二次型的几何意义：二次型的几何图形是二次曲线或曲面，三元以上的二次型图形是超二次曲线或曲面，这可以算是二次型的几何意义，不过这是解析意义而不是向量意义，它们是向量末端集合的图形. 如果在复数域上讨论向量，则可以说二次型的几何意义是向量的长度的平方，而且就是向量在不同坐标系下长度的平方.

设 n 维向量在标准正交基下的坐标为 $\boldsymbol{x}=(x_1,x_2,\cdots,x_n)$，那么它的长度的平方 $|x|^2=x_1^2+x_2^2+\cdots+x_n^2$，就是二次型的规范形.

这个向量如果放在一个保持单位和坐标轴正交关系都不变的新坐标系下，那么向量长度的平方重新表示为 $|\boldsymbol{x}|^2=x_1'^2+x_2'^2+\cdots+x_n'^2$，这也是二次型的规范形.

这个向量如果放在一个保持坐标轴正交关系不变但单位不同的新坐标系下，那么向量长度的平方重新表示为 $|\boldsymbol{x}|^2=(a_1x_1')^2+(a_2x_2')^2+\cdots+(a_nx_n')^2=a_1^2x_1'^2+a_2^2x_2'^2+\cdots+a_n^2x_n'^2$，这是二次型的标准形.

这个向量如果放在一个任意的 n 维坐标系下，那么向量长度的平方由推广的内积定义重新表示为
$$|\boldsymbol{x}|^2=\left(\sqrt{\boldsymbol{x}^{\mathrm{T}}\boldsymbol{S}\boldsymbol{x}}\right)^2=\boldsymbol{x}^{\mathrm{T}}\boldsymbol{S}\boldsymbol{x}=(x_1',x_2',\cdots,x_n')\begin{pmatrix}a_{11}&a_{12}&\cdots&a_{1n}\\a_{21}&a_{22}&\cdots&a_{2n}\\\vdots&\vdots&&\vdots\\a_{n1}&a_{n2}&\cdots&a_{nn}\end{pmatrix}\begin{pmatrix}x_1'\\x_2'\\\vdots\\x_n'\end{pmatrix},$$
这就是二次型的一般形式.

4.4 化二次型为标准形

对于二次型 $f=\boldsymbol{x}^{\mathrm{T}}\boldsymbol{A}\boldsymbol{x}$，我们讨论的主要问题是：寻求可逆线性变换 $\boldsymbol{x}=\boldsymbol{C}\boldsymbol{y}$，将二次型化为标准形.

化二次型为标准形的方法

定义 4.4.1　关系式

$$\begin{cases} x_1=c_{11}y_1+c_{12}y_2+\cdots+c_{1n}y_n, \\ x_2=c_{21}y_1+c_{22}y_2+\cdots+c_{2n}y_n, \\ \quad\vdots \\ x_m=c_{m1}y_1+c_{m2}y_2+\cdots+c_{mn}y_n \end{cases} \tag{4.4.1}$$

称为从变量 x_1，x_2，…，x_m 到变量 y_1，y_2，…，y_n 的**线性变换**，它可以写成矩阵形式

$$\begin{pmatrix} x_1 \\ x_2 \\ \vdots \\ x_m \end{pmatrix} = \begin{pmatrix} c_{11} & c_{12} & \cdots & c_{1n} \\ c_{21} & c_{22} & \cdots & c_{2n} \\ \vdots & \vdots & & \vdots \\ c_{m1} & c_{m2} & \cdots & c_{mn} \end{pmatrix} \begin{pmatrix} y_1 \\ y_2 \\ \vdots \\ y_n \end{pmatrix},$$

简记为

$$\boldsymbol{x}=\boldsymbol{C}\boldsymbol{y}.$$

其中 $\boldsymbol{C}=(c_{ij})_{m\times n}$ 为系数矩阵，$\boldsymbol{x}=(x_1,x_2,\cdots,x_m)^{\mathrm{T}}$，$\boldsymbol{y}=(y_1,y_2,\cdots,y_n)^{\mathrm{T}}$.

若系数矩阵 $\boldsymbol{C}$ 为可逆矩阵，则称 $\boldsymbol{x}=\boldsymbol{C}\boldsymbol{y}$ 为**可逆线性变换**；若系数矩阵 $\boldsymbol{C}$ 为正交矩阵，则称 $\boldsymbol{x}=\boldsymbol{C}\boldsymbol{y}$ 为**正交线性变换**，简称**正交变换**.

对于二次型 $f=\boldsymbol{x}^{\mathrm{T}}\boldsymbol{A}\boldsymbol{x}$，将可逆线性变换 $\boldsymbol{x}=\boldsymbol{C}\boldsymbol{y}$ 代入二次型可得

$$f=\boldsymbol{x}^{\mathrm{T}}\boldsymbol{A}\boldsymbol{x}=(\boldsymbol{C}\boldsymbol{y})^{\mathrm{T}}\boldsymbol{A}(\boldsymbol{C}\boldsymbol{y})=\boldsymbol{y}^{\mathrm{T}}(\boldsymbol{C}^{\mathrm{T}}\boldsymbol{A}\boldsymbol{C})\boldsymbol{y}.$$

令 $\boldsymbol{C}^{\mathrm{T}}\boldsymbol{A}\boldsymbol{C}=\boldsymbol{B}$，则 $\boldsymbol{B}$ 也是对称矩阵，且 $R(\boldsymbol{B})=R(\boldsymbol{A})$.因此，将二次型 $f=\boldsymbol{x}^{\mathrm{T}}\boldsymbol{A}\boldsymbol{x}$ 化为标准形意味着对于对称矩阵 $\boldsymbol{A}$，要寻求可逆矩阵 $\boldsymbol{C}$，使得 $\boldsymbol{C}^{\mathrm{T}}\boldsymbol{A}\boldsymbol{C}=\boldsymbol{\Lambda}$. 即 $\boldsymbol{A}$ 与 $\boldsymbol{\Lambda}$ 合同. 这个问题称为把对称矩阵 $\boldsymbol{A}$ **合同对角化**.

4.4.1 用正交变换化二次型为标准形

根据定理 4.2.3，当 $\boldsymbol{A}$ 为实对称矩阵时，必存在正交矩阵 $\boldsymbol{P}$，使得 $\boldsymbol{P}^{-1}\boldsymbol{A}\boldsymbol{P}=\boldsymbol{P}^{\mathrm{T}}\boldsymbol{A}\boldsymbol{P}=\boldsymbol{\Lambda}$. 由于二次型 $f=\boldsymbol{x}^{\mathrm{T}}\boldsymbol{A}\boldsymbol{x}$ 的矩阵 $\boldsymbol{A}$ 是实对称矩阵，故一定存在正交矩阵 $\boldsymbol{P}$，使得 $\boldsymbol{A}$ 可合同对角化. 于是对二次型 $f=\boldsymbol{x}^{\mathrm{T}}\boldsymbol{A}\boldsymbol{x}$，作正交变换 $\boldsymbol{x}=\boldsymbol{P}\boldsymbol{y}$ 就可将其化为标准形.

综上所述，可得：

定理 4.4.1　对任意二次型 $f=\boldsymbol{x}^{\mathrm{T}}\boldsymbol{A}\boldsymbol{x}$，总存在正交变换 $\boldsymbol{x}=\boldsymbol{P}\boldsymbol{y}$，使得 f 化为标准形

$$f=\lambda_1y_1^2+\lambda_2y_2^2+\cdots+\lambda_ny_n^2,$$

其中 λ_1，λ_2，…，λ_n 是 f 的矩阵 $\boldsymbol{A}$ 的所有特征值.

例 4.4.1 已知二次型 $f(x_1,x_2,x_3,x_4)=2x_1x_2+2x_1x_3-2x_1x_4-2x_2x_3+2x_2x_4+2x_3x_4$，求正交变换 $\boldsymbol{x}=\boldsymbol{P}\boldsymbol{y}$，将二次型 f 化为标准形.

解 二次型 f 的矩阵为 $\boldsymbol{A}=\begin{pmatrix}0&1&1&-1\\1&0&-1&1\\1&-1&0&1\\-1&1&1&0\end{pmatrix}$.

（1）特征多项式为

$$|\boldsymbol{A}-\lambda\boldsymbol{E}|=\begin{vmatrix}-\lambda&1&1&-1\\1&-\lambda&-1&1\\1&-1&-\lambda&1\\-1&1&1&-\lambda\end{vmatrix}=(\lambda-1)^3(\lambda+3),$$

得特征值 $\lambda_1=-3$，$\lambda_2=\lambda_3=\lambda_4=1$.

（2）当 $\lambda_1=-3$ 时，求解齐次线性方程组 $(\boldsymbol{A}+3\boldsymbol{E})\boldsymbol{x}=\boldsymbol{0}$. 由于

$$\boldsymbol{A}+3\boldsymbol{E}=\begin{pmatrix}3&1&1&-1\\1&3&-1&1\\1&-1&3&1\\-1&1&1&3\end{pmatrix}\sim\begin{pmatrix}1&0&0&-1\\0&1&0&1\\0&0&1&1\\0&0&0&0\end{pmatrix},$$

得特征向量为 $\boldsymbol{\xi}_1=(1,-1,-1,1)^{\mathrm{T}}$，将其单位化得 $\boldsymbol{p}_1=\left(\frac{1}{2},-\frac{1}{2},-\frac{1}{2},\frac{1}{2}\right)^{\mathrm{T}}$.

当 $\lambda_2=\lambda_3=\lambda_4=1$ 时，求解齐次线性方程组 $(\boldsymbol{A}-\boldsymbol{E})\boldsymbol{x}=\boldsymbol{0}$. 由于

$$\boldsymbol{A}-\boldsymbol{E}=\begin{pmatrix}-1&1&1&-1\\1&-1&-1&1\\1&-1&-1&1\\-1&1&1&-1\end{pmatrix}\sim\begin{pmatrix}1&-1&-1&1\\0&0&0&0\\0&0&0&0\\0&0&0&0\end{pmatrix},$$

得特征向量为 $\boldsymbol{\xi}_2=(1,1,0,0)^{\mathrm{T}}$，$\boldsymbol{\xi}_3=(1,0,1,0)^{\mathrm{T}}$，$\boldsymbol{\xi}_4=(-1,0,0,1)^{\mathrm{T}}$.

利用施密特正交化法将 $\boldsymbol{\xi}_2$，$\boldsymbol{\xi}_3$，$\boldsymbol{\xi}_4$ 正交化：

令 $$\boldsymbol{\eta}_2=\boldsymbol{\xi}_2=(1,1,0,0)^{\mathrm{T}},$$

$$\boldsymbol{\eta}_3=\boldsymbol{\xi}_3-\frac{[\boldsymbol{\eta}_2,\boldsymbol{\xi}_3]}{[\boldsymbol{\eta}_2,\boldsymbol{\eta}_2]}\boldsymbol{\eta}_2=(1,0,1,0)^{\mathrm{T}}-\frac{1}{2}(1,1,0,0)^{\mathrm{T}}=\left(\frac{1}{2},-\frac{1}{2},1,0\right)^{\mathrm{T}},$$

$$\boldsymbol{\eta}_4=\boldsymbol{\xi}_4-\frac{[\boldsymbol{\eta}_2,\boldsymbol{\xi}_4]}{[\boldsymbol{\eta}_2,\boldsymbol{\eta}_2]}\boldsymbol{\eta}_2-\frac{[\boldsymbol{\eta}_3,\boldsymbol{\xi}_4]}{[\boldsymbol{\eta}_3,\boldsymbol{\eta}_3]}\boldsymbol{\eta}_3=(-1,0,0,1)^{\mathrm{T}}+\frac{1}{2}(1,1,0,0)^{\mathrm{T}}+\frac{1}{3}\left(\frac{1}{2},-\frac{1}{2},1,0\right)^{\mathrm{T}}$$

$$=\left(-\frac{1}{3},\frac{1}{3},\frac{1}{3},1\right)^{\mathrm{T}},$$

再将 $\boldsymbol{\eta}_2$，$\boldsymbol{\eta}_3$，$\boldsymbol{\eta}_4$ 单位化得 $\boldsymbol{p}_2=\frac{1}{\sqrt{2}}(1,1,0,0)^{\mathrm{T}}$，$\boldsymbol{p}_3=\frac{2}{\sqrt{6}}\left(\frac{1}{2},-\frac{1}{2},1,0\right)^{\mathrm{T}}$，

$\boldsymbol{p}_4=\frac{3}{2\sqrt{3}}\left(-\frac{1}{3},\frac{1}{3},\frac{1}{3},1\right)^{\mathrm{T}}$.

令
$$P=(p_1,p_2,p_3,p_4)=\begin{pmatrix} \frac{1}{2} & \frac{1}{\sqrt{2}} & \frac{1}{\sqrt{6}} & -\frac{1}{2\sqrt{3}} \\ -\frac{1}{2} & \frac{1}{\sqrt{2}} & -\frac{1}{\sqrt{6}} & \frac{1}{2\sqrt{3}} \\ -\frac{1}{2} & 0 & \frac{2}{\sqrt{6}} & \frac{1}{2\sqrt{3}} \\ \frac{1}{2} & 0 & 0 & \frac{3}{2\sqrt{3}} \end{pmatrix},$$
则经过正交变换 $x=Py$，将二次型 f 化为标准形 $f(y_1,y_2,y_3)=-3y_1^2+y_2^2+y_3^2+y_4^2$.

注：在本例中，当 $\lambda_2=\lambda_3=\lambda_4=1$ 时求解齐次线性方程组 $(A-E)x=0$，还可解得特征向量为
$$\gamma_2=(1,1,0,0)^{\mathrm{T}},\gamma_3=(0,0,1,1)^{\mathrm{T}},\gamma_4=(1,-1,1,-1)^{\mathrm{T}}.$$
可知特征向量 γ_2，γ_3，γ_4 已经正交，所以只需要再单位化，即有
$$p_2^*=\frac{\gamma_2}{\|\gamma_2\|}=\frac{1}{\sqrt{2}}(1,1,0,0)^{\mathrm{T}},p_3^*=\frac{\gamma_3}{\|\gamma_3\|}=\frac{1}{\sqrt{2}}(0,0,1,1)^{\mathrm{T}},$$
$$p_4^*=\frac{\gamma_4}{\|\gamma_4\|}=\frac{1}{2}(1,-1,1,-1)^{\mathrm{T}}.$$
令
$$P^*=(p_1,p_2^*,p_3^*,p_4^*)=\begin{pmatrix} \frac{1}{2} & \frac{1}{\sqrt{2}} & 0 & \frac{1}{2} \\ -\frac{1}{2} & \frac{1}{\sqrt{2}} & 0 & -\frac{1}{2} \\ -\frac{1}{2} & 0 & \frac{1}{\sqrt{2}} & \frac{1}{2} \\ \frac{1}{2} & 0 & \frac{1}{\sqrt{2}} & -\frac{1}{2} \end{pmatrix},$$
则经过正交变换 $x=P^*y$，将二次型 f 化为标准形 $f(y_1,y_2,y_3)=-3y_1^2+y_2^2+y_3^2+y_4^2$.

例 4.4.1（及例 4.2.3）再次告诉我们，在选取重特征值 λ 对应的特征向量时，应尽可能选择两两正交的基础解系向量，以避免正交化过程来简化计算.

例 4.4.2　设二次型 $f=x_1^2+x_2^2+x_3^2+2ax_1x_2+2x_1x_3+2bx_2x_3$ 可经正交变换 $x=Py$ 化成标准形 $f=y_2^2+2y_3^2$，求 a，b 的值及正交矩阵 P.

解　(1) 设二次型的矩阵为 A，经正交变换后二次型的标准形的矩阵为 Λ，则

$$A=\begin{pmatrix}1&a&1\\a&1&b\\1&b&1\end{pmatrix}\sim\begin{pmatrix}0&&\\&1&\\&&2\end{pmatrix}=\Lambda,$$

从而$|A|=|\Lambda|=0$，由此得$b=a$. 代入A得$A=\begin{pmatrix}1&a&1\\a&1&a\\1&a&1\end{pmatrix}$，再由$\lambda=1$是$A$的特征值知$|A-E|=0$，故$a=0$，从而$b=0$.

（2）$A=\begin{pmatrix}1&0&1\\0&1&0\\1&0&1\end{pmatrix}$，其特征值为0，1，2，

当$\lambda=0$时，解方程$Ax=0$，即

$$A=\begin{pmatrix}1&0&1\\0&1&0\\1&0&1\end{pmatrix}\sim\begin{pmatrix}1&0&1\\0&1&0\\0&0&0\end{pmatrix},$$

得特征向量$\xi_1=(1,0,-1)^{\mathrm{T}}$，将其单位化得$p_1=\left(\frac{1}{\sqrt{2}},0,-\frac{1}{\sqrt{2}}\right)^{\mathrm{T}}$.

当$\lambda=1$时，解方程$(A-E)x=0$，即

$$A-E=\begin{pmatrix}0&0&1\\0&0&0\\1&0&0\end{pmatrix}\sim\begin{pmatrix}1&0&0\\0&0&1\\0&0&0\end{pmatrix},$$

得特征向量$\xi_2=(0,1,0)^{\mathrm{T}}$，其已经是单位向量，记为$p_2=(0,1,0)^{\mathrm{T}}$.

当$\lambda=2$时，解方程$(A-2E)x=0$，即

$$A-2E=\begin{pmatrix}-1&0&1\\0&-1&0\\1&0&-1\end{pmatrix}\sim\begin{pmatrix}1&0&-1\\0&1&0\\0&0&0\end{pmatrix},$$

得特征向量$\xi_3=(1,0,1)^{\mathrm{T}}$，将其单位化得$p_3=\left(\frac{1}{\sqrt{2}},0,\frac{1}{\sqrt{2}}\right)^{\mathrm{T}}$.

从而所求正交矩阵为 $P=\begin{pmatrix}\frac{1}{\sqrt{2}}&0&\frac{1}{\sqrt{2}}\\0&1&0\\-\frac{1}{\sqrt{2}}&0&\frac{1}{\sqrt{2}}\end{pmatrix}$.

例 4.4.3 已知$\alpha=(1,-2,2)^{\mathrm{T}}$是二次型

$$f(x_1,x_2,x_3)=ax_1^2+4x_2^2+bx_3^2-4x_1x_2+4x_1x_3-8x_2x_3$$

矩阵A的特征向量，求正交变换$x=Py$，将二次型f化为标准形.

解　二次型 f 的矩阵为 $\boldsymbol{A}=\begin{pmatrix} a & -2 & 2 \\ -2 & 4 & -4 \\ 2 & -4 & b \end{pmatrix}$.

设 $\boldsymbol{\alpha}=(1,-2,2)^{\mathrm{T}}$ 是矩阵 $\boldsymbol{A}$ 属于特征值 λ 的特征向量，则

$$\begin{pmatrix} a & -2 & 2 \\ -2 & 4 & -4 \\ 2 & -4 & b \end{pmatrix}\begin{pmatrix} 1 \\ -2 \\ 2 \end{pmatrix}=\lambda\begin{pmatrix} 1 \\ -2 \\ 2 \end{pmatrix}.$$

于是 $\begin{cases} a+4+4=\lambda, \\ -2-8-8=-2\lambda, \\ 2+8+2b=2\lambda, \end{cases}$ 解得 $a=1$，$b=4$，$\lambda=9$.

从而

$$\boldsymbol{A}=\begin{pmatrix} 1 & -2 & 2 \\ -2 & 4 & -4 \\ 2 & -4 & 4 \end{pmatrix}.$$

由特征多项式 $|\boldsymbol{A}-\lambda\boldsymbol{E}|=\begin{vmatrix} 1-\lambda & -2 & 2 \\ -2 & 4-\lambda & -4 \\ 2 & -4 & 4-\lambda \end{vmatrix}=-\lambda^2(\lambda-9)$，

得特征值 $\lambda_1=\lambda_2=0$，$\lambda_3=9$.

当 $\lambda_1=\lambda_2=0$ 时，求解齐次线性方程组 $\boldsymbol{Ax}=\boldsymbol{0}$. 由于

$$\boldsymbol{A}=\begin{pmatrix} 1 & -2 & 2 \\ -2 & 4 & -4 \\ 2 & -4 & 4 \end{pmatrix}\sim\begin{pmatrix} 1 & -2 & 2 \\ 0 & 0 & 0 \\ 0 & 0 & 0 \end{pmatrix},$$

得特征向量为 $\boldsymbol{\xi}_1=(2,1,0)^{\mathrm{T}}$，$\boldsymbol{\xi}_2=(-2,0,1)^{\mathrm{T}}$.

利用施密特正交化法将 $\boldsymbol{\xi}_1$，$\boldsymbol{\xi}_2$ 正交化：令 $\boldsymbol{\eta}_1=\boldsymbol{\xi}_1=(2,1,0)^{\mathrm{T}}$，

$$\boldsymbol{\eta}_2=\boldsymbol{\xi}_2-\frac{[\boldsymbol{\eta}_1,\boldsymbol{\xi}_2]}{[\boldsymbol{\eta}_1,\boldsymbol{\eta}_1]}\boldsymbol{\eta}_2=(-2,0,1)^{\mathrm{T}}+\frac{4}{5}(2,1,0)^{\mathrm{T}}=\left(-\frac{2}{5},\frac{4}{5},1\right)^{\mathrm{T}},$$

再将 $\boldsymbol{\eta}_1$，$\boldsymbol{\eta}_2$ 单位化得 $\boldsymbol{p}_1=\left(\frac{2}{\sqrt{5}},\frac{1}{\sqrt{5}},0\right)^{\mathrm{T}}$，$\boldsymbol{p}_2=\left(-\frac{2}{3\sqrt{5}},\frac{4}{3\sqrt{5}},\frac{\sqrt{5}}{3}\right)^{\mathrm{T}}$.

当 $\lambda_3=9$ 时，求解齐次线性方程组 $(\boldsymbol{A}-9\boldsymbol{E})\boldsymbol{x}=\boldsymbol{0}$. 由于

$$\boldsymbol{A}-9\boldsymbol{E}=\begin{pmatrix} -8 & -2 & 2 \\ -2 & -5 & -4 \\ 2 & -4 & -5 \end{pmatrix}\sim\begin{pmatrix} 1 & 0 & -\frac{1}{2} \\ 0 & 1 & 1 \\ 0 & 0 & 0 \end{pmatrix},$$

得特征向量为 $\boldsymbol{\xi}_3=\left(\frac{1}{2},-1,1\right)^{\mathrm{T}}$，将其单位化得 $\boldsymbol{p}_3=$

$\left(\frac{1}{3},-\frac{2}{3},\frac{2}{3}\right)^{\mathrm{T}}$. 令

$$P=\begin{pmatrix}\frac{2}{\sqrt{5}} & -\frac{2}{3\sqrt{5}} & \frac{1}{3}\\ \frac{1}{\sqrt{5}} & \frac{4}{3\sqrt{5}} & -\frac{2}{3}\\ 0 & \frac{\sqrt{5}}{3} & \frac{2}{3}\end{pmatrix},$$

则经过正交变换 $\boldsymbol{x}=\boldsymbol{P}\boldsymbol{y}$，将二次型 f 化为标准形 $f(y_1,y_2,y_3)=9y_3^2$.

正交变换的几何意义：设正交变换 $\boldsymbol{x}=\boldsymbol{P}\boldsymbol{y}$，由正交变换的定义有

$$[\boldsymbol{P}\boldsymbol{y}_1,\boldsymbol{P}\boldsymbol{y}_2]=(\boldsymbol{P}\boldsymbol{y}_1)^{\mathrm{T}}\boldsymbol{P}\boldsymbol{y}_2=\boldsymbol{y}_1^{\mathrm{T}}\boldsymbol{y}_2=[\boldsymbol{y}_1,\boldsymbol{y}_2],$$

$$\|\boldsymbol{x}\|=\sqrt{[\boldsymbol{P}\boldsymbol{y},\boldsymbol{P}\boldsymbol{y}]}=\sqrt{[\boldsymbol{y},\boldsymbol{y}]}=\|\boldsymbol{y}\|.$$

即正交变换保持向量的内积和长度不变，也就保持了向量的夹角不变，而向量与点是等价的，所以正交变换保持了点的位置关系不变，从而也就保持了图形的不变性. 可以证明，对于正交变换 $\boldsymbol{x}=\boldsymbol{P}\boldsymbol{y}$ 且 $|\boldsymbol{P}|=1$，作此正交变换就是将原坐标系绕原点进行了一定角度的旋转，旋转之后新旧坐标系相应坐标轴的夹角由正交矩阵 $\boldsymbol{P}=(p_{ij})$ 主对角线上的元素 p_{ii} 确定. 特别地，在三维空间中，新旧坐标系相应坐标轴的夹角分别为

$$\alpha=\arccos p_{11},\ \beta=\arccos p_{22},\ \gamma=\arccos p_{33}.$$

4.4.2 用配方法和初等变换法化二次型为标准形

1. 用配方法化二次型为标准形

将二次型化为标准形时，如果不要求用正交变换，只要求使用可逆线性变换，则可以用配方法将二次型化为标准形.

例 4.4.4 已知二次型 $f(x_1,x_2,x_3)=x_1^2-2x_2^2-2x_3^2-4x_1x_2+4x_1x_3+8x_2x_3$，用配方法求可逆线性变换 $\boldsymbol{x}=\boldsymbol{P}\boldsymbol{y}$，将二次型 f 化为标准形.

解 用配方法

$$\begin{aligned}f(x_1,x_2,x_3)&=x_1^2-2x_2^2-2x_3^2-4x_1x_2+4x_1x_3+8x_2x_3\\&=[x_1^2+(-4x_2+4x_3)x_1]-2x_2^2-2x_3^2+8x_2x_3\\&=[(x_1-2x_2+2x_3)^2-(-2x_2+2x_3)^2]-2x_2^2-2x_3^2+8x_2x_3\\&=(x_1-2x_2+2x_3)^2-6x_2^2-6x_3^2+16x_2x_3\\&=(x_1-2x_2+2x_3)^2-6\left(x_2^2-\frac{8}{3}x_2x_3\right)-6x_3^2\\&=(x_1-2x_2+2x_3)^2-6\left(x_2-\frac{4}{3}x_3\right)^2+\frac{32}{3}x_3^2-6x_3^2\\&=(x_1-2x_2+2x_3)^2-6\left(x_2-\frac{4}{3}x_3\right)^2+\frac{14}{3}x_3^2,\end{aligned}$$

令 $\begin{cases} x_1-2x_2+2x_3=y_1, \\ x_2-\dfrac{4}{3}x_3=y_2, \\ x_3=y_3, \end{cases}$ 也即 $\begin{cases} x_1=y_1+2y_2+\dfrac{2}{3}y_3, \\ x_2=y_2+\dfrac{4}{3}y_3, \\ x_3=y_3, \end{cases}$

从而线性变换为 $\begin{pmatrix} x_1 \\ x_2 \\ x_3 \end{pmatrix}=\begin{pmatrix} 1 & 2 & \dfrac{2}{3} \\ 0 & 1 & \dfrac{4}{3} \\ 0 & 0 & 1 \end{pmatrix}\begin{pmatrix} y_1 \\ y_2 \\ y_3 \end{pmatrix}$，记为 $\boldsymbol{x}=\boldsymbol{P}\boldsymbol{y}$.

由于线性变换 $\boldsymbol{x}=\boldsymbol{P}\boldsymbol{y}$ 的矩阵的行列式为 1，故为可逆线性变换，经这个可逆变换后，二次型化为标准形 $f(y_1,y_2,y_3)=y_1^2-6y_2^2+\dfrac{14}{3}y_3^2$.

*2. 用初等变换法化二次型为标准形

在第 2 章中我们知道，可逆矩阵可以表示为若干个初等矩阵的乘积，在矩阵的左（右）边乘以一个初等矩阵，相当于对该矩阵进行一次初等行（列）变换. 将二次型 $f=\boldsymbol{x}^{\mathrm{T}}\boldsymbol{A}\boldsymbol{x}$ 化为标准形，也就是存在可逆矩阵 $\boldsymbol{C}$，使得 $\boldsymbol{C}^{\mathrm{T}}\boldsymbol{A}\boldsymbol{C}=\boldsymbol{\Lambda}$. 设 $\boldsymbol{C}=\boldsymbol{P}_1\boldsymbol{P}_2\cdots\boldsymbol{P}_s$，其中 $\boldsymbol{P}_i(i=1,2,\cdots,s)$ 是初等矩阵，即 $\boldsymbol{C}=\boldsymbol{E}\boldsymbol{P}_1\boldsymbol{P}_2\cdots\boldsymbol{P}_s$，从而

$$\boldsymbol{C}^{\mathrm{T}}\boldsymbol{A}\boldsymbol{C}=(\boldsymbol{P}_1\boldsymbol{P}_2\cdots\boldsymbol{P}_s)^{\mathrm{T}}\boldsymbol{A}(\boldsymbol{P}_1\boldsymbol{P}_2\cdots\boldsymbol{P}_s)=\boldsymbol{P}_s^{\mathrm{T}}\cdots\boldsymbol{P}_2^{\mathrm{T}}\boldsymbol{P}_1^{\mathrm{T}}\boldsymbol{A}\boldsymbol{P}_1\boldsymbol{P}_2\cdots\boldsymbol{P}_s=\boldsymbol{\Lambda}.$$

由此可见，对 $2n\times n$ 矩阵 $\begin{pmatrix} \boldsymbol{A} \\ \boldsymbol{E} \end{pmatrix}$ 施以相应于右乘 $\boldsymbol{P}_1\boldsymbol{P}_2\cdots\boldsymbol{P}_s$ 的初等列变换，再对 $\boldsymbol{A}$ 施以相应于左乘 $\boldsymbol{P}_s^{\mathrm{T}}\cdots\boldsymbol{P}_2^{\mathrm{T}}\boldsymbol{P}_1^{\mathrm{T}}$ 的初等行变换，矩阵 $\boldsymbol{A}$ 变为对角矩阵，单位矩阵 $\boldsymbol{E}$ 就变为所求的可逆变换.

例 4.4.5　已知二次型 $f(x_1,x_2,x_3)=x_1^2-2x_2^2-2x_3^2-4x_1x_2+4x_1x_3+8x_2x_3$，用初等变换法求可逆线性变换 $\boldsymbol{x}=\boldsymbol{P}\boldsymbol{y}$，将二次型 f 化为标准形.

解　用初等变换法

$$\begin{pmatrix} \boldsymbol{A} \\ \cdots \\ \boldsymbol{E} \end{pmatrix}=\begin{pmatrix} 1 & -2 & 2 \\ -2 & -2 & 4 \\ 2 & 4 & -2 \\ \cdots & \cdots & \cdots \\ 1 & 0 & 0 \\ 0 & 1 & 0 \\ 0 & 0 & 1 \end{pmatrix}\overset{c_2+2c_1}{\underset{c_3-2c_1}{\sim}}\begin{pmatrix} 1 & 0 & 0 \\ -2 & -6 & 8 \\ 2 & 8 & -6 \\ \cdots & \cdots & \cdots \\ 1 & 2 & -2 \\ 0 & 1 & 0 \\ 0 & 0 & 1 \end{pmatrix}\overset{r_2+2r_1}{\underset{r_3-2r_1}{\sim}}\begin{pmatrix} 1 & 0 & 0 \\ 0 & -6 & 8 \\ 0 & 8 & -6 \\ \cdots & \cdots & \cdots \\ 1 & 2 & -2 \\ 0 & 1 & 0 \\ 0 & 0 & 1 \end{pmatrix}\overset{c_2+c_3}{\sim}$$

$$\begin{pmatrix} 1 & 0 & 0 \\ 0 & 2 & 8 \\ 0 & 2 & -6 \\ \cdots & \cdots & \cdots \\ 1 & 0 & -2 \\ 0 & 1 & 0 \\ 0 & 1 & 1 \end{pmatrix} \overset{r_2+r_3}{\sim} \begin{pmatrix} 1 & 0 & 0 \\ 0 & 4 & 2 \\ 0 & 2 & -6 \\ \cdots & \cdots & \cdots \\ 1 & 0 & -2 \\ 0 & 1 & 0 \\ 0 & 1 & 1 \end{pmatrix} \overset{\frac{1}{2}c_2}{\sim} \begin{pmatrix} 1 & 0 & 0 \\ 0 & 2 & 2 \\ 0 & 1 & -6 \\ \cdots & \cdots & \cdots \\ 1 & 0 & -2 \\ 0 & \frac{1}{2} & 0 \\ 0 & \frac{1}{2} & 1 \end{pmatrix} \overset{\frac{1}{2}r_2}{\sim}$$

$$\begin{pmatrix} 1 & 0 & 0 \\ 0 & 1 & 1 \\ 0 & 1 & -6 \\ \cdots & \cdots & \cdots \\ 1 & 0 & -2 \\ 0 & \frac{1}{2} & 0 \\ 0 & \frac{1}{2} & 1 \end{pmatrix} \overset{c_3-c_2}{\sim} \begin{pmatrix} 1 & 0 & 0 \\ 0 & 1 & 0 \\ 0 & 1 & -7 \\ \cdots & \cdots & \cdots \\ 1 & 0 & -2 \\ 0 & \frac{1}{2} & -\frac{1}{2} \\ 0 & \frac{1}{2} & \frac{1}{2} \end{pmatrix} \overset{r_3-r_2}{\sim} \begin{pmatrix} 1 & 0 & 0 \\ 0 & 1 & 0 \\ 0 & 0 & -7 \\ \cdots & \cdots & \cdots \\ 1 & 0 & -2 \\ 0 & \frac{1}{2} & -\frac{1}{2} \\ 0 & \frac{1}{2} & \frac{1}{2} \end{pmatrix}.$$

因此 $\boldsymbol{P}=\begin{pmatrix} 1 & 0 & -2 \\ 0 & \frac{1}{2} & -\frac{1}{2} \\ 0 & \frac{1}{2} & \frac{1}{2} \end{pmatrix}$ 且 $\boldsymbol{P}$ 为可逆矩阵. 经可逆线性变换 $\boldsymbol{x}=\boldsymbol{P}\boldsymbol{y}$ 将二次型 f 化为标准形 $f(y_1,y_2,y_3)=y_1^2+y_2^2-7y_3^2$.

由例 4.4.1、例 4.4.3 和例 4.4.5 可见，对于任意一个二次型总可以用正交变换法、配方法和初等变换法化为标准形. 用不同的方法得到二次型的标准形不同，但标准形中所含的项数不变，并且正系数的项和负系数的项的数量也不变. 若用正交变换法化二次型 $f=\boldsymbol{x}^{\mathrm{T}}\boldsymbol{A}\boldsymbol{x}$ 为标准形 $f=\boldsymbol{y}^{\mathrm{T}}\boldsymbol{\Lambda}\boldsymbol{y}$，则对角矩阵 $\boldsymbol{\Lambda}$ 主对角线上的元素由 $\boldsymbol{A}$ 的特征值所构成，$\boldsymbol{A}$ 与 $\boldsymbol{\Lambda}$ 既相似又合同. 若用配方法和初等变换法化二次型 $f=\boldsymbol{x}^{\mathrm{T}}\boldsymbol{A}\boldsymbol{x}$ 为标准形 $f=\boldsymbol{y}^{\mathrm{T}}\boldsymbol{\Lambda}\boldsymbol{y}$，$\boldsymbol{A}$ 与 $\boldsymbol{\Lambda}$ 仅仅是合同.

注意：正交变换能够保持几何体的几何形状不变，但使用配方法和初等变换法时用到的线性变换通常会改变几何体的几何形状.

4.4.3 惯性定理

二次型的标准形不是唯一的，但其所含项数是确定不变的. 在限定可逆变换是实变换的条件下，标准形中正项系数的个数是不变的，从而负项系数的个数也是不变的，这就是惯性定理.

定理 4.4.2（惯性定理）　设有二次型 $f=\boldsymbol{x}^{\mathrm{T}}\boldsymbol{A}\boldsymbol{x}$，它的秩为 r（即 $R(\boldsymbol{A})=r$）. 若有两个可逆线性变换 $\boldsymbol{x}=\boldsymbol{C}\boldsymbol{y}$ 和 $\boldsymbol{x}=\boldsymbol{P}\boldsymbol{z}$，使得 $f=k_1y_1^2+k_2y_2^2+\cdots+k_ry_r^2(k_i\neq0)$ 及 $f=m_1z_1^2+m_2z_2^2+\cdots+m_rz_r^2(m_i\neq0)$，则 k_1，k_2，…，k_r 中正数的个数与 m_1，m_2，…，m_r 中正数的个数相等.

二次型的标准形中正系数的个数称为二次型的**正惯性指数**，记为 p；二次型的标准形中负系数的个数称为二次型的**负惯性指数**，记为 q. 若二次型的秩记为 r，则 $p+q=r$，且二次型的规范形可以表示为

$$f=y_1^2+y_2^2+\cdots+y_p^2-y_{p+1}^2-\cdots-y_r^2.$$

例 4.4.6　求二次型 $f(x_1,x_2,x_3)=2x_1^2+2x_2^2+2x_3^2+2x_1x_2+2x_1x_3-2x_2x_3$ 的正、负惯性指数.

解法一　用配方法有

$$\begin{aligned}f(x_1,x_2,x_3)&=2x_1^2+2x_2^2+2x_3^2+2x_1x_2+2x_1x_3-2x_2x_3\\&=2(x_1+\frac{1}{2}x_2+\frac{1}{2}x_3)^2+\frac{3}{2}x_2^2+\frac{3}{2}x_3^2-3x_2x_3\\&=2\left(x_1+\frac{1}{2}x_2+\frac{1}{2}x_3\right)^2+\frac{3}{2}(x_2-x_3)^2,\end{aligned}$$

所以二次型的标准形为　$$f(y_1,y_2,y_3)=2y_1^2+\frac{3}{2}y_2^2.$$

因此正惯性指数为 $p=2$，负惯性指数 $q=0$，秩为 $r=p+q=2$.

解法二　通过特征值求出. 由

$$\boldsymbol{A}=\begin{pmatrix}2&1&1\\1&2&-1\\1&-1&2\end{pmatrix},$$

得其特征多项式为　$$|\boldsymbol{A}-\lambda\boldsymbol{E}|=\begin{vmatrix}2-\lambda&1&1\\1&2-\lambda&-1\\1&-1&2-\lambda\end{vmatrix}=-\lambda\ (\lambda-3)^2,$$

可得特征值为　$$\lambda_1=0,\lambda_2=\lambda_3=3.$$

故正惯性指数为 $p=2$，负惯性指数 $q=0$，秩为 $r=p+q=2$.

惯性定理的几何意义：经过可逆线性变换把二次曲线或曲面方程化成标准形（也称为法式方程），标准形的系数与所作线性变换有关，但曲线或曲面类型不会因为可逆的线性变换改变，特别地，用正交变换时（保模，范数不变）不仅类型不变，大小也

不变. 各种可逆线性变换所变的是坐标系，原来的标准正交系变成了刻度和坐标轴夹角都不同的仿射坐标系. 想象二次型所表示的几何图形是一个物理实体，因为坐标系的变化，二次型的函数表达式也相应地改变，每个坐标系下对应着一个函数表达式，然而这个物理实体是不变的.

4.5 正定二次型

二次型经常出现在力学、振动学、几何、最优化等应用中，用得较多的二次型是正惯性指数为 n 或负惯性指数为 n 的二次型. 二次型被分类为：

正定二次型

定义 4.5.1 设二次型 $f(\boldsymbol{x})=\boldsymbol{x}^{\mathrm{T}}\boldsymbol{A}\boldsymbol{x}$，其中 $\boldsymbol{A}$ 为对称矩阵，$\boldsymbol{x}=(x_1,x_2,\cdots,x_n)^{\mathrm{T}}\in\mathbf{R}^n$.

（1）如果对于 $\mathbf{R}^n$ 中所有的 $\boldsymbol{x}$，$\boldsymbol{x}\neq\boldsymbol{0}$，都有 $f(\boldsymbol{x})=\boldsymbol{x}^{\mathrm{T}}\boldsymbol{A}\boldsymbol{x}>0$，则称 $f(\boldsymbol{x})=\boldsymbol{x}^{\mathrm{T}}\boldsymbol{A}\boldsymbol{x}$ 为正定的，称矩阵 $\boldsymbol{A}$ 为正定矩阵；

（2）如果对于 $\mathbf{R}^n$ 中所有的 $\boldsymbol{x}$，$\boldsymbol{x}\neq\boldsymbol{0}$，都有 $f(\boldsymbol{x})=\boldsymbol{x}^{\mathrm{T}}\boldsymbol{A}\boldsymbol{x}\geqslant 0$，则称 $f(\boldsymbol{x})=\boldsymbol{x}^{\mathrm{T}}\boldsymbol{A}\boldsymbol{x}$ 为半正定的，称矩阵 $\boldsymbol{A}$ 为半正定矩阵；

（3）如果对于 $\mathbf{R}^n$ 中所有的 $\boldsymbol{x}$，$\boldsymbol{x}\neq\boldsymbol{0}$，都有 $f(\boldsymbol{x})=\boldsymbol{x}^{\mathrm{T}}\boldsymbol{A}\boldsymbol{x}<0$，则称 $f(\boldsymbol{x})=\boldsymbol{x}^{\mathrm{T}}\boldsymbol{A}\boldsymbol{x}$ 为负定的，称矩阵 $\boldsymbol{A}$ 为负定矩阵；

（4）如果对于 $\mathbf{R}^n$ 中所有的 $\boldsymbol{x}$，$\boldsymbol{x}\neq\boldsymbol{0}$，都有 $f(\boldsymbol{x})=\boldsymbol{x}^{\mathrm{T}}\boldsymbol{A}\boldsymbol{x}\leqslant 0$，则称 $f(\boldsymbol{x})=\boldsymbol{x}^{\mathrm{T}}\boldsymbol{A}\boldsymbol{x}$ 为半负定的，称矩阵 $\boldsymbol{A}$ 为半负定矩阵；

（5）如果 $f(\boldsymbol{x})=\boldsymbol{x}^{\mathrm{T}}\boldsymbol{A}\boldsymbol{x}$ 既有正值又有负值，则称 $f(\boldsymbol{x})=\boldsymbol{x}^{\mathrm{T}}\boldsymbol{A}\boldsymbol{x}$ 是不定的.

例 4.5.1 二次型 $f(x_1,x_2,\cdots,x_n)=x_1^2+x_2^2+\cdots+x_n^2$，当 $\boldsymbol{x}\neq\boldsymbol{0}$ 时，显然有 $f(x_1,x_2,\cdots,x_n)>0$，所以这个二次型是正定的，其对应的矩阵 $\boldsymbol{A}=\boldsymbol{E}_n$ 为正定矩阵.

例 4.5.2 二次型 $f(x_1,x_2,x_3)=-x_1^2-x_2^2-4x_3^2-2x_1x_2+4x_1x_3+4x_2x_3$ 可以写成

$$f(x_1,x_2,x_3)=-(x_1+x_2-2x_3)^2\leqslant 0,$$

所以这个二次型是半负定的，其对应的矩阵

$$\boldsymbol{A}=\begin{pmatrix}-1&-1&2\\-1&-1&2\\2&2&-4\end{pmatrix}$$

为半负定矩阵.

例 4.5.3　二次型$f(x_1,x_2)=x_1^2-2x_2^2$是不定二次型，因为其符号有时为正有时为负，例如

$$f(1,1)=-1<0, f(2,1)=2>0.$$

正定二次型或正定矩阵在二次型或对称矩阵中占有重要的地位，下面不加证明地给出两个正定二次型的判定条件.

定理 4.5.1　n 元二次型$f(\boldsymbol{x})=\boldsymbol{x}^{\mathrm{T}}\boldsymbol{A}\boldsymbol{x}$正定的充分必要条件是它的标准形的 n 个系数都为正，即它的规范形的 n 个系数都是 1，亦即它的正惯性指数等于 n.

推论 4.5.1　对称矩阵$\boldsymbol{A}$为正定的充分必要条件是$\boldsymbol{A}$的特征值全为正.

推论 4.5.2　对称矩阵$\boldsymbol{A}$为正定的充分必要条件是$\boldsymbol{A}$与同阶的单位矩阵$\boldsymbol{E}$合同，即存在可逆矩阵$\boldsymbol{C}$，使得$\boldsymbol{C}^{\mathrm{T}}\boldsymbol{A}\boldsymbol{C}=\boldsymbol{E}$.

定理 4.5.2 [赫尔维兹（Hurwitz）定理]　实二次型$f(\boldsymbol{x})=\boldsymbol{x}^{\mathrm{T}}\boldsymbol{A}\boldsymbol{x}$正定的充分必要条件是$\boldsymbol{A}=(a_{ij})_{n\times n}$的各阶顺序主子式全大于零，即

$$a_{11}>0,\begin{vmatrix} a_{11} & a_{12} \\ a_{21} & a_{22} \end{vmatrix}>0,\cdots,\begin{vmatrix} a_{11} & \cdots & a_{1n} \\ \vdots & & \vdots \\ a_{n1} & \cdots & a_{nn} \end{vmatrix}>0.$$

显然，二次型$f(\boldsymbol{x})=\boldsymbol{x}^{\mathrm{T}}\boldsymbol{A}\boldsymbol{x}$是负定的当且仅当$-f(\boldsymbol{x})=-\boldsymbol{x}^{\mathrm{T}}\boldsymbol{A}\boldsymbol{x}$是正定的，因此可以对应得到负定二次型的判定条件，这里就不再列出来了.

正定二次型的几何意义：当$f(x,y)$为二维正定二次型时，它可由可逆线性变换化为系数全为正的标准形，于是$f(x,y)=C(C>0)$的图形是一族以原点为中心的椭圆线，这族椭圆线随着C（沿着抛物线）减小且趋于零而收缩到原点；当$f(x,y,z)$为三维正定二次型时，$f(x,y,z)=C(C>0)$的图形是一族椭圆面，这族椭圆面随着C（沿着抛物线）减小且趋于零而收缩到原点.

例 4.5.4　判断二次型$f(x_1,x_2,x_3)=6x_1^2+5x_2^2+7x_3^2-4x_1x_2+4x_1x_3$的正定性.

解法一　利用正惯性指数判定二次型的正定性. 这里采用配方法将二次型化为标准形

$$
\begin{aligned}
f(x_1,x_2,x_3)&=6x_1^2+5x_2^2+7x_3^2-4x_1x_2+4x_1x_3\\
&=6\left(x_1-\frac{1}{3}x_2+\frac{1}{3}x_3\right)^2+\frac{13}{3}x_2^2+\frac{19}{3}x_3^2+\frac{4}{3}x_2x_3\\
&=6\left(x_1-\frac{1}{3}x_2+\frac{1}{3}x_3\right)^2+\frac{13}{3}\left(x_2+\frac{2}{13}x_3\right)^2+\frac{81}{13}x_3^2,
\end{aligned}
$$

其标准形为 $f(y_1,y_2,y_3)=6y_1^2+\frac{13}{3}y_2^2+\frac{81}{13}y_3^2$，故正惯性指数为 3，而 $n=3$，因此 f 为正定二次型.

解法二　利用特征值判定二次型的正定性.

二次型的矩阵　$\boldsymbol{A}=\begin{pmatrix}6&-2&2\\-2&5&0\\2&0&7\end{pmatrix}$,

而　$|\boldsymbol{A}-\lambda\boldsymbol{E}|=\begin{vmatrix}6-\lambda&-2&2\\-2&5-\lambda&0\\2&0&7-\lambda\end{vmatrix}=-(\lambda-3)(\lambda-6)(\lambda-9)$,

得特征值为 $\lambda_1=3$，$\lambda_2=6$，$\lambda_3=9$. 特征值全大于零，故 f 为正定二次型.

解法三　利用各阶顺序主子式判定二次型的正定性.

二次型的矩阵　$\boldsymbol{A}=\begin{pmatrix}6&-2&2\\-2&5&0\\2&0&7\end{pmatrix}$,

有 $a_{11}=6>0$, $\begin{vmatrix}a_{11}&a_{12}\\a_{21}&a_{22}\end{vmatrix}=\begin{vmatrix}6&-2\\-2&5\end{vmatrix}=26>0$, $|\boldsymbol{A}|=\begin{vmatrix}6&-2&2\\-2&5&0\\2&0&7\end{vmatrix}=162>0$,

故 f 为正定二次型.

例 4.5.5　判定二次型 $f(x_1,x_2,x_3)=-5x_1^2-6x_2^2+4x_3^2+4x_1x_2+4x_1x_3$ 的正定性.

解　f 的矩阵

$$
\boldsymbol{A}=\begin{pmatrix}-5&2&2\\2&-6&0\\2&0&4\end{pmatrix}
$$

$$
-\boldsymbol{A}=\begin{pmatrix}5&-2&-2\\-2&6&0\\-2&0&-4\end{pmatrix},
$$

$-\boldsymbol{A}$ 的一阶主子式 $5>0$，二阶主子式 $\begin{vmatrix} 5 & -2 \\ -2 & 6 \end{vmatrix}=26>0$，三阶主子式 $|-\boldsymbol{A}|=-128<0$. 依定理 $-\boldsymbol{A}$ 不定，即 $\boldsymbol{A}$ 不定，故 f 是不定二次型.

例 4.5.6　设二次型

$$f(x_1,x_2,x_3)=2x_1^2+tx_2^2+tx_3^2+4x_1x_2-4x_1x_3$$

为正定二次型，求 t 的取值范围.

解　f 的矩阵

$$\boldsymbol{A}=\begin{pmatrix} 2 & 2 & -2 \\ 2 & t & 0 \\ -2 & 0 & t \end{pmatrix},$$

f 正定当且仅当 $\boldsymbol{A}$ 的各阶顺序主子式全为正，即

$$2>0,\begin{vmatrix} 2 & 2 \\ 2 & t \end{vmatrix}=2t-4>0,|\boldsymbol{A}|=2t(t-4)>0,$$

解得 $t>4$.

例 4.5.7　判断二次型 $f(x_1,x_2,x_3)=3x_1^2+2x_2^2+x_3^2+4x_1x_2+4x_2x_3$ 的正定性.

解　由于所有项的系数都是正数，二次型表面上看是正定的，但二次型对应的矩阵 $\boldsymbol{A}=\begin{pmatrix} 3 & 2 & 0 \\ 2 & 2 & 2 \\ 0 & 2 & 1 \end{pmatrix}$ 的特征值为 5，2，-1，故是不定二次型.

4.6 应用实例

4.6.1 线性微分方程组求解

例 4.6.1　利用对角化方法来求解常微分方程初值问题

$$\begin{cases} \dfrac{\mathrm{d}u(t)}{\mathrm{d}t}=-2u(t)+v(t)+w(t), \\ \dfrac{\mathrm{d}v(t)}{\mathrm{d}t}=u(t)-2v(t)+w(t), \\ \dfrac{\mathrm{d}w(t)}{\mathrm{d}t}=u(t)+v(t)-2w(t), \\ u(0)=1,v(0)=3,w(0)=-1. \end{cases}$$

解　首先，我们可以把问题写成

$$\frac{\mathrm{d}\boldsymbol{x}(t)}{\mathrm{d}t}=\boldsymbol{A}\boldsymbol{x}(t),\boldsymbol{x}(0)=\boldsymbol{x}_0,$$

其中 $\boldsymbol{x}(t)=\begin{pmatrix}u(t)\\v(t)\\w(t)\end{pmatrix}$，$\boldsymbol{A}=\begin{pmatrix}-2&1&1\\1&-2&1\\1&1&-2\end{pmatrix}$，$\boldsymbol{x}_0=\begin{pmatrix}1\\3\\-1\end{pmatrix}$.

易求得 $\boldsymbol{A}$ 的特征值为 $\lambda_1=0$，$\lambda_2=\lambda_3=-3$.

当 $\lambda_1=0$ 时，求解齐次线性方程组 $\boldsymbol{Ax}=\boldsymbol{0}$，得特征向量为 $\boldsymbol{p}_1=(1,1,1)^{\mathrm{T}}$.

当 $\lambda_2=\lambda_3=-3$ 时，求解齐次线性方程组 $(\boldsymbol{A}+3\boldsymbol{E})\boldsymbol{x}=\boldsymbol{0}$，得特征向量为 $\boldsymbol{p}_2=(1,0,-1)^{\mathrm{T}}$，$\boldsymbol{p}_3=(1,-1,0)^{\mathrm{T}}$.

从而有可逆矩阵 $\boldsymbol{P}=(\boldsymbol{p}_1,\boldsymbol{p}_2,\boldsymbol{p}_3)=\begin{pmatrix}1&1&1\\1&0&-1\\1&-1&0\end{pmatrix}$，使得 $\boldsymbol{P}^{-1}\boldsymbol{AP}=$

$\boldsymbol{\Lambda}=\begin{pmatrix}0&&\\&-3&\\&&-3\end{pmatrix}$.

作可逆变换 $\boldsymbol{x}(t)=\boldsymbol{Py}(t)$，其中 $\boldsymbol{y}=(y_1(t),y_2(t),y_3(t))^{\mathrm{T}}$，则方程组 $\dfrac{\mathrm{d}\boldsymbol{x}(t)}{\mathrm{d}t}=\boldsymbol{Ax}(t)$ 变为

$$\frac{\mathrm{d}\boldsymbol{y}(t)}{\mathrm{d}t}=\boldsymbol{P}^{-1}\boldsymbol{APy}(t)=\boldsymbol{\Lambda y}(t)=\begin{pmatrix}0&&\\&-3&\\&&-3\end{pmatrix}\boldsymbol{y}(t),$$

即
$$\begin{cases}\dfrac{\mathrm{d}y_1(t)}{\mathrm{d}t}=0,\\[2mm]\dfrac{\mathrm{d}y_2(t)}{\mathrm{d}t}=-3y_2(t),\\[2mm]\dfrac{\mathrm{d}y_3(t)}{\mathrm{d}t}=-3y_3(t).\end{cases}$$

求解得 $\quad y_1(t)=C_1,y_2(t)=C_2\mathrm{e}^{-3t},y_3(t)=C_3\mathrm{e}^{-3t}$.

由 $\boldsymbol{x}(t)=\boldsymbol{Py}(t)$，得

$$\begin{pmatrix}u(t)\\v(t)\\w(t)\end{pmatrix}=\begin{pmatrix}1&1&1\\1&0&-1\\1&-1&0\end{pmatrix}\begin{pmatrix}C_1\\C_2\mathrm{e}^{-3t}\\C_3\mathrm{e}^{-3t}\end{pmatrix}=\begin{pmatrix}C_1+C_2\mathrm{e}^{-3t}+C_3\mathrm{e}^{-3t}\\C_1-C_3\mathrm{e}^{-3t}\\C_1-C_2\mathrm{e}^{-3t}\end{pmatrix},$$

即
$$\boldsymbol{x}(t)=\begin{pmatrix}u(t)\\v(t)\\w(t)\end{pmatrix}=C_1\begin{pmatrix}1\\1\\1\end{pmatrix}+C_2\begin{pmatrix}1\\0\\-1\end{pmatrix}\mathrm{e}^{-3t}+C_3\begin{pmatrix}1\\-1\\0\end{pmatrix}\mathrm{e}^{-3t}.$$

将初始条件 $\boldsymbol{x}_0=\begin{pmatrix}1\\3\\-1\end{pmatrix}$ 代入，解得 $C_1=1$，$C_2=2$，$C_3=-2$.

从而初值问题的解为 $\boldsymbol{x}(t)=\begin{pmatrix}u(t)\\v(t)\\w(t)\end{pmatrix}=\begin{pmatrix}1\\1\\1\end{pmatrix}+2\begin{pmatrix}1\\0\\-1\end{pmatrix}\mathrm{e}^{-3t}-2\begin{pmatrix}1\\-1\\0\end{pmatrix}\mathrm{e}^{-3t}$,

即
$$u(t)=1,v(t)=1+2\mathrm{e}^{-3t},w(t)=1-2\mathrm{e}^{-3t}.$$

4.6.2 多元函数的极值问题

函数的极值在微分学的理论和应用中极为重要. 关于一元函数和二元函数极值的判定相对来说比较容易，但对于两个以上自变量的多元函数极值的判定就比较困难了. 这里，利用二次型的正定性，可以给出多元函数极值判定的一个充分条件.

设 n 元函数 $f(x_1,x_2,\cdots,x_n)$ 在 $\boldsymbol{x}_0=(x_1^0,x_2^0,\cdots,x_n^0)$ 的某邻域内有一阶、二阶连续偏导数. 又（$x_1^0+h_1,x_2^0+h_2,\cdots,x_n^0+h_n$）为该邻域中任意一点.

由多元函数的泰勒公式知

$$f(\boldsymbol{x}_0+\boldsymbol{h})=f(\boldsymbol{x}_0)+\sum_{i=1}^{n}f_i(\boldsymbol{x}_0)h_i+\frac{1}{2!}\sum_{i=1}^{n}\sum_{j=1}^{n}f_{ij}(\boldsymbol{x}_0+\theta\boldsymbol{h})h_ih_j,$$

其中 $0<\theta<1$，$\boldsymbol{x}_0=(x_1^0,x_2^0,\cdots,x_n^0)$，$\boldsymbol{h}=(h_1,h_2,\cdots,h_n)$，

$$f_i(\boldsymbol{x}_0)=\frac{\partial f(\boldsymbol{x}_0)}{\partial x_i}(i=1,2,\cdots,n),$$

$$f_{ij}(\boldsymbol{x}_0+\theta\boldsymbol{h})=\frac{\partial^2 f(\boldsymbol{x}_0+\theta\boldsymbol{h})}{\partial x_i\partial x_j}=\frac{\partial^2 f(\boldsymbol{x}_0+\theta\boldsymbol{h})}{\partial x_j\partial x_i}(i,j=1,2,\cdots,n).$$

当 $\boldsymbol{x}_0=(x_1^0,x_2^0,\cdots,x_n^0)$ 是 $f(\boldsymbol{x}_0)$ 的驻点时，则有 $f_i(\boldsymbol{x}_0)=0(i=1,2,\cdots,n)$，于是 $f(\boldsymbol{x}_0)$ 是否为 $f(\boldsymbol{x})$ 的极值，取决于 $\sum\limits_{i=1}^{n}\sum\limits_{j=1}^{n}f_{ij}(\boldsymbol{x}_0+\theta\boldsymbol{h})h_ih_j$ 的符号. 由 $f_{ij}(\boldsymbol{x}_0)$ 在 $\boldsymbol{x}_0$ 的邻域中的连续性知，在该邻域内，上式的符号可由 $\sum\limits_{i=1}^{n}\sum\limits_{j=1}^{n}f_{ij}(\boldsymbol{x}_0)h_ih_j$ 的符号决定. 而后一式是 h_1，h_2，…，h_n 的一个 n 元二次型，它的符号取决于对称矩阵

$$\boldsymbol{H}(\boldsymbol{x}_0)=\begin{pmatrix}f_{11}(\boldsymbol{x}_0) & f_{12}(\boldsymbol{x}_0) & \cdots & f_{1n}(\boldsymbol{x}_0)\\f_{21}(\boldsymbol{x}_0) & f_{22}(\boldsymbol{x}_0) & \cdots & f_{2n}(\boldsymbol{x}_0)\\\vdots & \vdots & & \vdots\\f_{n1}(\boldsymbol{x}_0) & f_{n2}(\boldsymbol{x}_0) & \cdots & f_{nn}(\boldsymbol{x}_0)\end{pmatrix}$$

是否为有定矩阵. 这个矩阵称为 $f(\boldsymbol{x})$ 在 $\boldsymbol{x}_0$ 处的 n 阶黑塞（Hesse）矩阵，其 k 阶顺序主子式记为 $|\boldsymbol{H}_k(\boldsymbol{x}_0)|(k=1,2,\cdots,n)$.

我们有如下判别法：

(1) 当 $|\boldsymbol{H}_k(\boldsymbol{x}_0)|>0(k=1,2,\cdots,n)$，即 $\boldsymbol{H}(\boldsymbol{x}_0)$ 为正定矩阵，则 $f(\boldsymbol{x}_0)$ 是 $f(\boldsymbol{x})$ 的极小值；

(2) 当$(-1)^k|\boldsymbol{H}_k(\boldsymbol{x}_0)|>0(k=1,2,\cdots,n)$，即$\boldsymbol{H}(\boldsymbol{x}_0)$为负定矩阵，则$f(\boldsymbol{x}_0)$是$f(\boldsymbol{x})$的极大值；

(3) 如果$\boldsymbol{H}(\boldsymbol{x}_0)$为不定矩阵，则$f(\boldsymbol{x}_0)$不是$f(\boldsymbol{x})$的极值；

(4) 如果$\boldsymbol{H}(\boldsymbol{x}_0)$为半正定矩阵或半负定矩阵，则$f(\boldsymbol{x}_0)$可能是$f(\boldsymbol{x})$的极值，也可能不是极值，需要利用其他方法来判定.

例 4.6.2 求函数$f(x_1,x_2,x_3)=x_1^3+x_2^3+x_3^3+3x_1x_2+3x_1x_3+3x_2x_3$的极值.

解 由

$$\begin{cases}f_1=3x_1^2+3x_2+3x_3=0,\\ f_2=3x_2^2+3x_1+3x_3=0,\\ f_3=3x_3^2+3x_1+3x_2=0.\end{cases}$$

解方程组得驻点$\boldsymbol{x}_0=(0,0,0)$，$\tilde{\boldsymbol{x}}_0=(-2,-2,-2)$.

又

$$f_{11}=6x_1,\ f_{12}=3,\ f_{13}=3,$$
$$f_{21}=3,\ f_{22}=6x_2,\ f_{23}=3,$$
$$f_{31}=3,\ f_{32}=3,\ f_{33}=6x_3,$$

故

$$\boldsymbol{H}(\boldsymbol{x}_0)=\begin{pmatrix}0&3&3\\3&0&3\\3&3&0\end{pmatrix},\quad \boldsymbol{H}(\tilde{\boldsymbol{x}}_0)=\begin{pmatrix}-12&3&3\\3&-12&3\\3&3&-12\end{pmatrix}.$$

(1) $|\boldsymbol{H}_1(\boldsymbol{x}_0)|=0$，$|\boldsymbol{H}_2(\boldsymbol{x}_0)|=-9$，$|\boldsymbol{H}_3(\boldsymbol{x}_0)|=54$. 故$\boldsymbol{H}(\boldsymbol{x}_0)$为不定矩阵，则在$\boldsymbol{x}_0=(0,0,0)$点处$f(\boldsymbol{x})$没有极值.

(2) $|\boldsymbol{H}_1(\tilde{\boldsymbol{x}}_0)|=-12$，$|\boldsymbol{H}_2(\tilde{\boldsymbol{x}}_0)|=135$，$|\boldsymbol{H}_3(\tilde{\boldsymbol{x}}_0)|=-1350$.

故$\boldsymbol{H}(\tilde{\boldsymbol{x}}_0)$为负定矩阵，则在$\tilde{\boldsymbol{x}}_0=(-2,-2,-2)$点处$f(\boldsymbol{x})$取极大值$f(-2,-2,-2)=12$.

4.6.3 二次曲面的化简问题

正交变换保持几何图形不变的这种几何特性，对于解决复杂的二次曲线或曲面的形状问题，具有很大的优越性. 在4.4节我们看到，任何一个二次齐次多项式，通过正交变换都可化为标准形. 由标准形的系数的取值特性就可以判断曲线或曲面的类型，从而利用几何意义就可以知道图形的由来. 一般的二次曲线或曲面方程，总可以利用正交变换和平移变换化为标准方程，进而得到二次曲线或曲面方程表示的图形.

例 4.6.3 化简二次曲面方程

$$f(x_1,x_2,x_3)=x_1^2+2x_2^2+3x_3^2-4x_1x_2-4x_2x_3-4x_1+6x_2+2x_3+1=0,$$

并指出它表示的是什么图形.

解 记 $\boldsymbol{A}=\begin{pmatrix}1&-2&0\\-2&2&-2\\0&-2&3\end{pmatrix}$，$\boldsymbol{x}=\begin{pmatrix}x_1\\x_2\\x_3\end{pmatrix}$，$\boldsymbol{\alpha}=\begin{pmatrix}-2\\3\\1\end{pmatrix}$，则二次曲面方程可以记为

$$f=\boldsymbol{x}^{\mathrm{T}}\boldsymbol{A}\boldsymbol{x}+2\boldsymbol{\alpha}^{\mathrm{T}}\boldsymbol{x}+1=0.$$

先求矩阵 $\boldsymbol{A}$ 的特征值，解特征方程 $|\boldsymbol{A}-\lambda\boldsymbol{E}|=\begin{vmatrix}1-\lambda&-2&0\\-2&2-\lambda&-2\\0&-2&3-\lambda\end{vmatrix}=0$，

得特征值 $\lambda_1=2$，$\lambda_2=5$，$\lambda_3=-1$.

当 $\lambda_1=2$ 时，求解齐次线性方程组 $(\boldsymbol{A}-2\boldsymbol{E})\boldsymbol{x}=\boldsymbol{0}$.由于

$$\boldsymbol{A}-2\boldsymbol{E}=\begin{pmatrix}-1&-2&0\\-2&0&-2\\0&-2&1\end{pmatrix}\sim\begin{pmatrix}1&0&1\\0&1&-\frac{1}{2}\\0&0&0\end{pmatrix},$$

得特征向量为 $\boldsymbol{\xi}_1=\left(-1,\frac{1}{2},1\right)^{\mathrm{T}}$，将其单位化得 $\boldsymbol{p}_1=\left(-\frac{2}{3},\frac{1}{3},\frac{2}{3}\right)^{\mathrm{T}}$.

当 $\lambda_2=5$ 时，求解齐次线性方程组 $(\boldsymbol{A}-5\boldsymbol{E})\boldsymbol{x}=\boldsymbol{0}$.由于

$$\boldsymbol{A}-5\boldsymbol{E}=\begin{pmatrix}-4&-2&0\\-2&-3&-2\\0&-2&-2\end{pmatrix}\sim\begin{pmatrix}1&0&-\frac{1}{2}\\0&1&1\\0&0&0\end{pmatrix},$$

得特征向量为 $\boldsymbol{\xi}_2=\left(\frac{1}{2},-1,1\right)^{\mathrm{T}}$，单位化得 $\boldsymbol{p}_2=\left(\frac{1}{3},-\frac{2}{3},\frac{2}{3}\right)^{\mathrm{T}}$.

当 $\lambda_3=-1$ 时，求解齐次线性方程组 $(\boldsymbol{A}+\boldsymbol{E})\boldsymbol{x}=\boldsymbol{0}$.由于

$$\boldsymbol{A}+\boldsymbol{E}=\begin{pmatrix}2&-2&0\\-2&3&-2\\0&-2&4\end{pmatrix}\sim\begin{pmatrix}1&0&-2\\0&1&-2\\0&0&0\end{pmatrix},$$

得特征向量为 $\boldsymbol{\xi}_3=(2,2,1)^{\mathrm{T}}$，将其单位化得 $\boldsymbol{p}_3=\left(\frac{2}{3},\frac{2}{3},\frac{1}{3}\right)^{\mathrm{T}}$.

于是得正交矩阵 $\boldsymbol{P}=\begin{pmatrix}-\frac{2}{3}&\frac{1}{3}&\frac{2}{3}\\\frac{1}{3}&-\frac{2}{3}&\frac{2}{3}\\\frac{2}{3}&\frac{2}{3}&\frac{1}{3}\end{pmatrix}$，使得 $\boldsymbol{P}^{\mathrm{T}}\boldsymbol{A}\boldsymbol{P}=\boldsymbol{\Lambda}=$

$\begin{pmatrix}2&&\\&5&\\&&-1\end{pmatrix}$. 进而正交变换 $\boldsymbol{x}=\boldsymbol{P}\boldsymbol{y}$ 将二次曲面方程化为

$$f=\boldsymbol{x}^{\mathrm{T}}\boldsymbol{A}\boldsymbol{x}+2\boldsymbol{\alpha}^{\mathrm{T}}\boldsymbol{x}+1=\boldsymbol{y}^{\mathrm{T}}\boldsymbol{\Lambda}\boldsymbol{y}+2\boldsymbol{\alpha}^{\mathrm{T}}\boldsymbol{P}\boldsymbol{y}+1=0,$$

即

$$2y_1^2+5y_2^2-y_3^2-6y_1-4y_2+2y_3+1=0,$$

配方得

$$2\left(y_1-\frac{3}{2}\right)^2+5\left(y_2-\frac{2}{5}\right)^2-(y_3-1)^2-\frac{33}{10}=0,$$

令 $\begin{cases}z_1=y_1-\dfrac{3}{2},\\ z_2=y_2-\dfrac{2}{5},\\ z_3=y_3-1,\end{cases}$ 则有 $2z_1^2+5z_2^2-z_3^2-\dfrac{33}{10}=0.$

从而原二次曲面方程化为 $2z_1^2+5z_2^2-z_3^2=\dfrac{33}{10}.$

因此，把空间坐标系绕原点进行旋转，进而得到新坐标系 $Oy_1y_2y_3$，并且满足相应坐标轴夹角分别为

$$\alpha=\arccos\left(-\frac{2}{3}\right),\ \beta=\arccos\left(-\frac{2}{3}\right),\gamma=\arccos\frac{1}{3},$$

再作一个坐标平移，得到坐标系 $Oz_1z_2z_3$ 下的方程 $2z_1^2+5z_2^2-z_3^2=\dfrac{33}{10}$，它表示空间中的一个单叶双曲面. 所以原二次曲面方程表示的是单叶双曲面.

4.6.4 主成分分析法

在实证问题研究中，为了全面、系统地分析问题，我们必须考虑众多影响因素. 这些涉及的因素一般称为指标，在多元统计分析中也称为变量. 因为每个变量都在不同程度上反映了所研究问题的某些信息，并且指标之间彼此有一定的相关性，因而所得的统计数据反映的信息在一定程度上有重叠. 在用统计方法研究多变量问题时，变量太多会增加计算量和增加分析问题的复杂性，人们希望在进行定量分析的过程中，涉及的变量较少，得到的信息量较多. 主成分分析正是适应这一要求产生的，是解决这类问题的理想工具.

主成分分析或称为主量分析（Principal Components Analysis）就是设法将原来的变量重新组合成一组新的互相无关的综合变量，根据实际需要取较少的综合变量尽可能多地反映原来变量的信息的统计方法. 从数学角度来看，这是一种降维处理技术. 主成分分析法是由霍林特（Hotelling）于 1933 年首次提出的，作为基础的

数学分析方法，其实际应用十分广泛，比如人口统计学、数量地理学、分子动力学模拟、数学建模、数理分析等学科中均有应用，是一种常用的多变量分析方法.

设某问题涉及 p 个指标 $\boldsymbol{X}_1$，$\boldsymbol{X}_2$，…，$\boldsymbol{X}_p$，每个指标 $\boldsymbol{X}_j$ 是一个随机变量，观察 n 个样品，设第 j 个样品的第 i 个指标的观测值为 x_{ij}，记

$$\boldsymbol{x}_1=\begin{pmatrix}x_{11}\\x_{21}\\\vdots\\x_{p1}\end{pmatrix},\boldsymbol{x}_2=\begin{pmatrix}x_{12}\\x_{22}\\\vdots\\x_{p2}\end{pmatrix},\cdots,\boldsymbol{x}_n=\begin{pmatrix}x_{1n}\\x_{2n}\\\vdots\\x_{pn}\end{pmatrix},$$

其中 $\boldsymbol{x}_1$，$\boldsymbol{x}_2$，…，$\boldsymbol{x}_n$ 称为观测数据向量，其构成的矩阵

$$\boldsymbol{X}=(\boldsymbol{x}_1,\boldsymbol{x}_2,\cdots,\boldsymbol{x}_n)=\begin{pmatrix}x_{11}&x_{12}&\cdots&x_{1n}\\x_{21}&x_{22}&\cdots&x_{2n}\\\vdots&\vdots&&\vdots\\x_{p1}&x_{p2}&\cdots&x_{pn}\end{pmatrix}$$

称为观测数据矩阵，记

$$\overline{\boldsymbol{x}}=\frac{1}{n}(\boldsymbol{x}_1+\boldsymbol{x}_2+\cdots+\boldsymbol{x}_n),$$

$\overline{\boldsymbol{x}}$称为 $\boldsymbol{X}$ 的样本均值. 对 $k=1$，2，…，n，令 $\hat{\boldsymbol{x}}_k=\boldsymbol{x}_k-\overline{\boldsymbol{x}}$，定义 $p\times n$ 矩阵

$$\boldsymbol{B}=(\hat{\boldsymbol{x}}_1,\hat{\boldsymbol{x}}_2,\cdots,\hat{\boldsymbol{x}}_n),$$

这样的矩阵 $\boldsymbol{B}$ 称为平均偏差形式.

（样本）协方差矩阵是一个 $p\times p$ 矩阵 $\boldsymbol{S}$，其定义为

$$\boldsymbol{S}=\frac{1}{n-1}\boldsymbol{B}\boldsymbol{B}^{\mathrm{T}}.$$

由于任何具有$\boldsymbol{B}\boldsymbol{B}^{\mathrm{T}}$ 形式的矩阵是半正定的，所以协方差矩阵 $\boldsymbol{S}$ 也是半正定的. 记 $\boldsymbol{S}=(s_{ij})_{p\times p}$，$\boldsymbol{S}$ 的对角线元素 s_{ii}为 $\boldsymbol{X}$ 的第 i 行（n 个样品的第 i 个指标形成的样本观测值）的样本方差，表示第 i 个指标观测值在不同样品中取值的分散性，同时称 $\mathrm{tr}\boldsymbol{S}=\sum_{i=1}^{p}s_{ii}$ 为样本的总方差，$\boldsymbol{S}$ 的非主对角线元素 $s_{ij}(i\neq j)$则表示 n 个样品不同指标观察值之间的关联程度，称为 $\boldsymbol{X}$ 的第 i 行与第 j 行的协方差.

第 i 个指标的方差的值 s_{ii}越大，表明第 i 个指标的重要性越强. 当各个指标之间的协方差 s_{ij}（$i\neq j$）为零或近似为零时，表示各个变量之间无关联或关联很弱，这时矩阵 $\boldsymbol{S}$ 为对角矩阵或近似为对角矩阵.

例 4.6.4 取 4 个指标作三次测量，每个指标的观测向量为

$$x_1=\begin{pmatrix}1\\2\\1\end{pmatrix},\ x_2=\begin{pmatrix}4\\2\\13\end{pmatrix},\ x_3=\begin{pmatrix}7\\8\\1\end{pmatrix},\ x_4=\begin{pmatrix}8\\4\\5\end{pmatrix},$$

计算样本均值和协方差矩阵.

解 样本均值是

$$\bar{x}=\frac{1}{4}\left[\begin{pmatrix}1\\2\\1\end{pmatrix}+\begin{pmatrix}4\\2\\13\end{pmatrix}+\begin{pmatrix}7\\8\\1\end{pmatrix}+\begin{pmatrix}8\\4\\5\end{pmatrix}\right]=\begin{pmatrix}5\\4\\5\end{pmatrix}.$$

从 x_1，x_2，…，x_n 中减去样本均值，得

$$\hat{x}_1=\begin{pmatrix}-4\\-2\\-4\end{pmatrix},\hat{x}_2=\begin{pmatrix}-1\\-2\\8\end{pmatrix},\hat{x}_3=\begin{pmatrix}2\\4\\-4\end{pmatrix},\hat{x}_4=\begin{pmatrix}3\\0\\0\end{pmatrix},$$

并且

$$B=\begin{pmatrix}-4&-1&2&3\\-2&-2&4&0\\-4&8&-4&0\end{pmatrix}.$$

于是协方差矩阵为

$$S=\frac{1}{3}\begin{pmatrix}-4&-1&2&3\\-2&-2&4&0\\-4&8&-4&0\end{pmatrix}\begin{pmatrix}-4&-2&-4\\-1&-2&8\\2&4&-4\\3&0&0\end{pmatrix}=\begin{pmatrix}10&6&0\\6&8&-8\\0&-8&32\end{pmatrix}.$$

在例 4.6.4 中，第 1 个指标的方差是 10，第 3 个指标的方差是 32. 32 大于 10 的事实表明，第 3 个指标比第 1 个指标更重要. 样本总方差为 $\mathrm{tr}S=\sum_{i=1}^{p}s_{ii}=10+8+32=50$. 因为 S 中的元素 $s_{13}=0$，即第 1 个指标和第 3 个指标的协方差为 0，则认为第 1 个指标和第 3 个指标之间无关联或关联很弱.

如果大部分或所有指标是无关的，即当 X 的协方差矩阵是对角矩阵或几乎是对角矩阵时，则 X 中多变量数据的分析可以简化.

矩阵 S 是实对称矩阵，所以，存在 $p\times p$ 正交矩阵 P，作正交变换 $B=PY$，使得 Y 的协方差矩阵 S_Y 为对角矩阵. 这里将 B 和 Y 均按行分块，记为

$$B=\begin{pmatrix}\hat{x}_1^{\mathrm{T}}\\\hat{x}_2^{\mathrm{T}}\\\vdots\\\hat{x}_p^{\mathrm{T}}\end{pmatrix},\ Y=\begin{pmatrix}y_1^{\mathrm{T}}\\y_2^{\mathrm{T}}\\\vdots\\y_p^{\mathrm{T}}\end{pmatrix},\ P=\begin{pmatrix}k_{11}&k_{12}&\cdots&k_{1p}\\k_{21}&k_{22}&\cdots&k_{2p}\\\vdots&\vdots&&\vdots\\k_{p1}&k_{p2}&\cdots&k_{pp}\end{pmatrix},$$

则
$$Y=P^{T}B,$$
即
$$y_1^{T}=k_{11}\hat{x}_1^{T}+k_{21}\hat{x}_2^{T}+\cdots+k_{p1}\hat{x}_p^{T},$$
$$y_2^{T}=k_{12}\hat{x}_1^{T}+k_{22}\hat{x}_2^{T}+\cdots+k_{p2}\hat{x}_p^{T},$$
$$\vdots$$
$$y_p^{T}=k_{1p}\hat{x}_1^{T}+k_{2p}\hat{x}_2^{T}+\cdots+k_{pp}\hat{x}_p^{T}.$$
其中 y_1^{T}，y_2^{T}，…，y_p^{T} 为由 $\hat{x}_1^{T}$，$\hat{x}_2^{T}$，…，$\hat{x}_p^{T}$ 组合而成的综合指标，而 Y 的协方差矩阵为
$$S_Y=\frac{1}{n-1}YY^{T}=\frac{1}{n-1}P^{T}B\,(P^{T}B)^{T}=P^{T}\left(\frac{1}{n-1}BB^{T}\right)P=P^{T}SP=\Lambda,$$
其中，S_Y 为对角矩阵，从而综合指标 y_1^{T}，y_2^{T}，…，y_p^{T} 之间是两两不相关的.

如上决定的综合指标 y_1^{T}，y_2^{T}，…，y_p^{T} 分别称为原指标 X_1，X_2，…，X_p 的第 1，2，…，p 个主成分，适当排列正交矩阵 P 的各列，使 λ_1，λ_2，…，λ_p 的值按由大到小的次序排列（λ_1，λ_2，…，λ_p 是矩阵的特征值），则指标 y_1^{T} 的方差在总方差中所占的比重最大，其余综合变量的方差依次递减. 在具体问题的分析中，一般只选取前几个方差较大的主成分，从而起到简化问题结构，抓住问题实质的目的.

实际应用中，常称 $\sigma_k=\dfrac{\lambda_k}{\sum\limits_{i=1}^{p}\lambda_i}$ 为第 k 个主成分 y_k^{T} 的方差贡献率，实用中保留主成分的个数 m 一般要求满足累积贡献率
$$\sum_{k=1}^{m}\sigma_k\geqslant 0.85.$$
大多数情况下，当 $m=3$ 时可以满足上述要求，这样对 p 个指标的样品，使用主成分分析法，能够用二维或三维空间的点来描出散点图，利用散点图可以对样品进行分类.

例 4.6.5　表 4.6.1 是 10 名初中男学生的身高（X_1）、胸围（X_2）、体重（X_3）的数据，试进行主成分分析.

表 4.6.1　身高、胸围、体重数据

身高（X_1）/cm	胸围（X_2）/cm	体重（X_3）/kg
149.5	69.5	38.5
162.5	77.0	55.5
162.7	78.5	50.8
162.2	87.5	65.5

（续）

身高（X_1）/cm	胸围（X_2）/cm	体重（X_3）/kg
156.5	74.5	49.0
156.1	74.5	45.5
172.0	76.5	51.0
173.2	81.5	59.5
159.5	74.5	43.5
157.7	79.0	53.5

解　由表中的数据计算得到，样本均值

$$\bar{\boldsymbol{x}}=\frac{1}{10}(\boldsymbol{x}_1+\boldsymbol{x}_2+\cdots+\boldsymbol{x}_{10})=(161.2,77.3,51.2)^{\mathrm{T}},$$

样本协方差矩阵

$$\boldsymbol{S}=\frac{1}{10-1}\boldsymbol{B}\boldsymbol{B}^{\mathrm{T}}=\begin{pmatrix}46.57 & 17.09 & 30.98\\ 17.09 & 21.11 & 32.58\\ 30.98 & 32.58 & 55.53\end{pmatrix}.$$

计算 $\boldsymbol{S}$ 的三个特征值和相应的标准正交化的特征向量为

$$\lambda_1=99.00,\lambda_2=22.79,\lambda_3=1.41,$$

$$\boldsymbol{u}_1=(0.56,0.42,0.71)^{\mathrm{T}},\boldsymbol{u}_2=(0.83,-0.33,-0.45)^{\mathrm{T}},\boldsymbol{u}_3=(0.05,0.84,-0.54)^{\mathrm{T}}.$$

由于三个主成分的贡献率分别为 $\frac{99.00}{123.20}=80.36\%$，$\frac{22.79}{123.20}=18.50\%$，$\frac{1.41}{123.20}=1.14\%$，当保留前两个主成分时，累积贡献率已达到 98.86%. 因此第三个成分可以舍去，得到前两个样本主成分的表达式为

$$y_1=0.56x_1+0.42x_2+0.71x_3,$$

$$y_2=0.83x_1-0.33x_2-0.45x_3.$$

现在我们可以来解释这两个主成分的意义. 从 y_1 的表达式可以看出，y_1 是身高、胸围、体重三个变量的加权和，当一个学生 y_1 的数值较大时，可以推断其或高或胖或又高又胖，故 y_1 是反映学生身材魁梧与否的综合指标. y_2 的表达式中系数的符号为一正（x_1）两负（x_2，x_3），当一个学生的 y_2 数值较大时，表明其 x_1 大，而 x_2，x_3 较小，即为瘦高个，故 y_2 是反映学生体形特征的综合指标.

需要指出的是，虽然利用主成分本身可对所涉及的变量之间的关系在一定程度上作分析，但往往并不意味着分析问题的结束. 主成分分析本身往往并不是最终的目的，而只是达到某种目的的一种手段. 很多情况下，主成分分析只是作为对原问题进行统计分析的一个中间步骤，目的是利用主成分变量替代原变量作进一

步的统计分析，达到减少变量个数的效果. 例如，利用主成分变量作回归分析、判别分析、聚类分析等.

例 4.6.6 二维平面有 5 个点，可以用 2×5 的矩阵 $\boldsymbol{X}$ 表示，即观测矩阵为

$$\boldsymbol{X}=\begin{pmatrix}1&2&3&4&5\\1&3&2&5&4\end{pmatrix},$$

$$\boldsymbol{B}=\begin{pmatrix}-2&-1&0&1&2\\-2&0&-1&2&1\end{pmatrix},$$

得到协方差矩阵为 $\boldsymbol{S}=\dfrac{1}{5-1}\boldsymbol{B}\boldsymbol{B}^{\mathrm{T}}=\begin{pmatrix}2&1.6\\1.6&2\end{pmatrix}$.

计算 $\boldsymbol{S}$ 的特征值和相应的标准正交化的特征向量为

$$\lambda_1=0.4,\lambda_2=3.6,$$

$$\boldsymbol{u}_1=(-0.7071,0.7071)^{\mathrm{T}},\boldsymbol{u}_2=(0.7071,0.7071)^{\mathrm{T}}.$$

将原数据降为一维，选择最大的特征值对应的特征向量，降维后的数据为

$$\begin{aligned}\boldsymbol{Y}&=\boldsymbol{P}^{\mathrm{T}}\boldsymbol{B}=(0.7071,0.7071)\begin{pmatrix}-2&-1&0&1&2\\-2&0&-1&2&1\end{pmatrix}\\&=(-2.8284,-0.7071,-0.7071,2.1213,2.1213).\end{aligned}$$

4.7 MATLAB 实验 4

本节的实验中，我们通过命令方式和程序文件方式完成本章部分知识点的计算.

4.7.1 求矩阵的特征值和特征向量

例 4.7.1 已知矩阵 $\boldsymbol{A}=\begin{pmatrix}-1&10&-2\\-1&2&1\\-2&10&-1\end{pmatrix}$，求 $\boldsymbol{A}$ 的特征值和特征向量.

解 在命令窗口输入以下代码：

```
>> A=[-1,10,-2;-1,2,1;-2,10,-1];
>> [Beta,lambda]=eig(A);   % lambda 是矩阵 A 的特征值所组成的矩阵
                           % Beta 是 lambda 所对应的特征向量
Beta =
     -0.8018    0.6667    0.7071
     -0.2673    0.3333    0.0000
```

```
    -0.5345    0.6667    0.7071
lambda =
      1.0000         0         0
           0    2.0000         0
           0         0   -3.0000
```

4.7.2 施密特正交化方法

例 4.7.2 将向量组 $\boldsymbol{\alpha}_1=\begin{pmatrix}1\\0\\-1\\1\end{pmatrix}$, $\boldsymbol{\alpha}_2=\begin{pmatrix}1\\-1\\0\\1\end{pmatrix}$, $\boldsymbol{\alpha}_3=\begin{pmatrix}-1\\1\\1\\0\end{pmatrix}$正交化.

解 在命令窗口输入以下命令:

```
>> a1=[1,0,-1,1]';
>> a2=[1,-1,0,1]';
>> a3=[-1,1,1,0]';
>> A=[a1,a2,a3];
>> P=orth(A)      % 将列向量组正交规范化
P =
    -0.6547    0.0000   -0.0000
     0.4364   -0.0000    0.8165
     0.4364   -0.7071   -0.4082
    -0.4364   -0.7071    0.4082
```

矩阵 P 的列构成了向量组的正交向量. 从矩阵 P 的元素可知, P 的列数即为 A 的秩, 故 A 矩阵的秩为 3, 所以原向量组是线性无关的.

4.7.3 方阵的对角化问题

例 4.7.3 判断矩阵 $\boldsymbol{A}=\begin{pmatrix}-1&0&3\\1&2&1\\2&0&4\end{pmatrix}$是否可以对角化, 若能对角化, 请找出其可逆矩阵 $\boldsymbol{P}$, 使得 $\boldsymbol{P}^{-1}\boldsymbol{A}\boldsymbol{P}=\boldsymbol{\Lambda}$.

解 在命令窗口输入以下命令:

```
>> A=[-1,0,3;1,2,1;2,0,4];
>> [Beta,lambda]=eig(A);
>> Lambda          %A 的特征根
lambda =
      2      0      0
      0     -2      0
```

```
    0     0    5
```

从 lambda 矩阵可以看出，矩阵 A 有三个不相同的特征值 2，-2，5，所以矩阵 Beta 的三个向量线性无关，即说明矩阵 A 可以对角化.

接下来在命令窗口进行验证：

```
>> result=Beta^(-1)* A* Beta
result =
      2.0000  -0.0000  -0.0000
           0  -2.0000  -0.0000
           0  -0.0000   5.0000
```

可见 result 矩阵与 lambda 矩阵相同.

4.7.4 用正交变换法化二次型为标准形

例 4.7.4 用正交变换法将二次型 $f(x_1,x_2,x_3)=4x_1^2+x_2^2+4x_3^2-4x_1x_2-8x_1x_3+4x_2x_3$ 化为标准形.

解 在 MATLAB 的 M 文件编辑器中，编写 Exp4.m 文件.

```
A=[4,-2,-4;-2,1,2;-4,2,4];  % 输入二次型对应的对称矩阵 A
[Beta,lambda]=eig(A);        % 其中矩阵 Beta 即为所求的正交矩阵,
                             % 矩阵 lambda 为对应的对角阵
disp('正交矩阵为:');
Beta
disp('对角矩阵为:');
lambda
syms y1 y2 y3 real;
Y=[y1,y2,y3];                % 定义新的表示符号
f=Y* lambda* Y';             % 计算标准形的二次型
disp('标准化的二次型为:');
disp(vpa(f,2))               % 化简 f,保留两位有效小数
```

在命令窗口输入：

```
>> Exp4.m
```

运行结果为：

```
正交矩阵为:
Beta =
    0.2068  -0.7161  -0.6667
   -0.7766  -0.5346   0.3333
    0.5951  -0.4488   0.6667
对角矩阵为:
lambda =
```

```
-0.0000         0         0
      0    0.0000         0
      0         0    9.0000
```

标准化的二次型为:

```
- 1.6e-15* y1^2 + 2.9e-16* y2^2 + 9.0* y3^2
```

注:因为 MATLAB 的计算精度,本例出现了 2.9e-16,1.6e-15,已经近似于 0,可以忽略. 最终的标准形仍然为 $f=9y_3^2$.

4.7.5 判断矩阵的正定性

例 4.7.5 判断矩阵 $\boldsymbol{A}=\begin{pmatrix}1&2&-2\\2&-2&1\\-2&1&2\end{pmatrix}$ 是否为正定矩阵?

解 判断矩阵的正定性,等价于判断该矩阵的特征值的正负.

在命令窗口输入下列命令:

```
>> A=[1,2,-2;2,-2,1;-2,1,2];
>> lambda=eig(A)
lambda =
        -3.6056
         1.0000
         3.6056
```

该例中,$\boldsymbol{A}$ 的特征值出现了负数,所以 $\boldsymbol{A}$ 非正定.

4.7.6 MATLAB 练习 4

请读者在 MATLAB 软件中完成以下练习:

1. 用 MATLAB 软件求下列矩阵的特征值和特征向量:

(1) $\boldsymbol{A}=\begin{pmatrix}4&-1&-2\\2&1&-2\\2&-1&0\end{pmatrix}$; (2) $\boldsymbol{B}=\begin{pmatrix}1&-1&0\\4&-3&0\\1&0&1\end{pmatrix}$;

(3) $\boldsymbol{C}=\begin{pmatrix}1&2&3\\2&1&3\\1&1&2\end{pmatrix}$.

2. 用 MATLAB 软件将下列向量组正交化:$\boldsymbol{\alpha}_1=\begin{pmatrix}1\\1\\1\end{pmatrix}$,$\boldsymbol{\alpha}_2=\begin{pmatrix}1\\2\\3\end{pmatrix}$,$\boldsymbol{\alpha}_3=\begin{pmatrix}1\\2\\9\end{pmatrix}$.

3. 判断第 1 题中 $\boldsymbol{A}$，$\boldsymbol{B}$，$\boldsymbol{C}$ 三个矩阵是否可以对角化，若能对角化，用 MATLAB 软件找出其可逆矩阵 $\boldsymbol{P}$，使得 $\boldsymbol{P}^{-1}\boldsymbol{AP}=\boldsymbol{\Lambda}$.

4. 编写 m 文件用正交变换法将下列二次型化为标准形：

$$f(x_1,x_2,x_3)=x_1^2+2x_2^2+2x_3^2+4x_2x_3.$$

5. 用 MATLAB 软件判断下列矩阵的正定性：

(1) $\boldsymbol{M}=\begin{pmatrix}-3&2&1\\2&-3&0\\1&0&-3\end{pmatrix}$；　(2) $\boldsymbol{N}=\begin{pmatrix}2&2&-2\\2&4&-2\\-2&-2&10\end{pmatrix}$；

(3) $\boldsymbol{P}=\begin{pmatrix}3&6&-3\\6&15&-12\\-3&-12&15\end{pmatrix}$；　(4) $\boldsymbol{Q}=\begin{pmatrix}1&2&3\\2&2&-1\\3&-1&5\end{pmatrix}$.

第 4 章复习

习题 4

1. 若 $\boldsymbol{A}^2=\boldsymbol{E}$，且 $\boldsymbol{A}\sim\boldsymbol{B}$，证明：$\boldsymbol{B}^2=\boldsymbol{E}$.

2. 已知 $\boldsymbol{A}_1\sim\boldsymbol{A}_2$，$\boldsymbol{B}_1\sim\boldsymbol{B}_2$，证明：$\begin{pmatrix}\boldsymbol{A}_1&\boldsymbol{O}\\\boldsymbol{O}&\boldsymbol{B}_1\end{pmatrix}\sim\begin{pmatrix}\boldsymbol{A}_2&\boldsymbol{O}\\\boldsymbol{O}&\boldsymbol{B}_2\end{pmatrix}$.

3. 求下列矩阵的特征值和特征向量：

(1) $\begin{pmatrix}-1&4&-2\\-3&4&0\\-3&1&3\end{pmatrix}$；(2) $\begin{pmatrix}1&-3&3\\3&-5&3\\6&-6&4\end{pmatrix}$；

(3) $\begin{pmatrix}3&-1&1\\2&0&1\\1&-1&2\end{pmatrix}$；(4) $\begin{pmatrix}1&-1&0\\1&3&0\\1&1&2\end{pmatrix}$.

4. 设 n 阶可逆矩阵 $\boldsymbol{A}$ 有特征值 λ，对应的特征向量为 $\boldsymbol{\alpha}$. 求 $\boldsymbol{A}^{-1}$，$\boldsymbol{A}^*$，$\boldsymbol{E}-\boldsymbol{A}^{-1}$的一个特征值和对应的特征向量.

5. 设 n 阶方阵 $\boldsymbol{A}$ 满足 $\boldsymbol{A}^2=\boldsymbol{A}$，证明：(1) $\boldsymbol{A}$ 的特征值只能是 0 或 1；(2) $\boldsymbol{A}+\boldsymbol{E}$ 可逆.

6. 已知 3 阶方阵的特征值为 1，2，3，且 $\boldsymbol{D}=\begin{pmatrix}(2\boldsymbol{A})^*&\boldsymbol{A}\\\boldsymbol{O}&\boldsymbol{A}^2+\boldsymbol{A}^{-1}\end{pmatrix}$，求 $\boldsymbol{D}$ 的特征值.

7. 判断下列矩阵能否相似对角化，若能则求出可逆矩阵 $\boldsymbol{P}$ 与对角矩阵 $\boldsymbol{\Lambda}$，若不能则说明理由.

(1) $\begin{pmatrix}1&1&-1\\1&-2&-1\\-3&1&3\end{pmatrix}$；　(2) $\begin{pmatrix}1&1&-1\\1&0&-1\\-3&1&3\end{pmatrix}$；

(3) $\begin{pmatrix}1&1&-1\\1&1&-1\\-3&-3&3\end{pmatrix}$.

8. 设 3 阶方阵 $\boldsymbol{A}$ 的特征值为 $\lambda_1=1$，$\lambda_2=0$，$\lambda_3=-1$，对应的特征向量依次为 $\boldsymbol{p}_1=(1,2,2)^{\mathrm{T}}$，$\boldsymbol{p}_2=(2,-2,1)^{\mathrm{T}}$，$\boldsymbol{p}_3=(-2,-1,2)^{\mathrm{T}}$，求 $\boldsymbol{A}$.

9. 设 $\boldsymbol{A}=\begin{pmatrix}0&0&1\\-x&1&y\\1&0&0\end{pmatrix}$有三个线性无关的特征向量，求 x 和 y 应满足的条件.

10. 已知$\boldsymbol{p}=(1,1,-1)^{\mathrm{T}}$是矩阵$\boldsymbol{A}=\begin{pmatrix}2&-1&2\\5&a&3\\-1&b&-2\end{pmatrix}$的一个特征向量.

(1) 求 a 和 b 及特征向量 $\boldsymbol{p}$ 所对应的特征值；(2) 问 $\boldsymbol{A}$ 能不能相似对角化？并说明理由.

11. 设 $\boldsymbol{A}=\begin{pmatrix}1&0&-1\\0&1&0\\-2&1&0\end{pmatrix}$与 $\boldsymbol{B}=\begin{pmatrix}2&3&3\\2&1&0\\a&b&c\end{pmatrix}$相似，求 a，b，c 和可逆矩阵 $\boldsymbol{P}$，使得 $\boldsymbol{P}^{-1}\boldsymbol{AP}=\boldsymbol{B}$.

12. 设 n 阶方阵 $\boldsymbol{A}$ 满足 $\boldsymbol{A}^2-2\boldsymbol{A}-3\boldsymbol{E}=\boldsymbol{O}$，证明 $\boldsymbol{A}$ 能相似对角化.

13. 试求一个正交的相似变换矩阵，使下列对称矩阵相似于对角矩阵：

(1) $\begin{pmatrix}3&1&1\\1&2&0\\1&0&2\end{pmatrix}$; (2) $\begin{pmatrix}1&-2&2\\-2&-2&4\\2&4&-2\end{pmatrix}$;

(3) $\begin{pmatrix}0&1&0&0\\1&0&0&0\\0&0&0&1\\0&0&1&0\end{pmatrix}$.

14. 设 3 阶对称矩阵 $\boldsymbol{A}$ 的特征值为 $\lambda_1=6$，$\lambda_2=\lambda_3=3$，对应于特征值 $\lambda_1=6$ 的特征向量为 $\boldsymbol{p}_1=(1,1,1)^{\mathrm{T}}$，求 $\boldsymbol{A}$.

15. 已知 $\boldsymbol{A}$ 是 3 阶实对称矩阵，且满足 $\boldsymbol{A}^3+3\boldsymbol{A}^2+6\boldsymbol{A}+4\boldsymbol{E}=\boldsymbol{O}$，证明 $\boldsymbol{A}=-\boldsymbol{E}$.

16. 已知 $\boldsymbol{A}$ 是 n 阶实对称矩阵，$\boldsymbol{A}^2=\boldsymbol{A}$，秩 $R(\boldsymbol{A})=r$，求行列式 $|\boldsymbol{A}+2\boldsymbol{E}|$ 的值.

17. 设 $\boldsymbol{A}$ 是 n 阶实对称矩阵，且 $\boldsymbol{A}^m=\boldsymbol{O}$，证明 $\boldsymbol{A}=\boldsymbol{O}$.

18. 设 $\boldsymbol{A}$ 和 $\boldsymbol{B}$ 都是 n 阶实对称矩阵，若有正交矩阵 $\boldsymbol{Q}$ 使 $\boldsymbol{Q}^{-1}\boldsymbol{A}\boldsymbol{Q}$ 及 $\boldsymbol{Q}^{-1}\boldsymbol{B}\boldsymbol{Q}$ 都是对角矩阵，证明 $\boldsymbol{AB}$ 是对称矩阵.

19. 设 $\boldsymbol{A}$ 是 n 阶实对称矩阵，且特征值 $\lambda_i>0$，$i=1,2,\cdots,n$，证明存在实对称矩阵 $\boldsymbol{B}$，使得 $\boldsymbol{A}=\boldsymbol{B}^2$.

20. 设 $\boldsymbol{A}=\begin{pmatrix}-1&0&0\\2&1&2\\3&1&2\end{pmatrix}$，求 $\boldsymbol{A}^{10}$.

21. 设 3 阶方阵 $\boldsymbol{A}$ 的特征值为 $\lambda_1=1$，$\lambda_2=2$，$\lambda_3=3$，对应的特征向量依次为 $\boldsymbol{p}_1=(1,1,1)^{\mathrm{T}}$，$\boldsymbol{p}_2=(1,2,4)^{\mathrm{T}}$，$\boldsymbol{p}_3=(1,3,9)^{\mathrm{T}}$. 又向量 $\boldsymbol{\beta}=(1,1,3)^{\mathrm{T}}$，求 $\boldsymbol{A}^n\boldsymbol{\beta}$.

22. 用矩阵记号表示下列二次型：

(1) $f(x_1,x_2,x_3)=x_1^2+3x_2^2-2x_3^2+8x_1x_2-10x_2x_3$;

(2) $f(x_1,x_2,x_3,x_4)=x_1^2+x_2^2+x_3^2+x_4^2-2x_1x_2+4x_1x_3-2x_1x_4+6x_2x_3-4x_2x_4$.

23. 写出下列二次型的矩阵：

(1) $f(\boldsymbol{x})=\boldsymbol{x}^{\mathrm{T}}\begin{pmatrix}1&-1\\3&2\end{pmatrix}\boldsymbol{x}$;

(2) $f(\boldsymbol{x})=\boldsymbol{x}^{\mathrm{T}}\begin{pmatrix}1&3&4\\1&3&2\\6&0&6\end{pmatrix}\boldsymbol{x}$.

24. 求正交变换 $\boldsymbol{x}=\boldsymbol{Q}\boldsymbol{y}$，将下列二次型化为标准形：

(1) $f(x_1,x_2,x_3)=2x_1^2+3x_2^2+3x_3^2+4x_2x_3$;

(2) $f(x_1,x_2,x_3)=2x_1^2+2x_2^2+2x_3^2+2x_1x_2+2x_1x_3+2x_2x_3$;

(3) $f(x_1,x_2,x_3,x_4)=x_1^2+x_2^2+x_3^2+x_4^2+2x_1x_2-2x_1x_4-2x_2x_3+2x_3x_4$.

25. 已知二次曲面方程 $x^2+ay^2+z^2+2bxy+2xz+2yz=4$ 可以经正交变换

$$\begin{pmatrix}x\\y\\z\end{pmatrix}=\boldsymbol{P}\begin{pmatrix}\boldsymbol{\zeta}\\\boldsymbol{\eta}\\\boldsymbol{\xi}\end{pmatrix}$$

化为椭圆柱面方程 $\boldsymbol{\eta}^2+4\boldsymbol{\xi}^2=4$ 求 a，b 的值及正交矩阵 $\boldsymbol{P}$.

26. 已知二次型 $f(x_1,x_2,x_3)=5x_1^2+5x_2^2+cx_3^2-2x_1x_2+6x_1x_3-6x_2x_3$ 的秩为 2，求正交变换 $\boldsymbol{x}=\boldsymbol{Q}\boldsymbol{y}$ 将二次型化为标准形.

27. 试用正交变换法、配方法和初等变换法将二次型 $f(x_1,x_2,x_3)=2x_1x_2-2x_1x_3+2x_2x_3$ 化为标准形，并写出相应的坐标变换及正惯性指数和负惯性指数.

28. 判别下列二次型的正定性：

(1) $f(x_1,x_2,x_3)=-2x_1^2-6x_2^2-4x_3^2+2x_1x_2+2x_1x_3$;

(2) $f(x_1,x_2,x_3,x_4)=x_1^2+3x_2^2+9x_3^2+19x_4^2-2x_1x_2+4x_1x_3+2x_1x_4-6x_2x_4-12x_3x_4$;

(3) $f(x_1,x_2,x_3)=x_1^2+2x_2^2+5x_3^2+2x_1x_2+2x_1x_3+6x_2x_3$;

(4) $f(x_1,x_2,x_3)=x_1^2-2x_2^2-2x_3^2-4x_1x_2+4x_1x_3+8x_2x_3$.

29. 已知二次型

$$f(x_1,x_2,x_3)=11x_1^2+2x_2^2+5x_3^2+4x_1x_2+16x_1x_3-20x_2x_3+k(x_1^2+x_2^2+x_3^2)$$

通过正交变换 $\boldsymbol{x}=\boldsymbol{Q}\boldsymbol{y}$ 化为 $f=-5y_1^2+13y_2^2+22y_3^2$.

(1) 求 k 和正交矩阵 $\boldsymbol{Q}$；(2) 求使 f 正定的 k 的取值范围.

30. 已知 $\boldsymbol{A}$ 是实对称矩阵，且满足 $\boldsymbol{A}^2-5\boldsymbol{A}+6\boldsymbol{E}=\boldsymbol{O}$，证明 $\boldsymbol{A}$ 是正定矩阵.

31. 设 $\boldsymbol{A}$ 为 m 阶正定矩阵，$\boldsymbol{B}$ 为 $m\times n$ 矩阵，证明：$\boldsymbol{B}^{\mathrm{T}}\boldsymbol{A}\boldsymbol{B}$ 为正定矩阵的充分必要条件是 $R(\boldsymbol{B})=n$.

32. 设 $\boldsymbol{A}$ 为 3 阶实对称矩阵，且满足 $\boldsymbol{A}^2+2\boldsymbol{A}=\boldsymbol{O}$，已知 $\boldsymbol{A}$ 的秩为 2，(1) 求 $\boldsymbol{A}$ 的特征值；(2) 问当 k 取何值时，$\boldsymbol{A}+k\boldsymbol{E}$ 为正定矩阵?

部分习题答案或提示

习题 1

1.（1）仅零解；（2）$C_1\begin{pmatrix}-\frac{9}{7}\\ \frac{1}{7}\\ 1\\ 0\end{pmatrix}+C_2\begin{pmatrix}\frac{1}{2}\\ -\frac{1}{2}\\ 0\\ 1\end{pmatrix}$.

2.（1）$\begin{cases}x_1=1,\\ x_2=-2,\\ x_3=-3;\end{cases}$（2）无解；（3）$\begin{cases}x_1=-1\\ x_2=1\\ x_3=3\\ x_4=-1\end{cases}$；（4）无解 .

3.（1）$\lambda\neq2$ 且 $\lambda\neq-5$；（2）$\lambda=2$ 或 $\lambda=-5$.

4. 当 $\lambda\neq12$ 且 $\lambda\neq\pm1$ 时，无解；当 $\lambda=12$ 时有唯一解 $x_1=\frac{1}{2}$，$x_2=1$；当 $\lambda=1$ 时有唯一解 $x_1=-5$，$x_2=1$；当 $\lambda=-1$ 时有唯一解 $x_1=-\frac{1}{11}$，$x_2=-\frac{15}{11}$.

5. 当 $a\neq-1$ 时，有唯一解 $\boldsymbol{x}=\begin{pmatrix}-\frac{2b}{a+1}\\ -2-\frac{2b}{a+1}\\ \frac{b}{a+1}\\ 0\end{pmatrix}$；当 $a=-1$ 且 $b\neq0$ 时，无解；当 $a=-1$ 且 $b=0$ 时，有无穷多解，这时 $\boldsymbol{x}=C_1\begin{pmatrix}-2\\ 1\\ 1\\ 0\end{pmatrix}+C_2\begin{pmatrix}1\\ -2\\ 0\\ 1\end{pmatrix}+\begin{pmatrix}0\\ 1\\ 0\\ 0\end{pmatrix}$.

6. 当$t\neq-2$时，无解；当$t=-2$时，有无穷多解，其中，$p\neq-8$时，解为$\begin{cases}x_1=-1+C,\\x_2=1-2C,\\x_3=0,\\x_4=C,\end{cases}$ $p=-8$时，

解为$\begin{cases}x_1=-1+4C_1+C_2,\\x_2=1-2C_1-2C_2,\\x_3=C_1,\\x_4=C_2.\end{cases}$

7. 略.

8. 略.

9. (1) $R(\boldsymbol{A})=2$；(2) $R(\boldsymbol{A})=3$；(3) $R(\boldsymbol{A})=3$；(4) $R(\boldsymbol{A})=2$.

10. $\boldsymbol{x}=\left(-\dfrac{3}{2},-3,-\dfrac{9}{2},-6\right)^{\mathrm{T}}$.

11. $\boldsymbol{X}=\begin{pmatrix}\dfrac{4}{3} & -1 & 1\\ -\dfrac{1}{3} & \dfrac{1}{3} & 1\end{pmatrix}$.

12. (1) 10；(2) $\begin{pmatrix}2 & -6\\1 & -3\\3 & -9\end{pmatrix}$；(3) $\begin{pmatrix}10 & -10 & 8\\22 & -10 & 4\\-14 & 16 & -9\end{pmatrix}$；(4) $\begin{pmatrix}1 & n & \mathrm{C}_n^2\\0 & 1 & n\\0 & 0 & 1\end{pmatrix}$.

13. $3\boldsymbol{E}$.

14. $\begin{pmatrix}3 & 0 & 0\\0 & 2 & 0\\0 & 0 & 1\end{pmatrix}$.

15. (1) $10^{25}\boldsymbol{E}$，$10^{25}\begin{pmatrix}3 & 1\\1 & -3\end{pmatrix}$；(2) $-8^{99}\begin{pmatrix}2 & 4 & 8\\1 & 2 & 4\\-3 & -6 & -12\end{pmatrix}$.

16. (1) $\begin{pmatrix}2 & -23\\0 & 8\end{pmatrix}$；(2) $\begin{pmatrix}2 & -1 & 0\\1 & 3 & -4\\1 & 0 & -2\end{pmatrix}$；(3) $\begin{pmatrix}-2 & 2 & 1\\-\dfrac{8}{3} & 5 & -\dfrac{2}{3}\end{pmatrix}$.

17. $\dfrac{1}{3}\begin{pmatrix}1+2^{13} & 4+2^{13}\\-1-2^{11} & -4-2^{11}\end{pmatrix}=\begin{pmatrix}2731 & 2732\\-683 & -684\end{pmatrix}$.

18. $\boldsymbol{O}$.

19. $\begin{pmatrix} a_{11}+a_{13} & a_{12} & a_{13} \\ a_{31}+a_{33} & a_{32} & a_{33} \\ a_{21}+a_{23} & a_{22} & a_{23} \end{pmatrix}$；$\begin{pmatrix} a_{11} & a_{12} & a_{13} \\ a_{11}+a_{31} & a_{12}+a_{32} & a_{13}+a_{33} \\ a_{21} & a_{22} & a_{23} \end{pmatrix}$；$\begin{pmatrix} a_{11}+a_{12} & a_{13} & a_{12} \\ a_{21}+a_{22} & a_{23} & a_{22} \\ a_{31}+a_{32} & a_{33} & a_{32} \end{pmatrix}$.

20. $\boldsymbol{X}=((\boldsymbol{B}-\boldsymbol{A})^{\mathrm{T}})^{-1}=\begin{pmatrix} 1 & 0 & 0 & 0 \\ -2 & 1 & 0 & 0 \\ -3 & -2 & 1 & 0 \\ -4 & -3 & -2 & 1 \end{pmatrix}$.

21. $\frac{1}{3}(\boldsymbol{A}+2\boldsymbol{E})$；$\frac{1}{3}\boldsymbol{A}$；$(\boldsymbol{A}+2\boldsymbol{E})^{-1}$.

22. (1) 略. (2) $\begin{pmatrix} 1 & \frac{1}{2} & 0 \\ -\frac{1}{3} & 1 & 0 \\ 0 & 0 & 2 \end{pmatrix}$.　23. 略.　24. 略.

25. $\begin{pmatrix} \frac{3}{25} & \frac{4}{25} & 0 & 0 \\ \frac{4}{25} & -\frac{3}{25} & 0 & 0 \\ 0 & 0 & \frac{1}{2} & -1 \\ 0 & 0 & 0 & \frac{1}{2} \end{pmatrix}$.

26. (1) $\begin{pmatrix} \boldsymbol{O} & \boldsymbol{B}^{-1} \\ \boldsymbol{A}^{-1} & \boldsymbol{O} \end{pmatrix}$；(2) $\begin{pmatrix} \boldsymbol{A}^{-1} & -\boldsymbol{A}^{-1}\boldsymbol{C}\boldsymbol{B}^{-1} \\ \boldsymbol{O} & \boldsymbol{B}^{-1} \end{pmatrix}$；(3) $\begin{pmatrix} \boldsymbol{A}^{-1} & \boldsymbol{O} \\ -\boldsymbol{B}^{-1}\boldsymbol{C}\boldsymbol{A}^{-1} & \boldsymbol{B}^{-1} \end{pmatrix}$.

27. $\boldsymbol{P}=\begin{pmatrix} \boldsymbol{E}_4 & \boldsymbol{B} \\ \boldsymbol{O} & \boldsymbol{E}_2-\boldsymbol{AB} \end{pmatrix}\begin{pmatrix} (\boldsymbol{E}_4-\boldsymbol{BA})^{-1} & -\boldsymbol{B}(\boldsymbol{E}_2-\boldsymbol{AB})^{-1} \\ -\boldsymbol{A}(\boldsymbol{E}_4-\boldsymbol{BA})^{-1} & (\boldsymbol{E}_2-\boldsymbol{AB})^{-1} \end{pmatrix}=\begin{pmatrix} \boldsymbol{E}_4 & \boldsymbol{O} \\ -\boldsymbol{A} & \boldsymbol{E}_2 \end{pmatrix}$.

注意：可证明 $(\boldsymbol{E}_2-\boldsymbol{AB})\boldsymbol{A}(\boldsymbol{E}_4-\boldsymbol{BA})=\boldsymbol{A}$.

习题 2

1. (1) -2 或 3；(2) $\frac{5}{2}$；(3) 0；(4) 16；(5) 7；(6) 1；(7) -16；(8) 1；

(9) $\begin{pmatrix} 6 & 0 \\ 0 & 6 \end{pmatrix}$；(10) $\frac{1}{ad-bc}\begin{pmatrix} d & -b \\ -c & a \end{pmatrix}$.

2. (1) 5；(2) 0；(3) $4abcdef$；(4) $(x-2)(x-1)(x+1)$.

3. (1) 0；(2) -1800；(3) $abcf$；(4) $10a^3$.

4. $x=0$ 或 $x=\pm 2a$.

5. (1) a^n-a^{n-2}；(2) $n!(n-1)!(n-2)!(n-3)!\cdots 3!\times 2!\times 1$.

6. $A_{41}+A_{42}+A_{43}+A_{44}=0$，$M_{41}+M_{42}+M_{43}+M_{44}=-66$.

7. 120.

8. 无.

9. $k=-1$ 或 $k=-3$.

10. -16.

11. (1) $\begin{pmatrix} 1 & 0 & 0 \\ -1 & 1 & 0 \\ -2 & 1 & 1 \end{pmatrix}$； (2) $\begin{pmatrix} 0 & 0 & 1 \\ 0 & \frac{1}{2} & 0 \\ \frac{1}{3} & 0 & 0 \end{pmatrix}$.

12. $R(\boldsymbol{A})=3$. 13. 略.

习题 3

1. (1) $\begin{pmatrix} 1 & -1 & 0 & 0 \\ 0 & 1 & -1 & 0 \\ 0 & 0 & 1 & -1 \\ -1 & 0 & 0 & 1 \end{pmatrix}\begin{pmatrix} x_1 \\ x_2 \\ x_3 \\ x_4 \end{pmatrix}=\begin{pmatrix} 1 \\ 2 \\ 1 \\ a \end{pmatrix}$； $x_1\begin{pmatrix} 1 \\ 0 \\ 0 \\ -1 \end{pmatrix}+x_2\begin{pmatrix} -1 \\ 1 \\ 0 \\ 0 \end{pmatrix}+x_3\begin{pmatrix} 0 \\ -1 \\ 1 \\ 0 \end{pmatrix}+x_4\begin{pmatrix} 0 \\ 0 \\ -1 \\ 1 \end{pmatrix}=\begin{pmatrix} 1 \\ 2 \\ 1 \\ a \end{pmatrix}$.

(2) $\begin{pmatrix} 1 & -1 & 0 & 0 \\ 0 & 1 & -1 & 0 \\ 0 & 0 & 1 & -1 \end{pmatrix}\begin{pmatrix} x_1 \\ x_2 \\ x_3 \\ x_4 \end{pmatrix}=\begin{pmatrix} -1 \\ 2 \\ 1 \end{pmatrix}$； $x_1\begin{pmatrix} 1 \\ 0 \\ 0 \end{pmatrix}+x_2\begin{pmatrix} -1 \\ 1 \\ 0 \end{pmatrix}+x_3\begin{pmatrix} 0 \\ -1 \\ 1 \end{pmatrix}+x_4\begin{pmatrix} 0 \\ 0 \\ -1 \end{pmatrix}=\begin{pmatrix} -1 \\ 2 \\ 1 \end{pmatrix}$.

(3) $\begin{pmatrix} 1 & -1 & 0 & 0 \\ 0 & 1 & -1 & 0 \\ 0 & 0 & 1 & -1 \\ 0 & 0 & 0 & 1 \end{pmatrix}\begin{pmatrix} x_1 \\ x_2 \\ x_3 \\ x_4 \end{pmatrix}=\begin{pmatrix} 1 \\ 2 \\ 1 \\ a \end{pmatrix}$； $x_1\begin{pmatrix} 1 \\ 0 \\ 0 \\ 0 \end{pmatrix}+x_2\begin{pmatrix} -1 \\ 1 \\ 0 \\ 0 \end{pmatrix}+x_3\begin{pmatrix} 0 \\ -1 \\ 1 \\ 0 \end{pmatrix}+x_4\begin{pmatrix} 0 \\ 0 \\ -1 \\ 1 \end{pmatrix}=\begin{pmatrix} 1 \\ 2 \\ 1 \\ a \end{pmatrix}$.

2. (1) $\boldsymbol{b}$ 能被向量组 A 线性表示. (2) $\boldsymbol{b}$ 不能被向量组 A 线性表示.

3. (1) 线性相关；(2) 线性无关；(3) 线性相关.

4. 当 $a=5$ 时，$\boldsymbol{a}_1$，$\boldsymbol{a}_2$，$\boldsymbol{a}_3$ 线性相关；当 $a\neq5$ 时，$\boldsymbol{a}_1$，$\boldsymbol{a}_2$，$\boldsymbol{a}_3$ 线性无关. 5. 略. 6. 略.

7. (1) 秩为 3，所给向量组线性无关，其极大无关组就是其本身；

(2) 所给向量组线性无关，秩为 2，其极大无关组就是其本身；

(3) 秩为 0，无极大无关组；

(4) 秩为 1，极大无关组就是所给向量；

(5) 秩为 3，极大无关组为 $\begin{pmatrix} 1 \\ 0 \\ 1 \\ 0 \\ 1 \end{pmatrix}$，$\begin{pmatrix} 0 \\ 1 \\ 0 \\ 1 \\ 0 \end{pmatrix}$，$\begin{pmatrix} 2 \\ 1 \\ 0 \\ 1 \\ 2 \end{pmatrix}$；且 $\begin{pmatrix} 2 \\ 1 \\ 2 \\ 1 \\ 2 \end{pmatrix}=2\begin{pmatrix} 1 \\ 0 \\ 1 \\ 0 \\ 1 \end{pmatrix}+\begin{pmatrix} 0 \\ 1 \\ 0 \\ 1 \\ 0 \end{pmatrix}+0\begin{pmatrix} 2 \\ 1 \\ 0 \\ 1 \\ 2 \end{pmatrix}$；

（6）秩为3，取极大无关组$\begin{pmatrix}1\\3\\2\\0\end{pmatrix},\begin{pmatrix}2\\-1\\0\\1\end{pmatrix},\begin{pmatrix}2\\-1\\4\\1\end{pmatrix}$；$\begin{pmatrix}7\\0\\14\\3\end{pmatrix}=\begin{pmatrix}1\\3\\2\\0\end{pmatrix}+0\begin{pmatrix}2\\-1\\0\\1\end{pmatrix}+3\begin{pmatrix}2\\-1\\4\\1\end{pmatrix}$；$\begin{pmatrix}5\\1\\6\\2\end{pmatrix}=\begin{pmatrix}1\\3\\2\\0\end{pmatrix}+\begin{pmatrix}2\\-1\\0\\1\end{pmatrix}+\begin{pmatrix}2\\-1\\4\\1\end{pmatrix}$.

8. 略.　9. 略.　10. 略.　11. 略.　12. 略.

13. $k=1$.

14. 略.　15. 略.　16. 略.

17. $\begin{pmatrix}-1\\1\\0\end{pmatrix},\begin{pmatrix}-1\\0\\1\end{pmatrix}$.

18.（1）$\boldsymbol{\zeta}=\begin{pmatrix}4\\-9\\4\\3\end{pmatrix}$；　（2）$\boldsymbol{\zeta}_1=\begin{pmatrix}-4\\5\\0\\0\\0\end{pmatrix},\boldsymbol{\zeta}_2=\begin{pmatrix}-3\\0\\5\\0\\0\end{pmatrix},\boldsymbol{\zeta}_3=\begin{pmatrix}-2\\0\\0\\5\\0\end{pmatrix},\boldsymbol{\zeta}_4=\begin{pmatrix}-1\\0\\0\\0\\5\end{pmatrix}$.

19.（1）特解$\boldsymbol{\eta}=\begin{pmatrix}-1\\1\\0\\0\end{pmatrix}$. 基础解系含两个向量$\boldsymbol{\xi}_1=\begin{pmatrix}8\\-6\\1\\0\end{pmatrix},\boldsymbol{\xi}_2=\begin{pmatrix}-7\\5\\0\\1\end{pmatrix}$，通解为$c_1\boldsymbol{\zeta}_1+c_2\boldsymbol{\zeta}_2+\boldsymbol{\eta}$，$c_1,c_2\in\mathbf{R}$.

（2）特解$\boldsymbol{\eta}=\begin{pmatrix}0\\0\\0\\0\\1\end{pmatrix}$，基础解系为$\boldsymbol{\xi}_1=\begin{pmatrix}1\\0\\0\\0\\0\end{pmatrix},\boldsymbol{\xi}_2=\begin{pmatrix}0\\1\\0\\0\\-4\end{pmatrix},\boldsymbol{\xi}_3=\begin{pmatrix}0\\0\\1\\0\\-3\end{pmatrix},\boldsymbol{\xi}_4=\begin{pmatrix}0\\0\\0\\1\\-2\end{pmatrix}$；

通解为

$$c_1\boldsymbol{\zeta}_1+c_2\boldsymbol{\zeta}_2+c_3\boldsymbol{\zeta}_3+c_4\boldsymbol{\zeta}_4+\boldsymbol{\eta},c_1,c_2,c_3,c_4\in\mathbf{R}.$$

20. $\boldsymbol{\xi}_1=\boldsymbol{x}_1-\boldsymbol{x}_2=(2,2,1,-4,1)^{\mathrm{T}}$，$\boldsymbol{\xi}_2=\boldsymbol{x}_1-\boldsymbol{x}_3=(2,-5,1,-1,0)^{\mathrm{T}}$.通解为$c_1\boldsymbol{\xi}_1+c_2\boldsymbol{\xi}_2+\boldsymbol{x}_3$.

21. $c(\boldsymbol{x}_2-\boldsymbol{x}_1)+\boldsymbol{x}_1=c(-1,-5,2)^{\mathrm{T}}+(1,4,-1)^{\mathrm{T}}$.

22. 略.

23.（1）$\boldsymbol{\beta}_1=\begin{pmatrix}1\\1\\1\end{pmatrix}$；$\boldsymbol{\beta}_2=\begin{pmatrix}-1\\0\\1\end{pmatrix}$；$\boldsymbol{\beta}_3=\begin{pmatrix}1\\-2\\1\end{pmatrix}$，单位化即可.

（2）$\boldsymbol{\beta}_1=\begin{pmatrix}1\\1\\2\\3\end{pmatrix}$，$\boldsymbol{\beta}_2\begin{pmatrix}-\frac{4}{3}\\\frac{2}{3}\\\frac{10}{3}\\-2\end{pmatrix}$，单位化即可.

24. (1) 不是，列向量组不正交；(2) 是，列向量组是正交规范组.

25. $\lambda=-1$；$\boldsymbol{b}_1=\boldsymbol{a}_1-2\boldsymbol{a}_2-\boldsymbol{a}_3$，$\boldsymbol{b}_2=\boldsymbol{a}_1+\boldsymbol{a}_2-\boldsymbol{a}_3$，且 $\|\boldsymbol{b}_1\|=\sqrt{[\boldsymbol{b}_1,\boldsymbol{b}_1]}=\sqrt{6}$，$\|\boldsymbol{b}_2\|=\sqrt{[\boldsymbol{b}_2,\boldsymbol{b}_2]}=\sqrt{3}$.

26. (1) $\boldsymbol{b}=\left(0,\frac{1}{\sqrt{2}},-\frac{1}{\sqrt{2}}\right)^{\mathrm{T}}$；(2) $\boldsymbol{b}_1=\boldsymbol{a}_1=\begin{pmatrix}1\\1\\1\end{pmatrix}$，$\boldsymbol{b}_2=\begin{pmatrix}\frac{4}{3}\\-\frac{2}{3}\\-\frac{2}{3}\end{pmatrix}$，单位化即可.

27. $\begin{pmatrix}2&3&4\\-0&-1&0\\-1&0&-1\end{pmatrix}$

28. $(2,1,2)^{\mathrm{T}}$.

习题 4

1. 略.

2. 略.

3. (1) 特征值为 $\lambda_1=1$，$\lambda_2=2$，$\lambda_3=3$；特征值 $\lambda_1=1$ 对应的特征向量为 $\boldsymbol{p}_1=(1,1,1)^{\mathrm{T}}$；特征值 $\lambda_2=2$ 对应的特征向量为 $\boldsymbol{p}_2=(2,3,3)^{\mathrm{T}}$；特征值 $\lambda_3=3$ 对应的特征向量为$\boldsymbol{p}_3=(1,3,4)^{\mathrm{T}}$.

(2) 特征值为 $\lambda_1=4$，$\lambda_2=\lambda_3=-2$；特征值 $\lambda_1=4$ 对应的特征向量为 $\boldsymbol{p}_1=(1,1,2)^{\mathrm{T}}$；特征值 $\lambda_2=\lambda_3=-2$ 对应的特征向量为 $\boldsymbol{p}_2=(1,1,0)^{\mathrm{T}}$，$\boldsymbol{p}_3=(-1,0,1)^{\mathrm{T}}$.

(3) 特征值为 $\lambda_1=1$，$\lambda_2=\lambda_3=2$；特征值 $\lambda_1=1$ 对应的特征向量为 $\boldsymbol{p}_1=(0,1,1)^{\mathrm{T}}$；特征值 $\lambda_2=\lambda_3=2$ 对应的特征向量为 $\boldsymbol{p}_2=(1,1,0)^{\mathrm{T}}$.

(4) 特征值为 $\lambda_1=\lambda_2=\lambda_3=2$；特征值 $\lambda_1=\lambda_2=\lambda_3=2$ 对应的特征向量为$\boldsymbol{p}_1=(-1,1,0)^{\mathrm{T}}$，$\boldsymbol{p}_2=(0,0,1)^{\mathrm{T}}$.

4. $\boldsymbol{A}^{-1}$的特征值为$\frac{1}{\lambda}$，$\boldsymbol{A}^*$的特征值为$\frac{|\boldsymbol{A}|}{\lambda}$，$\boldsymbol{E}-\boldsymbol{A}^{-1}$的特征值为 $1-\frac{1}{\lambda}$，对应的特征向量都是 $\boldsymbol{\alpha}$.

5. 略.

6. 24，12，8，2，$\frac{9}{2}$，$\frac{28}{3}$.

7. (1) 能相似对角化，$\boldsymbol{P}=\begin{pmatrix}7&1&1\\4&-2&0\\-17&1&1\end{pmatrix}$，$\boldsymbol{P}^{-1}\boldsymbol{AP}=\boldsymbol{\Lambda}=\begin{pmatrix}4&&\\&-2&\\&&0\end{pmatrix}$；

(2) 不能相似对角化；

(3) 能相似对角化，$\boldsymbol{P}=\begin{pmatrix}-11&-1&1\\-5&1&0\\9&0&1\end{pmatrix}$，$\boldsymbol{P}^{-1}\boldsymbol{AP}=\boldsymbol{\Lambda}=\begin{pmatrix}5&&\\&0&\\&&0\end{pmatrix}$.

8. $\begin{pmatrix} 0 & 0 & 1 \\ 0 & 0 & 0 \\ 1 & 0 & 0 \end{pmatrix}$.

9. $x+y=1$.

10. (1) $a=-3$, $b=0$, $\lambda=-1$;(2) 不能相似对角化.

11. $a=-2$, $b=-2$, $c=-1$, $\boldsymbol{P}=\begin{pmatrix} -1 & -2 & -3 \\ -4 & -4 & -6 \\ -1 & -3 & -3 \end{pmatrix}$.

12. 略.

13. (1) $\boldsymbol{P}=\begin{pmatrix} -\frac{1}{\sqrt{3}} & 0 & \frac{2}{\sqrt{6}} \\ \frac{1}{\sqrt{3}} & -\frac{1}{\sqrt{2}} & \frac{1}{\sqrt{6}} \\ \frac{1}{\sqrt{3}} & \frac{1}{\sqrt{2}} & \frac{1}{\sqrt{6}} \end{pmatrix}$, $\boldsymbol{P}^{-1}\boldsymbol{AP}=\boldsymbol{P}^{\mathrm{T}}\boldsymbol{AP}=\begin{pmatrix} 1 & & \\ & 2 & \\ & & 4 \end{pmatrix}$;

(2) $\boldsymbol{P}=\begin{pmatrix} -\frac{2}{\sqrt{5}} & \frac{2}{3\sqrt{5}} & -\frac{1}{3} \\ \frac{1}{\sqrt{5}} & \frac{4}{3\sqrt{5}} & -\frac{2}{3} \\ 0 & \frac{5}{3\sqrt{5}} & \frac{2}{3} \end{pmatrix}$, $\boldsymbol{P}^{-1}\boldsymbol{AP}=\boldsymbol{P}^{\mathrm{T}}\boldsymbol{AP}=\begin{pmatrix} 2 & & \\ & 2 & \\ & & -7 \end{pmatrix}$;

(3) $\boldsymbol{P}=\begin{pmatrix} \frac{1}{\sqrt{2}} & 0 & \frac{1}{\sqrt{2}} & 0 \\ \frac{1}{\sqrt{2}} & 0 & -\frac{1}{\sqrt{2}} & 0 \\ 0 & \frac{1}{\sqrt{2}} & 0 & \frac{1}{\sqrt{2}} \\ 0 & \frac{1}{\sqrt{2}} & 0 & -\frac{1}{\sqrt{2}} \end{pmatrix}$, $\boldsymbol{P}^{-1}\boldsymbol{AP}=\boldsymbol{P}^{\mathrm{T}}\boldsymbol{AP}=\begin{pmatrix} 1 & & & \\ & 1 & & \\ & & -1 & \\ & & & -1 \end{pmatrix}$.

14. $A=\begin{pmatrix} 4 & 1 & 1 \\ 1 & 4 & 1 \\ 1 & 1 & 4 \end{pmatrix}$.

15. 略.

16. $3^r \cdot 2^{n-r}$.

17. 略.

18. 略.

19. 略.

20. $\begin{pmatrix} 1 & 0 & 0 \\ 2\times3^9 & 3^9 & 2\times3^9 \\ 2\times3^9-1 & 3^9 & 2\times3^9 \end{pmatrix}$.

21. $\boldsymbol{A}^n\boldsymbol{\beta}=\begin{pmatrix} 2-2^{n+1}+3^n \\ 2-2^{n+2}+3^{n+1} \\ 2-2^{n+3}+3^{n+2} \end{pmatrix}$.

22. （1）$\begin{pmatrix} 1 & 4 & 0 \\ 4 & 3 & -5 \\ 0 & -5 & -2 \end{pmatrix}$；（2）$\begin{pmatrix} 1 & -1 & 2 & -1 \\ -1 & 1 & 3 & -2 \\ 2 & 3 & 1 & 0 \\ -1 & -2 & 0 & 1 \end{pmatrix}$.

23. （1）$\begin{pmatrix} 1 & 1 \\ 1 & 2 \end{pmatrix}$；（2）$\begin{pmatrix} 1 & 2 & 5 \\ 2 & 3 & 1 \\ 5 & 1 & 6 \end{pmatrix}$.

24. （1）$\boldsymbol{Q}=\begin{pmatrix} 0 & 1 & 0 \\ -\frac{1}{\sqrt{2}} & 0 & \frac{1}{\sqrt{2}} \\ \frac{1}{\sqrt{2}} & 0 & \frac{1}{\sqrt{2}} \end{pmatrix}$，正交变换 $\boldsymbol{x}=\boldsymbol{Q}\boldsymbol{y}$ 将二次型化为 $f=y_1^2+2y_2^2+5y_3^2$；

（2）$\boldsymbol{Q}=\begin{pmatrix} \frac{1}{\sqrt{3}} & \frac{1}{\sqrt{2}} & \frac{1}{\sqrt{6}} \\ \frac{1}{\sqrt{3}} & \frac{1}{\sqrt{2}} & \frac{1}{\sqrt{6}} \\ \frac{1}{\sqrt{3}} & 0 & -\frac{2}{\sqrt{6}} \end{pmatrix}$，正交变换 $\boldsymbol{x}=\boldsymbol{Q}\boldsymbol{y}$ 将二次型化为 $f=4y_1^2+y_2^2+y_3^2$；

（3）$\boldsymbol{Q}=\begin{pmatrix} \frac{1}{\sqrt{2}} & 0 & -\frac{1}{2} & -\frac{1}{2} \\ 0 & \frac{1}{\sqrt{2}} & -\frac{1}{2} & \frac{1}{2} \\ \frac{1}{\sqrt{2}} & 0 & \frac{1}{2} & \frac{1}{2} \\ 0 & \frac{1}{\sqrt{2}} & \frac{1}{2} & -\frac{1}{2} \end{pmatrix}$，正交变换 $\boldsymbol{x}=\boldsymbol{Q}\boldsymbol{y}$ 将二次型化为 $f=y_1^2+y_2^2+3y_3^2-y_4^2$.

25. $a=3$，$b=1$，$\boldsymbol{P}=\begin{pmatrix} -\frac{1}{\sqrt{2}} & \frac{1}{\sqrt{3}} & \frac{1}{\sqrt{6}} \\ 0 & -\frac{1}{\sqrt{3}} & \frac{2}{\sqrt{6}} \\ \frac{1}{\sqrt{2}} & \frac{1}{\sqrt{3}} & \frac{1}{\sqrt{6}} \end{pmatrix}$.

26. $c=3$，$\boldsymbol{Q}=\begin{pmatrix} \frac{1}{\sqrt{2}} & \frac{1}{\sqrt{3}} & -\frac{1}{\sqrt{6}} \\ \frac{1}{\sqrt{2}} & -\frac{1}{\sqrt{3}} & \frac{1}{\sqrt{6}} \\ 0 & \frac{1}{\sqrt{3}} & \frac{2}{\sqrt{6}} \end{pmatrix}$，正交变换 $\boldsymbol{x}=\boldsymbol{Q}\boldsymbol{y}$ 将二次型化为 $f=4y_1^2+9y_2^2$.

27.（1）（正交变换法）$\boldsymbol{Q}=\begin{pmatrix} \frac{1}{\sqrt{2}} & -\frac{1}{\sqrt{6}} & \frac{1}{\sqrt{3}} \\ \frac{1}{\sqrt{2}} & \frac{1}{\sqrt{6}} & -\frac{1}{\sqrt{3}} \\ 0 & \frac{2}{\sqrt{6}} & \frac{1}{\sqrt{3}} \end{pmatrix}$，正交变换 $\boldsymbol{x}=\boldsymbol{Q}\boldsymbol{y}$ 将二次型化为 $f=y_1^2+y_2^2-2y_3^2$；

（2）（配方法）$\boldsymbol{P}=\begin{pmatrix} 1 & 1 & -1 \\ 1 & -1 & 1 \\ 0 & 0 & 1 \end{pmatrix}$，可逆线性变换 $\boldsymbol{x}=\boldsymbol{P}\boldsymbol{y}$ 将二次型化为 $f=2y_1^2-2y_2^2+2y_3^2$；

（3）（初等变换法）$\boldsymbol{C}=\begin{pmatrix} 1 & -\frac{1}{2} & -1 \\ 1 & \frac{1}{2} & 1 \\ 0 & 0 & 1 \end{pmatrix}$，可逆线性变换 $\boldsymbol{x}=\boldsymbol{C}\boldsymbol{y}$ 将二次型化为 $f=2y_1^2-\frac{1}{2}y_2^2+2y_3^2$.

28.（1）负定；（2）正定；（3）半正定；（4）不定.

29.（1）$k=4$，$\boldsymbol{Q}=\frac{1}{3}\begin{pmatrix} 1 & -2 & -2 \\ -2 & -2 & 1 \\ -2 & 1 & -2 \end{pmatrix}$；（2）$k>9$.

30. 略.

31. 略.

32.（1）$\lambda_1=\lambda_2=-2$，$\lambda_3=0$；（2）$k>2$.

参考文献

［1］教育部高等学校大学数学课程教学指导委员会. 大学数学课程教学基本要求：2014 年版［M］. 北京：高等教育出版社，2015.

［2］LAY D C. 线性代数及其应用：原书第 3 版［M］. 刘深泉，洪毅，马东魁，等译. 北京：机械工业出版社，2005.

［3］任广千，谢聪，胡翠芳. 线性代数的几何意义［M］. 西安：西安电子科技大学出版社，2015.

［4］归行茂，曹冬孙，李重华. 线性代数的应用［M］. 上海：上海科学普及出版社，1994.

［5］同济大学数学系. 工程数学线性代数［M］. 6 版. 北京：高等教育出版社，2014.

［6］同济大学数学系. 线性代数［M］. 北京：人民邮电出版社，2017.

［7］杨永发，张志海，徐勇. 线性代数［M］. 北京：科学出版社，2013.

［8］吴赣昌. 线性代数：理工类［M］. 5 版. 北京：中国人民大学出版社，2017.

［9］郭聿琦，岑嘉评，王正攀. 高等代数教程［M］. 北京：科学出版社，2014.

［10］刘建亚，秦静，潘建勋. 大学数学教程线性代数［M］. 北京：高等教育出版社，2003.

［11］刘剑平，施劲松，钱夕元，等. 线性代数及其应用［M］. 2 版. 上海：华东理工大学出版社，2008.

［12］任开隆. 新编线性代数［M］. 北京：高等教育出版社，2006.